保险学概论

主　编　谷明淑
副主编　陈　芙

北京理工大学出版社
BEIJING INSTITUTE OF TECHNOLOGY PRESS

内 容 简 介

本教材共有十章，内容包括风险与保险、保险合同、保险的数理基础、保险经营、财产保险、人身保险、再保险、保险市场、保险监管与社会保险。

本教材由从教经验丰富的保险专业教师团队以及实务工作者共同编写，既可以作为高等院校经济管理类专业学生的专业教材，也可以作为保险从业人员培训和自学者的参考用书。

图书在版编目（CIP）数据

保险学概论 / 谷明淑主编. --北京：北京理工大
学出版社，2024.2
　　ISBN 978-7-5763-3551-4

Ⅰ.①保… Ⅱ.①谷… Ⅲ.①保险学-高等学校-教
材 Ⅳ.①F840

中国国家版本馆 CIP 数据核字（2024）第 045948 号

责任编辑： 封　雪		**文案编辑：** 毛慧佳	
责任校对： 刘亚男		**责任印制：** 李志强	

出版发行 / 北京理工大学出版社有限责任公司

社　　址 / 北京市丰台区四合庄路 6 号

邮　　编 / 100070

电　　话 / （010）68914026（教材售后服务热线）
　　　　　　（010）68944437（课件资源服务热线）

网　　址 / http://www.bitpress.com.cn

版 印 次 / 2024 年 2 月第 1 版第 1 次印刷

印　　刷 / 河北盛世彩捷印刷有限公司

开　　本 / 787 mm×1092 mm　1/16

印　　张 / 17

字　　数 / 399 千字

定　　价 / 95.00 元

PREFACE

前言

为适应高等教育对保险教学的要求以及教材发展的趋势，我们保险专业团队为辽宁大学金融学类专业、贸易专业、经济学类专业等编写了这本教材。本教材以习近平新时代中国特色社会主义思想和党的二十大精神为指导，在介绍保险基本理论与基本实务的同时，也注重介绍我国保险业发展的最新动态和变化趋势，还注意吸纳国内外保险理论与实践的最新研究成果。学习本书后，学生能掌握风险与保险，风险管理，保险的特征、功能与作用，保险合同的内容与基本原则，保险费率厘定原理；了解保险经营各环节、保险业务种类、保险市场以及保险监管。本教材逻辑结构清晰，语言通俗易懂，难易程度适中，其中有丰富的案例和拓展阅读，便于学生将保险理论与实际结合起来学习。

本教材由谷明淑担任主编并负责设计写作框架和定稿；由陈芙担任副主编。具体编写分工如下：谷明淑编写第二章、第七章及第四章第六节；陈芙编写第一章；云月秋编写第九章；宇超逸编写第三章和第五章；黄立强编写第六章；黄涛编写第八章；耿哲臣编写第十章；邓澍辉（新华人寿）编写第四章的第一节和第二节；丁炫文编写第四章的第三节至第五节。

编者在本教材的编写过程中不仅吸取了国内外同类教科书的精华，也综合了同行的观点，在此对这些专家、学者表示衷心的感谢。

同时，还要感谢辽宁大学金融与贸易学院李鹏副院长的关怀和大力支持；也要感谢辽宁大学保险学专业研究生赵琳同学、丁炫文同学帮忙校对书稿。

由于编者水平有限，教材中的不妥之处在所难免，恳请广大读者批评指正。

本教材出版之际，恰逢辽宁大学保险专业创立 40 周年，我们编写团队谨以此教材为我校的国家"双一流"建设学科——应用经济学的发展贡献一份力量。

谷明淑

2023 年 12 月

CONTENTS

第一章 风险与保险

📖 **学习目标**

1. 了解风险的特征、风险的分类以及风险的构成要素。
2. 把握风险管理的目标、程序及基本方法。
3. 掌握保险与风险管理的区别与联系。
4. 掌握保险的概念、要素与特征，保险的功能与作用，以及保险的分类。
5. 了解中国保险的发展历史。

第一节 风 险

一、风险的含义

（一）什么是风险

在现实生活中，人们经常提到"风险"一词，风险客观存在于生活中的各个方面。例如，人们谈论的投资风险、人身风险、财产风险和信用风险等。风险与我们的生活息息相关。那么，究竟什么是风险呢？不同的学者对此有不同的解释。

依据保险界普遍接受的定义，风险（Risk）是指损失发生的不确定性。不确定性是风险的本质特征。损失发生的不确定性包含三层含义：一是损失是否发生的不确定性；二是损失发生时间和地点的不确定性；三是损失程度的不确定性。

（二）风险的特征

1. 客观性

风险独立于人的主观意识之外客观存在。无论是洪水、地震、风暴、泥石流等自然灾害风险，还是火灾、爆炸、车祸等意外事件风险，风险在人类活动中客观存在，并不以人的意志为转移。同时，某些风险的发生具有一定规律性，这些规律性为人们认识风险、评估风险和管理风险提供了现实的可能性。然而，由于风险发生的规律性较难预测和总结，人们对风险的认知和抵御能力存在着局限性，人们只能在一定的时间和空间内改变风险存在和发生的条件，降低风险发生的频率和损失程度，而不可能完全避免或消除风险。风险的客观性决定了进行风险管理的必要性，并需采取保险等方式来处理及转嫁风险。

2. 损害性

风险具有损害性。具体而言，风险损害性的特征是指风险的发生会对人们的切身利益造成损害。换句话而言，人们不会因为风险的发生而获利或者受益。风险的发生是造成损害的原因，损害是风险发生的后果。一旦风险发生，就会给个人、家庭、企业，甚至是整个社会带来一定的损害。这种损害可能是能够用货币衡量的经济损失，如房屋的损毁、货物的灭失等；也可能是难以用货币衡量的人身损害，如疾病、残疾、意外死亡等。保险作为风险发生后的一种处理方式，并不能保证风险不发生，而是能在一定程度上消除风险发生的后果，即对损失进行赔偿。

3. 不确定性

风险具有不确定性。虽然风险在人们的日常生活和工作中客观存在，但风险及其所引起的损失往往以不确定的形式呈现在人们面前，即何时、何地、发生何种风险、损失程度如何是不确定的。不确定性通常包括以下几个方面：一是风险发生与否的不确定性。确定发生的风险，人们会采取科学的手段进行应对；确定不发生的风险则谈不上"风险"。二是风险发生时间和空间的不确定性，如城市中哪个区域的建筑在什么时间会发生火灾是不能确定的。三是损失程度的不确定性，如在每年的台风季，每个台风的强度不同、造成的损失也不同。

4. 可测性

单一风险的发生虽然具有不确定性，但是对于总体风险而言，其发生明显呈现出一定的规律性，从而体现出风险的可测性。风险的可测性是指在获取大量统计资料的前提下，风险发生的频率和损失率是可以度量的。一定时间内特定风险发生的概率及其损失程度，可以利用概率论及数理统计的方法加以测算，从而能够准确地把握风险运动的规律。例如，在人寿保险中，通过对某一地区不同年龄段人群死亡率的长期观察，可以较为准确地测算该地区各年龄段的死亡率，进而根据死亡率计算人寿保险的保险费率。因此，风险的可测性为保险费率的厘定提供了科学的依据，是保险业产生和健康发展的基础。

5. 可变性

风险具有可变性，即风险在特定条件下可以发生变化。风险的可变性主要表现为：第一，风险的性质是可以变化的。例如，失业过去被认为是特定风险，现在被界定为基本风险。第二，风险发生的概率可以随着人们识别风险、抵御风险的技术和能力的不断增强而发生变化。例如，某个时间加强某个路段的交通管制，能有效减少交通事故的发生。第三，风险的种类会发生变化。随着科学技术的发展，社会生产力的提高，以及自然、社会环境的改变，某些风险会消失，也有一些新的风险会产生。所以，风险不是一成不变的，而是此消彼长、不断变化的。

二、风险的分类

人类社会面临着各种各样的风险，为了对风险进行科学管理，人们依据不同的标准对风险进行分类，主要按风险产生的性质分类、按风险产生的环境分类、按险影响的范围分类、按风险的损害对象分类和按照风险产生的原因分类等。

（一）按风险产生的性质分类

按风险产生的性质分类，我们可以把风险分为纯粹风险和投机风险两大类。

1. 纯粹风险

纯粹风险（Pure Risk）是指那些只有损失机会而无获利可能的风险，即其所导致的结果只有两种：损失和无损失。例如，火灾发生后，其结果只有财产或生命发生损失或未发生损失，人们不会因为火灾的发生而获利。地震、洪水、风暴、车祸等都属于纯粹风险。纯粹风险的变化较为规则，呈现出一定的规律性，可以基于大数法则加以测算。因此，保险人通常将纯粹风险视为可保风险。但是我们应当知晓，并非所有的纯粹风险都是可保风险。

2. 投机风险

投机风险（Speculative Risk）是指那些既有损失机会，又有获利可能的风险。投机风险的结果有三种，即损失、无损失和获利。例如，股票投资，持股人将面临三种可能的结果：股票价格下跌，持股人遭受损失；股票价格不变，持股人无损失但也不获利；股票价格上涨，持股人获利。投机风险的变化往往是不规则的，无规律可循，难以基于大数法则和概率论对其进行统计和估测，因此，保险人一般不承保投机风险。

纯粹风险和投资风险的区别在于：纯粹风险对于社会、企业、家庭和个人而言只有损失的可能性，人们往往避而远之；投机风险除了可能造成损失外，还有获利的可能，风险偏好较高的人群愿意为获取收益而承担相应的风险。

（二）按风险产生的环境分类

按风险产生的环境分类，我们可以把风险分为静态风险和动态风险两大类。

1. 静态风险

静态风险（Static Risk）是由自然力的不规则变动或人类行为的错误所引起的风险，它与社会经济结构的变动无关。前者如地震、洪水、风暴；后者如盗窃、欺诈等。

2. 动态风险

动态风险（Dynamic Risk）是指由社会经济结构的变动而产生的风险。例如，国家政策的调整、经济环境的变化、高新技术的应用、消费者需求的变化等，都可能引起风险。通货膨胀、罢工、动乱等，均属于动态风险。

静态风险和动态风险的区别在于：一是发生的特点不同。静态风险的变化在一定条件下具有一定的规律性，可以基于大数法则和概率论进行统计和估算；而动态风险的变化极不规则，具有很大的不确定性。二是风险的性质不同。静态风险一般是纯粹风险，通常可以对其进行科学的预测和有效的管理；而动态风险既可能是纯粹风险，也可能是投机风险。三是影响范围不同。静态风险影响范围有限，通常只影响少数个体；而动态风险的影响较为广泛，在很多情况下，动态风险往往会引起一系列的连锁反应。

（三）按风险影响的范围分类

按风险影响的范围分类，我们可以把风险分为基本风险和特定风险两大类。

1. 基本风险

基本风险（Fundamental Risk）是指风险的产生及后果都不是由个人因素引起的风险。

社会个体都不能阻止、影响或控制基本风险。基本风险影响较为广泛，可能涉及个人、家庭、企业，甚至是整个社会。例如，地震、洪水等与自然灾害有关的风险，或是失业、通货膨胀等与人类社会活动有关的风险。

2. 特定风险

特定风险（Particular Risk）是指风险的产生及后果均与特定的社会个体因素有关的风险。特定风险的影响范围较小，一般由某个人、某些家庭来承担，且较易控制和防范。盗窃、车祸等引起的财产损失的风险，是典型的特定风险。

（四）按风险的损害对象分类

按风险的损害对象分类，我们可以把风险分为财产风险、人身风险、责任风险和信用风险四大类。

1. 财产风险

财产风险（Property Risk）是指可能导致财产损毁、灭失或贬值的风险。例如，房屋、车辆等可能因为火灾、洪水等自然灾害而造成损失，也可能因为盗窃或碰撞而遭受损失，这些都属于财产风险。

2. 人身风险

人身风险（Personal Risk）是指由于人的生、老、病、死或者伤残所导致的风险。这种风险往往会造成预期收入的减少或者额外费用的增加，如生育、年老、疾病等风险。

3. 责任风险

责任风险（Liability Risk）是指个人或团体的疏忽或过失行为导致他人财产损失或人身伤亡，依照法律或者合同约定应承担赔偿责任的风险。例如，产品因设计或制造缺陷给消费者造成经济损失，生产商、销售商应承担赔偿责任。

4. 信用风险

信用风险（Credit Risk）是指在经济交往中，权利人与义务人之间由于一方违约或违法行为而给另一方造成经济损失的风险。例如，债务人因各种原因不能如约清偿债务，债权人则面临信用风险。

（五）按风险产生的原因分类

按产生的原因分类，可以把风险分为自然风险、社会风险、经济风险和政治风险四大类。

1. 自然风险

自然风险（Natural Risk）是指由于自然因素或物理因素所致财产损失或人身伤亡的风险。例如，火灾、雷电、地震、泥石流等。自然风险是人类社会普遍面临的风险，具有影响范围广、损失程度高的特点，一旦发生，可能使整个社会面临巨大的损失。例如，2023年8月夏威夷毛伊岛发生严重山火，导致上百人死亡，近千人失踪。这场大火不仅造成了严重的人员伤亡，还造成了巨大的经济损失。

2. 社会风险

社会风险（Social Risk）是指个人或团体的行为对人类社会正常的生产生活造成损害的风险。这种行为包括过失行为、不当行为和故意行为，如盗窃、抢劫、玩忽职守、暴乱等对他人财产或人身造成损害的行为。

3. 经济风险

经济风险（Economic Risk）是指由于个人或团体的经营行为或经济环境变化等因素导致经济损失的风险。例如，在生产和销售过程中，由于预期错误、经营不善等原因导致产量增减或价格涨跌的风险。

4. 政治风险

政治风险（Political Risk）是指在从事对外投资、国际贸易等业务时因政治原因而造成经济损失的风险，即因东道国或投资所在国国内政治环境或对外政治关系的变化而给投资者带来经济损失的可能性。例如，因战争、暴乱等导致货物进出口合同无法正常履行的风险。

三、风险的构成

一般认为，风险由风险因素、风险事故和损失三个要素构成。

（一）风险因素

风险因素（Hazard）又称风险条件，是指引起或增加风险事故发生的机会或扩大损失严重程度的条件。风险因素是风险事故发生的潜在原因，是造成损失的间接的、内在的原因。我们可以根据风险因素的不同性质将其划分为实质风险因素、道德风险因素和心理风险因素。

1. 实质风险因素

实质风险因素（Physical Hazard）又称物理风险因素，是指有形的并能直接影响事件物理功能的风险因素，即引起或增加损失发生机会、扩大损失严重程度的客观条件。例如，刹车系统故障可能增加交通事故发生的概率或扩大交通事故的严重程度；相比存储铁板的仓库，存储烟花爆竹的仓库发生火灾的可能性更大；和远离水域的房屋相比，河流附近的房屋在汛期被冲毁的可能性更大。刹车系统故障、储存易燃物品和房屋坐落在水域附近都属于实质性风险因素。

2. 道德风险因素

道德风险因素（Moral Hazard）是指与人的品德修养有关的无形风险因素，即由于个人或团体的恶意行为或不良企图，促使风险事故发生，或扩大已发生风险事故危害程度的风险因素。纵火、欺诈、盗窃、抢劫等均属于道德风险因素。在保险实务中，道德风险是指个人投保后主动改变行为的一种倾向，如投保人因为发生损失后可以从保险公司获得赔偿，而主动降低风险防范意识，或故意制造保险事故以骗取保险金等，均属于道德风险。

3. 心理风险因素

心理风险因素（Morale Hazard）是指与人的心理状态有关的无形风险因素。它是由于人们主观上的疏忽、过失或侥幸心理，以致风险事故发生的概率增加或危险事故危害程度扩大的因素。例如，外出忘记锁门，增加了室内财产被小偷盗窃的可能性；司机在驾驶汽车时未集中注意力，增加了交通事故发生的可能性，这些均属于典型的心理风险因素。

道德风险因素和心理风险因素均与人的行为密切相关，前者侧重人的主观故意行为，后者侧重人的主观疏忽行为，因此，二者可以被称为主观风险因素或人为风险因素。

（二）风险事故

风险事故（Peril）也称风险事件，是导致生命或财产损失的偶发事件。火灾、洪水、爆炸、车祸、疾病都是风险事故，可能直接引发财产损失或人员伤亡。

风险因素与风险事故很难区分，通常以导致损失的原因来区分。风险事故是损失发生的直接的、外在的原因；而风险因素要通过风险事故的发生才能导致损失，是损失发生的间接原因。例如，由于台风、暴雨等恶劣天气导致飞机失事，天气情况是造成财产损失和人员伤亡的间接原因，而飞机失事是造成财产损失和人员伤亡的直接原因。因此，天气状况是风险因素，而飞机失事是风险事故。但风险事故和风险因素的区分并不是绝对的：在某些情况下，风险因素可能是造成损失的直接原因，则它是引起损失的风险事故；而在其他条件下，可能是造成损失的间接原因，则它是风险因素。例如，台风登陆造成房屋或车辆损毁时，台风是风险事故；而因为台风导致树木倒塌、广告牌脱落，来往车辆因此发生交通事故时，台风就是风险因素。

（三）损失

损失（Loss）是指非故意的、非计划的和非预期的经济价值的减少或灭失，我们通常以货币衡量损失。这一概念包括两层含义：一是非故意的、非计划的和非预期的；二是经济价值的减少，二者缺一不可。例如，机器折旧是规律的经济价值的减少，属于可预期的，因而不构成损失。

在保险实务中，损失分为直接损失和间接损失，前者是指直接由风险事故导致的价值减少或灭失，也被称为实质损失；后者是指由直接损失进一步引发的损失，也被称为继发性损失，包括额外费用损失、收入损失、责任损失等。例如，厂房失火导致的财产损毁和人身伤亡属于直接损失，由此造成的停工停产将进一步引发企业无法正常履行合同的责任损失和收入损失，这些继发性的损失则为间接损失。

（四）风险因素、风险事故和损失三者之间的关系

风险因素、风险事故和损失是风险的组成要素，三者之间存在一定的联系，即风险因素可能引发风险事故，风险事故可能导致损失，如图 1-1 所示。

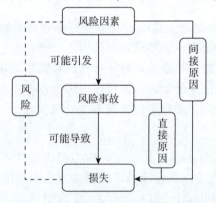

图 1-1　风险因素、风险事故和损失关系

第二节　风险管理

一、风险管理的含义

风险管理以风险为管理对象，是个人、家庭、企业及其他社会组织在实际面临各项风险的过程中，基于对风险的认识与评估而主动采取的控制和处置风险的方式和方法。风险管理基于人们减少损失的需求而产生，其目的是避免风险带来巨大损失。

经济危机推动了风险管理的产生和发展。德国在第一次世界大战后发生了较为严重的通货膨胀，在经济衰退的背景下，企业管理者率先将风险管理列入企业经营管理的重要内容。此后发生的世界性经济危机使管理者开始思考如何采取措施控制和处置风险，以此减少风险对人们的生产生活带来的影响。

20世纪30年代，风险管理的概念在美国被正式提出。随着人们对风险认识的逐步加深，风险管理在生产生活中的地位日渐提升。20世纪50年代，美国通用汽车公司变速装置引发的火灾以及美国钢铁行业的长时间集体罢工，对企业和国民经济造成了巨大的损失，在此背景下，风险管理的概念获得了更为广泛的关注并得以迅速推广，同时风险管理逐步向专业化、系统化发展。随着经济的发展和社会的进步，各种新的风险因素不断出现，风险管理的范畴不断拓展，风险管理方法日趋完善，风险管理发展成一门独立的学科。

二、风险管理的目标

风险管理的目标是通过经济且有效的方法控制和处置风险，避免或减少风险事故发生的概率，降低损失的严重程度，从而减少个人、家庭、企业的经济损失，稳定社会和经济的发展。简言之，风险管理以实现风险成本最小化为目标，力求将风险成本控制在风险主体可以承受的范围之内。通常，风险管理的目标按照风险事故发生造成损失的时间，可以划分为损失发生前的风险管理目标和损失发生后的风险管理目标。前者是指通过采取科学、合理、可行的预防性举措避免或减少损失的发生，尽量降低损失发生的可能性和造成的经济损失，从而减轻或消除风险主体的心理顾虑，营造和谐、稳定的工作和社会环境；后者是指损失发生后，通过采取积极、有效的措施最大限度地减轻损失的危害程度，降低直接和间接损失，防止损失进一步扩大，确保个人、家庭尽快恢复到损失发生前的状态，确保企业尽快恢复正常的生产、经营秩序，保障社会的平稳运行。由于风险具有不确定性，即使科学地设定了损失发生前的风险管理目标，也不能完全避免损失的发生。因此，损失发生后风险管理目标的确定也同样重要。

三、风险管理的程序

风险管理是一个连续的过程，主要包括风险识别、风险估测、风险评价、风险应对以及风险管理效果评价等环节。

（一）风险识别

风险识别是风险管理的基础步骤，科学地开展风险识别才能推进后续风险管理流程。

风险识别是风险主体对潜在风险进行判断、归类、整理并对风险性质进行鉴定的过程。风险具有普遍性且错综复杂，因而采取有效的方法和途径识别潜在的风险并加以判断、分析与整理尤为重要。识别风险的过程，不仅需要依靠经验判断，还需要利用科学严谨的方法对风险进行分析与归类整理，据此识别各种具有规律性的损害风险及其致损状况。在此基础上，对风险的性质进行鉴定，为进一步开展风险估测奠定前期基础。常见的风险识别方法有现场检查法、风险列举法、财务报表分析法、生产流程图分析法等，其中，前两种方法适合个人及家庭对潜在风险的识别，如定期检查各项家庭财产的状况，分类列举个人和家庭可能面临的各项自然风险、经济风险等；后两种方法适合企业识别生产经营过程中的各项风险，风险管理部门通过生产流程图以及企业的资产负债表、利润表、现金流量表等基础资料，分别从企业的生产及财务角度发现企业面临的潜在风险。

（二）风险估测

风险估测是在风险识别的基础上，分析收集到的基础数据，运用概率论和数理统计的方法对风险发生的概率及损失的程度进行估计和预测。该步骤主要从损失概率和损失程度两个维度出发对风险进行估算。损失概率是指风险损失在一定时间范围内实际发生损失或预期发生损失的数量与所有可能发生损失的数量比值。通过风险估测，计算出较为准确的损失概率，可以使风险管理者事先安排，降低损失的不确定性。损失程度是指标的物发生一次危险事故时的平均损失程度，它是发生损失金额的算数平均数。

大数法则的应用使风险估测过程更为科学化和定量化，风险主体能够更科学、精准地分析风险发生的概率、致损的严重程度，为进一步开展风险评价和风险应对奠定前期基础。

（三）风险评价

风险评价是在风险识别和风险估测的基础上，将风险数量、损失概率、损失程度及其他多种因素综合考虑，通过与公认安全指标对比，对风险进行评价。据此可确定潜在风险的危险等级，从而确定是否需要对其采取控制措施以及采取何种强度的控制措施。风险评价的过程运用了定性分析和定量分析的方法，前者主要用于分析风险的性质；后者主要用于比较风险处理的相关费用。风险评价可以确定需要采取应对措施的风险范畴，并为进一步选取差异化的风险应对措施奠定基础。

（四）风险应对

在完成风险识别、风险估测及风险评价相关工作之后，风险主体需要根据风险评价的结果选择最佳的风险应对方式和应对方法，并有计划地开展实施，以实现风险管理的最终目标。常见的风险应对方法可以分为控制法和财务法两大类。前者通过控制和改变引起风险事故发生或造成损失扩大的各种条件，以降低损失发生的概率、减轻损失危害的程度；后者从财务的角度出发，通过事前作出抵御风险的各项财务安排，以筹措足够的资金补偿危险事故发生造成的损失，从而维持个人及家庭生活的稳定，保证企业正常运营，维护社会和谐安宁。

（五）风险管理效果评价

风险管理效果评价是风险管理过程的最后一个流程，其目的是评判风险管理方案的科学性、适应性及收益性，并为未来风险管理方案的设计提供借鉴和参考。该过程主要通过观察已经实施的风险应对方案的效果，分析、比较现行风险管理效果与预期风险管理目标之间的契合度。评价风险管理效果时不仅需要考虑能否通过实施风险管理方案实现以最小的风险成本获得最大程度的风险保障目标，还需要考虑风险管理方案是否与风险主体的整体管理目标保持一致。此外，还需要根据风险管理效果评价的结果不断修正风险应对方案，以应对变化的外在条件，达到风险管理的最佳效果。

四、风险管理的基本方法

风险管理是通过采取不同的措施，力求用最小的成本取得最大的安全保障。常见的风险管理方法主要有回避、预防、抑制、自留和转移。

（一）回避

回避是指设法回避损失发生的可能性，这是一种消极的风险处理方式。

回避技术通常有特定的适用情况。当某些特定风险所致损失发生的频率和损失的危害程度都相当高时，或当处理风险的成本将大于可能带来的收益时，我们可以采取风险回避技术。例如，避免到爆发战争的地区工作、旅游等。然而，风险回避技术的使用通常会受到一定的限制，并不是所有的风险都可以通过回避的技术进行应对。某些时候，在回避某类特定风险的同时，可能会产生另一种风险。例如，选择乘船以回避遭遇飞机空难的风险，但会面临沉船的风险。另外，某些特定风险无法回避，如人的生老病死以及经济危机对企业经营的影响。

（二）预防

预防是损失发生前通过采取一系列措施以消除或减少可能引起损失的诸多风险的风险应对办法，其目的是降低损失发生的概率。常见的预防措施有工程物理法和人类行为法两种。工程物理法是通过工程技术手段预防各种物质性的风险因素。消防基础设施建设和防护林带的种植，都属于工程物理法的预防措施。哈顿（W. Haddon）的能量释放理论认为不期望或异常的能量转移是造成伤亡事故的原因，这为工程物理法提供了理论基础。人类行为法是通过对目标人群开展风险知识教育以避免人们的不安全行为，预防人为风险因素。对建筑工地的工人进行施工安全教育和对居民进行消防安全教育，都属于人类行为法。海因里希（H. W. Heinrich）的骨牌理论认为伤亡事故的发生是一系列事件顺序发生的结果，这为人类行为法提供了理论基础。

（三）抑制

抑制是指当风险事故发生并造成损失时，采取必要措施以减轻事故危害程度，减少损失金额，如在火灾发生之后，及时利用灭火器等消防设施进行施救以防止损失进一步扩大。割离作为损失抑制的一种特殊形态，是指通过将风险单位割离成许多独立的小单位以达到降低损失程度的目的，如在火灾发生后及时降下防火门，以防止火势蔓延。即使进行有效的预防，风险事故有时也会发生，因此，抑制也是一种非常重要的风险应对措施。

（四）自留

自留指对风险的自我承担，是风险主体自行承担全部或部分风险损失后果的一种风险应对办法。自留包括计划性风险自留和非计划性风险自留两种情形。其中，计划性风险自留又称主动自留，即风险主体依据风险识别、风险评价等一系列风险管理程序作出风险自我承担的应对决策；非计划风险自留又称被动自留，是指风险主体未意识到风险的存在或者低估风险可能造成的危害后果，进而未对风险采取任何应对措施，导致风险发生的后果只能由自身承担。

适合采用自留风险应对措施的情形有：风险导致损失发生的概率较低且危害程度较轻，损失可预测且最大损失不影响风险主体的财产稳定及生命安全。自留风险具有处理简便快捷、节省费用支出等优点，但同时也面临着风险预估不准确、财务调动困难的问题，需要合理、谨慎使用。

（五）转移

转移是指风险主体有意识地将风险或风险引起的损失后果转嫁给其他单位或个人，从而避免自身承担风险损失的一种风险管理办法。

转移有直接转移和间接转移之分。其中，直接转移是风险主体通过转移实际的财产或业务，以对相应的风险进行转嫁，包括转让、转包等。例如，建筑商通过承包合同将建筑工程的部分风险进行转移。间接转移是指风险主体在转嫁风险的过程中并不转移财产及业务本身，而是通过租赁、保证、保险等方式转嫁风险。例如，为转移家庭财产风险，家庭成员投保家庭财产保险；企业通过出租厂房或设备将相应的风险转移给承租人，均是间接转移风险的一种方式。

风险主体在选择具体的风险管理办法时，不仅要考虑不同风险的特性，还要结合自身所处的环境和条件，以选择最合理的风险应对方式。例如，自留的风险应对方式适合在风险发生概率较低且损失金额不大的情况下使用，或者，在虽然风险发生概率较高但损失的金额很小时采用。而回避的方式适用于风险发生的概率非常高且损失金额巨大的情况，或者处理风险的成本可能大于产生的收益时。对于发生概率较低但损失金额极大的风险，宜采用转移的方式进行风险管理。

保险作为风险管理的有效应对方法之一，相对于其他风险管理办法有简单、便于操作、提供保障水平稳定等优势。在实际生产和生活中，保险被广泛应用于风险管理领域。

五、保险与风险管理的联系及区别

不管在理论渊源还是实践操作上，保险与风险管理均有着密切的联系，二者的联系主要体现在以下几个方面。

第一，二者针对的客观对象均是风险。没有风险就没有保险，风险是保险存在的客观前提。同时，风险也是风险管理存在的前提，正是因为风险的存在，风险主体才有必要对面临的多种风险进行管理。

第二，二者的方法论相同。保险和风险管理均以概率论等数学及统计学原理作为理论基础。处理大量偶发性的风险事故时，数学和统计方法的运用是估计和预测风险发生概率和危害损失程度的基础。

第三，保险是最简单、有效的风险管理方法之一。风险主体通过购买保险将不能承受的风险转移给保险人，从而能够以最低的成本获取最高程度的安全保障。作为一种风险管理方式，保险操作简单并且更加经济，在实际生产和生活中被广泛应用。

尽管保险和风险管理之间具有密切的联系，但二者依然存在区别，最主要的区别体现在管理范围上：风险管理的管理范围更广泛，既包括了投机风险也包括了纯粹风险，而保险的管理对象则主要是纯粹风险中的可保风险。因此，相比较于保险，风险管理的管理范围更加复杂和广泛。

第三节 保险的概念、要素与特征

通过第二节风险管理内容的学习，我们了解到保险是风险管理中最有效的措施之一。在这一节，我们将对保险的内涵进行界定。

一、保险的定义

从不同的视角出发，人们对保险的理解也不尽相同。下面我们从法律与经济角度列举保险的定义。

1. 从法律角度看，保险是一种合同行为

保险双方当事人通过签订保险合同的方式确定双方的权利义务关系。根据保险合同约定，投保人承担缴纳保险费的义务，同时享有在保险期间内发生保险责任范围内的保险事故时，向保险人索赔的权利；保险人享有收取保险费的权利，同时承担在保险有效期内发生保险责任范围内的保险事故时，在保险金额范围内进行赔偿或给付的义务。

《中华人民共和国保险法》（以下简称《保险法》），在第二条中将保险界定为："投保人根据合同约定，向保险人支付保险费，保险人对于合同约定的可能发生的事故因其发生所造成的财产损失承担赔偿保险金责任，或者当被保险人死亡、伤残、疾病或者达到合同约定的年龄、期限等条件时承担给付保险金责任的商业保险行为。"

2. 从经济角度看，保险是一种经济保障制度

投保人缴纳保险费，当被保险人或被保险标的在保险期间发生保险责任范围的保险事故时，保险人给予经济保障。

本书将保险定义为一种金融制度安排。保险是保险人通过收取保险费的方式建立保险基金；以合同的形式，确定投保人、保险人双方权利义务对等；对合同约定范围的保险事故发生导致的损失由保险人承担赔偿或给付责任。投保人通过购买保险将风险转移至保险人，保险人用大多数人缴纳保费建立起的保险资金分散了少数人发生保险事故人群的风险。

这个定义包含四个核心要点。

一是保险基金。保险基金是保险制度得以运作的前提，保险人通过收取保险费的方式建立保险基金，并在保险事故发生后使用保险基金对被保险人或受益人进行赔偿或给付。

二是权利义务关系。权利义务对等是保险制度得以运作的基础。一方当事人的权利对于另一方而言就是义务。就保险来说，保险人享有收取保险费的权利，投保人承担缴纳保险费的义务；同时，被保险人或受益人享有在保险事故发生后向保险人提出索赔的权利，保险人承担在保险事故发生后进行赔偿或给付的义务。

三是合同行为。合同行为是保险制度得以运作的保障。合同行为是一种重要的法律关系，法律框架下界定的保险合同行为可以明确保险人和投保人的权利、义务及违约责任，规范保险制度运作。

四是风险分散和损失共担。风险分散和损失共担是保险制度的本质。并不是所有购买

保险的人都会发生保险事故，保险人运用保险基金向实际发生保险事故的人进行赔偿或者给付，实际上是将少部分人的风险分散到大量具有同类风险的人身上，即多数人来承担少数人的损失。

二、保险的要素

（一）特定风险事故的存在

风险的存在是保险制度产生并不断发展完善的原因。因此，人们常说"无风险则无保险"。但并不是所有的风险都被保险公司承保，考虑到运营的可持续性等问题，保险人只承保特定的风险事故。一般而言，战争、军事行动、核事故等风险事故，以及自然损耗、折旧等必然发生的风险，保险人并不承保。

（二）多数经济单位的结合

保险人通过集合大量具有相同风险性质的危险单位，实现其分散风险、分摊损失的功能。简言之，保险以集合多数经济单位为必要条件。大量的投保人将其所面临潜在的风险以投保的方式转嫁给保险人，保险人则以承保的形式将具有同种性质的风险集合起来，当其中一部分投保人发生保险事故时，全部投保人将共同分摊他们的损失。参加保险的经济单位越多，保险人积累的保险基金越雄厚，其赔付能力就越强，当保险事故发生时，每个单位需要分摊的损失金额也相应越少。

（三）保险费率的合理计算

保险关系体现的是一种商品交换关系，投保人向保险人缴纳保险费，保险人承诺在保险事故发生时向其提供经济保障。因此，科学、合理地制定保险费率（即保险价格）对保险关系的建立具有重要的作用。一方面，保险费率的制定直接影响着保险的供求关系；另一方面，费率的高低还影响保险功能的实现。如果费率定得过高，则会增加投保人的经济负担，降低保险保障功能的实际效能；如果费率定得过低，又无法对被保险人提供足额的保险保障。因此，保险人应根据大数法则、概率论等数理统计基础，科学地制定保险费率，使投保人支付合理的、可接受的保险支出，在保险事故发生时获得充分的保险保障，同时要确保保险人的偿付能力，维持其经营的可持续性和稳定性。

（四）保险基金的建立

保险基金是保险人通过保费收取建立起来的专用货币基金，用于补偿因自然灾害或意外事故所造成的经济损失，或用于给付投保人因人身损害、丧失工作能力等引起的经济需要。保险基金的建立是保险实现风险分散和损失补偿职能的基础。保险基金的主要来源是保险人的资本金和保险人收取的保险费。保险基金的来源具有广泛性和分散性；同时，具有返还性、增值性和长期性。当保险基金处于闲置状态时，保险人可以将保险基金投入社会再生产过程中，以实现资金增值。由此可见，保险基金是保险人理赔的基础，同时又是保险人进行资金运作的基础，保险基金的规模，影响着保险公司的业务发展规模。

三、保险的特征

（一）保险的互助性

保险是凭借多数人的力量分担实际发生保险事故的少数人的经济损失的保障措施，体现的是互助共济精神。保险机制运作的核心在于保险人通过聚集广大投保人缴纳的保险费来建立保险基金，并以此在少数被保险人因发生保险事故而遭受损失时进行补偿。

（二）保险的经济补偿性

在财产保险中，经济补偿性体现在因保险事故发生被保险标的遭受经济损失时，保险人按照损失补偿原则在损失范围内进行经济补偿。在人身保险中，经济补偿性体现在因发生保险事故被保险人的生命和健康受到损害时，保险人按照保险合同约定的金额进行给付。

（三）保险的契约性

契约性也被称为法律性，是指投保人与保险人通过签订保险合同建立关系，签订的保险合同具有法律效力。保险双方当事人要根据保险合同规定的保险范围、保险费率、赔偿规则、免责条款等承担相应的责任与义务。

（四）保险的科学性

保险是管理风险科学、有效的措施。保险经营中保险费率的厘定、保险准备金的提存、再保险安排等活动都是以数理理论为基础和依据的。以科学数理计算为基础体现了保险科学性的特征。

四、保险与赌博、储蓄、保证、救济的比较

（一）保险与赌博

保险与赌博的相似处体现在二者均是由偶发事件所引起的经济行为，即保险金的赔付或给付于赌博的输赢都具有射幸性。具体而言，购买保险后是否能够获得保险金的赔付或给付是不确定的；相似的，去赌场赌博赢钱或赔钱也是不能提前确定的。此外，保险与赌博均可能通过一小笔资金支出，换来一大笔资金赔付或收入。

尽管如此，保险与赌博有着本质上的区别：①目的和结果不同。保险的目的是互助共济，能够推动经济平稳发展；而赌博的目的是牟取暴利，易引发抢劫、盗窃、诈骗等治安、刑事案件，造成社会不稳定。②对标的的要求不同。保险要求投保人对保险标的必须具有法律认可的利益；而赌博的参与者对标的是否具有利益则不做要求。③风险产生的原因不同。保险应对的风险是客观存在的，无论是否购买保险，我们都面临着各种各样的风险；而赌博的行为创造了风险，即不决定参与赌博，则不存在赌输的风险。④风险性质不同。保险面临的风险是纯粹风险，即只有损失和不损失两种结果，无获利可能的风险；而赌博面临的风险是投机风险，即有可能产生收益也有可能产生损失的风险。

（二）保险与储蓄

保险与储蓄均是为应对未来的经济需要而进行资金积累的经济行为，但二者存在以下区别：①给付的条件不同。保险金的赔付或给付是不确定的，由于保险事故的发生具有不确定性，保险人只有在保险事故发生时才进行保险金的赔付或给付；储蓄的支付是确定的，存款人可根据本金金额、存款年限和利息率从银行获得相应的利息，并灵活取用本息。②计算技术要求不同。保险以概率论、统计学原理等数理、统计科学为技术基础，计算保险费率、准备金等；而储蓄只需根据本金、利息率、存款年限等基本数据计算。③资

金积累的性质不同。保险通过收取保费的形式积累资金，是多数经济单位为应对风险共同聚集而形成的准备资金，当少数人发生保险事故时，保险人运用积累的资金进行赔付或给付；储蓄积累的本金及利息由单独的存款人所有，由存款人按自身需求灵活支配。④行为性质不同。保险是多数经济单位共同分摊风险的互助共济行为；储蓄是个人应对未来经济需要的经济行为，没有互助共济的性质。

（三）保险与保证

保险与保证均是对未来偶然事件所造成的损失进行补偿的经济活动，但二者存在以下区别：①参与者的数量不同。保险的参与者是多数投保的经济单位；保证的参与者仅为一个或几个凭借其个人信用或经济实力承担保证责任的保证人。②法律关系不同。保险是一种独立的法律关系，不以其他法律关系存在为前提；保证法律关系的建立需要以有效建立的债权债务关系为基础，同时受债权债务关系变动的影响。③双方当事人权利义务要求不同。保险合同是双务合同，投保人有缴纳保费的义务，保险人在约定的保险事故发生后有赔偿或给付义务；保证合同是单务合同，仅要求一方保证给付或承担义务，另一方可只享受权利而不承担对等义务。④依托的基础不同。保险基金是保险运营所依托的基础，保险公司基于大数法则、概率论等数理、统计方法计算保险费率并建立保险基金，专门用于保险事故发生后的经济损失赔偿或人身伤亡给付；而保证一般依托双方当事人的主观判断或心理预期，以保证人的信用和经济实力为基础。

（四）保险与救济

保险与救济都是借助他人安定自身经济生活的一种方式，二者的区别主要体现在以下几个方面：①性质不同。保险参与人通过缴纳保费的方式共担风险，是一种有偿的经济保障；而救济完全依赖外来的援助，是一种无偿的救助行为。②主体不同。商业保险的运营主体是根据国家法律规定设立的商业保险经营机构；救助一般由政府、民间救助机构提供。③资金来源不同。保险运营的资金主要来源于投保人缴纳的保险费；救济行为的资金来源于政府财政拨款、社会捐赠和国际援助等。④权利与义务不同。保险双方当事人具有对等的权利义务关系；救济相关方没有对等的权利义务关系。⑤保障水平不同。保险的保障水平由保险人和投保人在签订合同时协商确定；救济的保障水平一般较低，通常根据当地最低生活水平而定。

五、保险学说

保险学术界各流派从不同角度对保险理论进行了研究，从而形成了不同的保险学说。主流学说主要包括损失说、非损失说和二元说。

（一）损失说

损失说是以损失补偿为保险理论核心内容的一种学说，可细分为损失赔偿说、损失分担说、风险转嫁说和人格保险说四种分支学说。

1. 损失赔偿说

损失赔偿说产生于英国，是海上保险形成后逐渐建立的一种学说，代表人物是英国的马歇尔（S. Marshall）和德国的马斯修（E. A. Masius）。马歇尔提出："保险是一方当事人收取双方商定好的金额，在另一方遇到危险或遭受损失给予赔偿的合同。"马斯修提出：

"保险是约定一方当事人根据等价支付或商定，在承保标的发生危险时赔偿另一方损失的合同。"该学说认为，保险是一种损失赔偿合同，目的在于补偿人们在日常生活中因偶发性因素导致的财产损失。损失赔偿学说仅适用于财产保险，对于具有储蓄性质的人寿保险和养老保险没有解释力，因此该学说并不能全面解释保险的内涵，具有一定的局限性。

2. 损失分担说

损失分担说的代表人物是德国的瓦格纳（A. Wagner）。该学说从经济学角度对保险进行了阐述。损失分担说支持保险具有损失赔偿的功能，但该学说更强调保险运作过程中多数人互助共济、共同分摊损失这一核心。该学说认为，保险是将少数人因未来发生不可预测的偶然风险而造成的财产损失分摊给多数面临相同风险的人，以减轻灾害影响的一种经济上的制度安排。瓦格纳强调："损失分担说适合任何组织、任何部门、任何险种的保险，它不仅适用于财产保险、人身保险，对于自保也同样适用。"损失分担说不拘于法律上的解释，从经济学角度阐明保险的核心作用机制，认为保险是多数被保险人之间的相互关系，即分担损失。但该学说将"自保"纳入保险显然是不合适的，自保是个人为自身可能遇到的不测事件提取准备金的行为，与保险"多数人分担少数人的损失"的含义不符。

3. 风险转嫁说

风险转嫁说的代表人物是美国的休伯纳（S. S. Huebner）和魏莱特（A. H. Willet）。风险转嫁说从风险管理的角度阐述了保险的机制作用。该学说认为，保险是一种风险转嫁机制，任何组织或个人都可以通过支付一定费用的方式将自身未来可能面临的风险转嫁给保险人。风险转嫁说侧重强调保险组织的重要性，认为正是因为有保险组织汇集了大量同质风险，风险才得以分摊。魏莱特说："保险是为了补偿资本未来的不确定损失而积累资金的一种社会制度，它是依靠将大多数人的个人风险转嫁给其他人或组织来进行的。"风险转嫁说清晰地解释了多数投保人的投保动机，即将个人所不能承受的风险通过保险转嫁出去。但该学说很大程度上受损失赔偿说的影响，认为损失是保险的基础，人寿保险不属于保险学范畴。故该学说与损失赔偿说具有类似的局限性，即只适用于解释财产保险而不适用于解释人寿保险。

4. 人格保险说

人格保险说的代表人物是美国的柯勒（Kohler）。该学说主要解释了人寿保险的内涵。人格保险说认为，人的生命也可以像财产一样用货币来衡量其价值，因为人的技能、经验、健康、天赋等精神与力量具有经济性，而这种经济性可以产生金钱价值，所以人寿保险体现了一种对生命损失的补偿。因此，人寿保险不仅可以补偿因人身事故引起的可估价的损失，还可以保障这些可以创造经济价值的"精神与力量"。虽然现实生活中"精神与力量"的经济价值难以被准确衡量，但是人寿保险可以在某种程度上对上述损失提供补偿。如柯勒强调，保险对人格损失的补偿具有一定的特殊性，即这种补偿并非经济意义上准确算出的金钱价值，而是表现为一种具有精神慰藉性质的补偿。

（二）非损失说

主张非损失说的学者认为"损失说"不能全面地概括保险的属性，他们致力于建立一种包含人身保险属性，能够更为全面地解释保险内涵的学说。非损失说是不以处理损失为保险核心内容的学说，可细分为保险技术说、欲望满足说、相互金融说和共同准备财产说。

1. 保险技术说

保险技术说的代表人物是意大利的费芳德（C. Vivante），该学说强调数理科学在保险经营中的重要性。主张保险技术说的学者认为，保险的性质主要体现在技术方面，保险的核心在于其科学的计算过程和夯实的数理基础。保险技术说认为，保险要履行契约义务，就必须由保险人把面临同质偶然性风险的多数经济单位汇集起来，科学测算风险的发生概率，依据大数法则等数理基础计算出合理的保险费率，并向各经济单位按照此保险费率收取保费建立保险基金。保险技术是保险机制能够顺利运行的保障，无论是财产保险还是人身保险都需要具有相同的技术基础。保险技术说虽然在一定程度上解决了其他学说关于保险是否以损失赔偿为核心的争端，但保险技术说仅是保险机制运行的基础保障，并不能全面阐释保险的核心本质。

2. 欲望满足说

欲望满足说的代表人物是意大利的戈比（U. Gobi）和德国的马纳斯（A. Manes）。学者拉扎勒斯（Lazarus）最早尝试从经济学的角度解释保险的内涵，戈比在他的启发和影响下，参照损失补偿说，以"满足"代替"补偿"，以"欲望"代替"损失"，提出欲望满足说。欲望满足说认为，保险是人们满足经济需要和金钱欲望的经济手段。风险事故的发生会导致人们的财产损失、利益损失或储蓄减少，为弥补这些损失，人们会产生对金钱的欲望。该学说认为，保险的目的就是通过互相帮助、共同分担的手段达到以最小费用获得最大保障的效果，以此满足人们用金钱弥补损失的需求。

3. 相互金融说

相互金融说的代表人物是日本的米谷隆三。该学说从金融的视角理解保险的内涵，强调保险的资金融通功能。相互金融说认为，所有经济活动都是用货币收支来表现的，保险运营过程中的保费收取和损失补偿或给付都是通过货币收支来实现的，即保险通过货币收支的方式应对经济的不确定性。因此，米谷隆三认为，保险的性质不是财产准备，而是多数人通过聚集资金而形成的相互关系，保险是以发生偶然性事件作为赔付条件的相互金融机构。事实上，我们不能把保险运营简单地理解成一种货币收支行为，也不能将保险等同于相互金融机构。因此，相互金融说并不能全面地阐述保险的内涵，具有一定的局限性。

4. 共同准备财产说

共同准备财产说的代表人物是日本的小岛昌太郎。该学说认为，保险是根据大数法则建立的共同财产准备制度，大多数经济单位通过缴纳保费的方式聚集准备财产，委托保险人在约定的风险事故发生时对受到损失的少部分经济单位进行经济补偿，以此保障社会的稳定和安宁。

共同准备财产说认为，保险运作的核心和前提是按照大数法则积累货币，并以此应对未来可能发生的风险，保险人是制度中的被委托人，负责管理共同准备财产。

（三）二元说

二元说的代表人物是德国的爱伦伯格（V. Ehrenberg）。该学说认为，损失补偿并不能说明人寿保险的储蓄和投资性质，因此，人寿保险与财产保险不能一概而论。爱伦伯格认为，保险合同不能用损失补偿或保险金给付来统一定义，而是应该根据财产保险合同和人寿保险合同的不同性质分别进行定义。他特别强调："保险合同不是损失补偿的合同，就是以给付保险金为目的的合同，二者必择其一。"基于爱伦伯格的表述，我们也将二元说称为"择一说"。

因为二元说将财产保险和人寿保险分别进行定义，所以具有较强的实践指导意义和可操作性，被许多国家的保险法采用。

第四节　保险的功能与作用

一、保险的功能

保险的功能由保险的本质和特征所决定，保险本质决定保险的功能，保险的功能反映保险的本质。保险界对保险的功能持有不同观点，有单一功能论、基本功能论、二元功能论和多元功能论。从多元功能说来看，保险的功能又分为基本功能和派生功能。

（一）保险功能论

1. 单一功能论

单一功能论主张，保险的功能只有一个，即经济补偿，或称损失补偿或补偿损失。单一功能论主张者认为，经济补偿是建立保险基金的根本目的，也是保险产生和形成的原因，他们认为"补偿"和"给付"是对同一功能的不同表述。对非寿险来说，补偿功能被称为"损失补偿"；寿险中，将补偿功能称为"保险金给付"，二者的实质是一样的。单一功能论只强调了保险机制的目的和社会效应，未能完整地说明保险运行机制的全过程，也就不能完整地表现保险的性质。

2. 基本功能论

基本功能论认为，保险具有分散风险功能和经济补偿功能，且二者是相辅相成的。分散风险功能是处理偶然性风险事故的技术手段，是保险经济活动所特有的内在功能；而经济补偿作为积极体现保险行为内在功能的现实表现形式，是保险经济活动的外在功能。基本功能论认为，保险运行机制应该是目的和手段的统一，分散风险是保险机制赖以运行的技术手段，经济补偿是建立保险基金的根本目的，这种目的和手段的统一，构成了完整意义上的保险。但是基本功能论只看到了保险的基本功能，忽视了保险的其他功能。

3. 二元功能论

二元功能论认为，保险具有补偿功能和给付功能。财产保险和人身保险的性质不同，各有其自身的功能。财产保险的功能是损失补偿，而人身保险的功能是保险金给付。财产保险的保险标的是财产或利益，在其遭受保险事故损害时，保险人给予经济补偿。人身保险的保险标的是人的生命和身体，不能用货币衡量其价值。因此，人身保险中保险人只能按照事先约定的时间、金额、支付方式向被保险人或受益人给付保险金。二元功能论的论点主要是在西方保险二元性质说的影响下产生的。但是，保险作为一个独立的经济范畴应该有一个统一的概念，二元说的观点及由二元性质说所推导出的"二元功能论"存在明显的缺陷。

4. 多元功能论

多元功能论认为，保险不仅具有分散危险和经济补偿两个基本功能，还应包括积累资金、融通资金、储蓄、防灾防损、社会管理等功能，或者包含上述的若干个功能。多元功能论主张保险功能的确立是一个动态的过程，随着保险市场经济的发展，保险的功能会不断增加。

那么，应该如何认识并科学概括和演绎保险的功能呢？根据保险具有经济分配的性质，我们可以基于保险分配关系的历史和现状发展深入认识保险的功能。我们知道，商业保险是从行会合作保险的基础上发展起来的，合作保险和相互保险仅表现为会员（既是被保险人又是保险人）之间的保险分配关系。在商业保险中，保险分配关系发展成以被保险人之间的分配关系为基础的保险人与被保险人之间的直接分配关系。当出现分保后，又出现了保险人之间的分配关系。这样，随着保险分配关系内涵的不断丰富，保险的功能必然也随之丰富和发展起来。如果说低级形态的保险只有分散风险与补偿损失两个基本功能，那么，现代保险一般都有四个功能，即经济补偿或保险金给付功能、防灾防损功能、资金融通功能及社会管理功能。

（二）保险的基本功能

1. 经济补偿功能

经济补偿功能主要体现在财产保险中，即特定灾害事故发生在保险的有效期内，保险人将在合同约定的责任范围和保险金额限额内，向被保险人提供经济补偿。通过经济补偿使因灾害事故所致的实际损失在经济价值上得到补偿，在使用价值上得以迅速恢复，保障社会再生产过程得以连续进行。这种补偿既包括对被保险人因自然灾害或意外事故造成的经济损失的补偿，也包括对被保险人依法应对第三者承担的经济赔偿责任的补偿。

2. 保险金给付功能

保险金给付功能主要体现在人身保险中。人身保险的给付条件是，当被保险人遭受保险合同范围内的保险事件，并由此导致死亡、伤残、疾病、丧失工作能力，或当被保险人达到退休年龄、保险期限届满时，保险人根据保险合同的有关条款，向被保险人或受益人给付保险金。在法律允许的情况下，人身保险的保险金额是根据被保险人对人身保险的需要程度和投保人的缴费能力，由投保人和被保险人与保险人协商确定。

（三）保险的派生功能

1. 防灾防损功能

保险的防灾防损功能是指保险人依托自身专业的风险管理能力，指导、参与被保险单位开展防灾防损活动，提高社会防灾防损能力。保险是经营风险的专门活动，为保障公司的可持续运营，保险公司在加强自身风险管理的同时，还会指导、帮助和督促被保险人做好防灾防损工作。《保险法》第五十一条第三款规定："投保人、被保险人未按照约定履行其对保险标的的安全应尽责任的，保险人有权要求增加保险费或者解除合同。"这进一步促使参加保险的单位和个人重视自身检查，消除不安全因素，以避免出现不符合合同约定而最终得不到保险金赔偿的情况，这也是保险防灾防损功能的体现。

2. 资金融通功能

保险的资金融通功能是保险人参与社会资金融通的功能。保险人为了维持保险经营的稳定性和可持续性，必须保证保险资金的保值与增值，这要求保险人对保险资金进行科学运用。保险人开展承保业务，通过收取保险费的方式将资金汇集起来，形成规模庞大的保险基金。由于保费的收取和损失赔偿或给付存在时间间隔和规模差异，保险人可以将保险资金中闲置的部分重新投入社会再生产过程中，以获取收益，满足未来偿付和保险基金保值增值的需要，这体现了保险的资金融通功能。

3. 社会管理功能

保险的社会管理功能是在经济补偿功能的基础上形成的服务功能。保险社会管理功能就是通过保险产品与服务解决社会问题，增强保险业在社会经济生活中的话语权。

二、保险的作用

保险的功能和作用是两个既有区别又有联系的概念。保险的作用是保险功能在履行过程中所产生的社会效应，具体指保险在宏观经济和微观经济中的社会效应。

（一）保险在宏观经济中的作用

保险在宏观经济中的作用是保险功能的发挥对全社会和国民经济总体所产生的经济效应。其作用具体表现在以下七个方面。

1. 有助于保障社会再生产的正常进行

社会再生产过程由生产、分配、交换和消费四个环节组成，时间上具有连续性，空间分布上具有均衡性。每一环节都有可能因遭遇灾害事故造成损失，从而导致再生产过程的中断和失衡。保险补偿有助于及时、迅速地对这种中断和失衡造成的不良后果进行补救，从而保障社会再生产的连续性和稳定性。

2. 有助于推动商品的流通和消费

商品流通是指商品或服务从生产领域向消费领域的转移过程，一旦遭遇自然灾害或意外事故可能对多方造成影响，并造成极大的经济损失。此外，产品质量风险会通过对生产商、销售商及消费者造成影响，进一步影响商品消费。保险在推动商品流通和消费方面发挥着重要的作用。如货物运输保险为运输途中的货物提供保险保障，出口信用保险为出口商提供权责损失的经济补偿，产品责任险为产品在运输或使用过程中导致第三方人身伤害或财产损失提供经济补偿，而产品质量责任险为产品的质量问题提供保障。

3. 有助于推动科学技术的推广应用

科技进步有利于提高生产力水平，推动经济持续增长，是引领发展的第一动力。但是任何一项科学技术的产生和应用过程都伴随着各种各样的风险，保险可以通过风险分散和损失补偿职能，为科学技术的开发利用提供风险保障，支持科学技术的推广应用。保险业在支持中国航空航天技术、太阳能光伏发电技术等领域发挥了不可替代的作用。高新技术企业产品研发责任保险、关键研发设备保险、关键研发人员团体健康保险和意外保险等保险产品为企业开展创新技术研发提供全方位支持和保障。

4. 有助于财政和信贷收支平衡的顺利实现

财政收支计划和信贷收支计划是国民经济宏观调控的两大资金调控计划。严重自然灾害和意外事故的发生，将或多或少地造成财政收入的减少和银行贷款归流的中断，同时也会导致财政支出和信贷支出的增加，在一定程度上影响政府宏观经济调控。保险能够为遭遇灾害的企业恢复生产经营提供资金保障，使其正常履行合同义务，这有助于保证财政收入的基本稳定和银行贷款的及时清偿。同时，保险为受灾企业提供经济补偿，可以减轻政府的财政支持压力和金融机构的信贷支出。因此，保险机制的运行有助于财政和信贷收支平衡的实现。

5. 有助于提升国际支付能力

保险在支持对外贸易和国际经济交往中发挥着举足轻重的作用。在出口贸易和对外投资的过程中，出口商和投资人面临着政治风险、商业风险，可能无法按照合同约定按时、足额收汇。按照国际惯例，进出口贸易都必须办理保险。出口信用保险以出口贸易中外国买方的信用为保险标的，或以海外投资中借款人的信用为保险标的，在保护本国出口商利益的同时促进出口贸易的发展，增加国家的外汇收入，提升国家国际支付能力。

6. 有助于动员国际范围内的保险基金

为保证保险公司的偿付能力，单家保险公司所能承保的风险标的数量及责任限额总是受到自身承保能力的限制，超出的部分就要向其他保险人分出，对巨额风险一般采取多家保险公司共保的方式。因此，再保险机制或共保机制能够将保险市场上相互独立的保险基金联合起来，共同承担某一特定的风险。跨越国界的再保险或共保能够在世界范围内实现风险的分散，进而将国际范围内的保险基金联结为一体。国际再保险是动员国际范围内的保险基金的一种主要形式。

7. 有助于完善和实现社会管理职能

保险是风险管理的财务处理手段，也是国家进行社会风险管理的有效政策工具，助力完善和实现政府的社会管理职能。我国首个国家法律规定实行的强制性保险——机动车交通事故责任强制保险，有利于道路交通事故受害人获得及时有效的经济保障和医疗救治，而且有助于减轻交通事故肇事方的经济负担，是合理运用保险机制管理社会经济生活和保证社会安定的典型的例子。保险合同要求合同双方均遵循最大诚信原则，因此，保险业务的拓展对于提升社会诚信意识具有潜移默化的作用。保险公司对损失的合理补偿，可以提高事故处理的效率，减少当事人可能出现的事故纠纷，为维护正常、有序的社会关系创造有利条件，大大提高社会运行的效率。同时，保险在经营过程中可以收集企业和个人的履约行为记录，为社会信用体系的建立和管理提供数据基础。

（二）保险在微观经济中的作用

保险在微观经济中的作用是经济单位或个人将保险作为风险管理手段时，保险所体现的经济效应。其作用具体表现在以下五个方面。

1. 有助于受灾企业及时恢复生产

在生产过程中，自然灾害和意外事故是不可避免的。保险作为分散风险的有效措施，每个经济单位均可通过向保险人交付保险费的方式转嫁风险。投保企业一旦遭受保险责任范围内的损失，就能够按照保险合同约定的条件及时得到保险人相应的经济补偿，及时购买受损的生产资料以保障企业正常的生产和经营；同时，也减少了利润损失等间接损失。

2. 有助于企业加强经济核算

保险作为企业风险管理的财务手段之一，能够将企业难以预测的巨额灾害损失化为固定的保险费支出，并列入营业费用。企业通过缴纳保险费的方式把风险损失转嫁给保险公司，不仅不会因灾损而影响企业经营成本的均衡，还保证了企业财务运行的稳定。这样，既可以平均分摊损失成本，保证经营稳定，还可以加强企业经济核算，从而准确反映企业经营成果。

3. 有助于企业加强风险管理

保险补偿虽然能够在一定程度上减轻灾害事故所造成的影响，但是不能彻底消除风险，而且投保企业也不能因保险事故的发生获得额外的收益，因此，加强风险管理是企业和保险公司利益一致的行为。保险公司作为经营风险的特殊企业，积累了丰富的风险管理经验，不仅可以向企业提供各种风险管理的咨询和技术服务，还可以通过承保时的风险调查与分析，承保期内的风险检查与监督等活动，尽可能消除风险的潜在因素，达到防灾防损的目的。此外，保险公司还可以通过保险合同的约束和保险费率的浮动调动企业防灾防损的积极性。

4. 有助于安定人民生活

家庭是劳动力再生产的基本单位，家庭生活安定是人们从事生产劳动、学习和社会活动的基本保证。参加保险也是家庭风险管理的有效手段之一。保险人通过设计、销售与人们生活密切相关的保险产品，减轻自然灾害、意外事故对人们日常生活造成的影响，保障投保家庭的财务稳定性，使人们能够安心从事生产劳动和学习工作。如家庭财产保险，有助于弥补人们因风险事故造成的财产损失；意外伤害保险，为人们因意外事故造成的损失提供保险保障。

5. 有助于民事赔偿责任的履行

人们在日常生产、生活中，难免会因民事侵权或其他侵权而发生民事赔偿责任或民事索赔事件。任何企业或个人都可以通过缴纳保险费的方式将民事赔偿责任风险转嫁给保险公司，在因民事损害依法应对受害者承担赔偿责任时，被保险人可以从保险公司获得保险合同限额内的赔偿金额，用以支付民事赔偿，这使被侵权人的合法权益得到保障。有些民事赔偿责任由政府采取立法的形式强制实施，如机动车第三者责任险、环境污染强制责任保险等。

第五节 保险的分类

保险的分类是通过对种类繁多的险种按特征对其进行划归，以方便读者理解的过程。常见的保险分类有依据保险标的进行分类、依据实施形式进行分类、依据承保方式进行分类、依据保险性质进行分类、依据投保主体进行分类等。

一、依据保险标的进行分类

保险标的即保险保障的对象。依据保险标的，我们可以将保险分为财产保险与人身保险两大类，这与《保险法》中将保险分为财产险与人身险的法律分类相同。

财产保险是以财产及其相关利益为保险标的的一种保险。

人身保险是以人的寿命和身体为保险标的的一种保险。一般来说，人身保险包括人寿保险、意外伤害保险、健康保险三种。

二、依据实施形式进行分类

依据保险不同的实施形式，我们可以将保险划分为自愿保险和强制保险。

自愿保险也称任意保险，是指保险双方当事人自愿签订保险合同的一种保险。自愿保险有以下三个特点：第一，自愿保险是否进行投保，完全根据投保人意愿决定。第二，自愿保险责任期限明确。当保险期限届满，而投保人未办理续保手续时，保险责任即告终止。第三，自愿保险的保险金额、保险范围、保障程度、保险期限等可由当事人在自愿的基础上自由选择。

强制保险也称法定保险，是指根据国家颁布的有关法律法规而强制要求建立的保险关系。与自愿保险不同，强制保险在某种意义上表现为国家对个人意愿的干预，具有全面性与统一性的特点。凡是法令规定范围内的保险对象均须依法参与保险，使得一些高风险行业和领域有充足的保险保障，发挥出保险的经济补偿和社会管理功能。如世界各国一般都将机动车第三者责任强制保险（交强险）定为强制保险的险种。

三、依据承保方式进行分类

依据承保方式进行分类，我们可以将保险划分为原保险、再保险、共同保险和重复保险。

原保险也称直接保险，是指保险人与投保人之间直接签订保险合同并建立保险关系的一种保险。在原保险关系中，投保人将其风险转嫁给保险人，当保险标的遭受保险事故时，保险人对其保险范围内的损失直接承担原始赔偿责任。原保险是第一次风险转嫁，是投保人对原始风险的纵向转嫁。

再保险也称分保，是指保险人将其所承保的部分或全部风险和责任转让给其他保险人承担的保险。在再保险业务中，分出再保险业务的公司称为原保险人或分出人，接受分保业务的公司称为再保险人或分入人。原保险人通过签订分保合同转嫁风险，目的是避免过度承担风险，维持经营的稳定性。再保险是第二次风险转嫁，是原保险人对原承保业务风险的横向转嫁。

共同保险也称共保，通常有两种类型，分别是多个保险人共保和保人与被保险人共保。多个保险人共保是指两个或两个以上的保险人同时联合承保同一笔保险业务。当保险标的发生损失时，保险人按各自承保的保险金额比例承担赔偿责任。保险人与被保险人共保是指保险人和被保险人共同分担损失责任。这通常是由于投保人投保金额低于保险标的实际价值，我们将未投保部分视为投保人的自保，保险事故发生后保险人承担已投保部分责任损失，而投保人承担未投保部分责任损失。在签订共同保险合同中，保险费率、保险期限、保险责任等都是由各保险人与投保人共同商议的，共同保险保险金额之和不得超过保险标的的实际价值。共同保险属于第一次风险转嫁，是保险人对原始风险的横向转嫁。

共同保险与再保险的相同点在于两者均为分散风险的保险方式。两者的区别在于共同保险为直接保险，投保人与每个保险人之间均有直接的法律关系；再保险不属于直接保险，投保人与原保险人之间存在直接的法律关系，再保险人与投保人之间无直接的法律关系。

重复保险是指投保人在同一保险时期对同一保险标的、同一保险利益、同一保险事故分别向两个或两个以上的保险人订立保险合同，并且保险期限重复，保险总金额超过保险标的的实际价值的保险。构成重复保险的条件为：第一，保险标的相同。若保险标的不同，则各保险合同间无联系。第二，保险利益相同。若针对同一保险标的的不同保险利益进行投保，则不认为构成重复保险。第三，同两家及以上的保险人签订两份及两份以上的保险合同。与多家保险公司签订一份保险合同，一般构成共同保险而非重复保险。第四，保险期限重复。不同保险期限内的多份保险合同不构成重复保险。第五，保险总金额超过保险标的的实际价值。若保险总金额不超过保险标的的实际价值，一般构成复核保险而非重复保险。

重复保险与共同保险的相同点在于两者存在多个保险人。两者的区别在于重复保险的保险总金额超过保险标的的实际价值，共同保险的保险总金额不超过保险标的的实际价值。

四、依据保险性质进行分类

依据保险性质进行分类，我们可以将保险划分为商业保险、社会保险和政策保险。

商业保险是指保险各方自愿签订保险合同，投保人根据合同约定向保险公司支付保险费，保险人对合同约定的风险承担赔偿责任的保险。商业保险以商业保险公司为经营主体，保险标的可以是人或物，通过保险合同体现保险各方权利义务关系。商业保险一般遵循市场规律运营，其经营目标是利润最大化。

社会保险是国家通过立法形式确立的一种社会保障制度。社会保险以社会公民为保障对象，当被保险人遭受年老、疾病、生育、伤残等风险时，国家为其提供基本的生活保障。社会保险由政府举办，政府财政承担社会保险基金运行费用及管理费用。社会保险一般为强制保险，其运作实施不以盈利为目的。通过向社会成员提供普遍性的保障责任，社会保险能够促进社会的和谐和稳定。我国的社会保险制度包括基本养老保险、基本医疗保险、工伤保险、失业保险、生育保险，坚持广覆盖、保基本、多层次、可持续的方针。

政策保险是指政府为实现特定政策目标，运用普通保险技术开办的一种保险。政策保险一般由商业保险公司或政府机关专门设立的机构承办，与社会保险相同，其业务运营不以盈利为目的，体现了公共利益和公共政策性。多数国家政府对政策保险的保费给予一定比例的补贴或对承办政策保险的机构给予税收优惠政策。常见的政策保险包括农业保险、出口信用保险、巨灾保险等。

五、依据投保主体进行分类

依据投保主体进行分类，我们可以将保险划分为个人保险、企业保险和团体保险。

个人保险是以个人名义进行投保的保险，一般以个人和家庭为保障主体，保险标的为个人生命、人身健康和家庭财产。个人保险为个人和家庭提供了风险管理措施，常见的个人保险包括家庭财产保险、基本医疗保险、个人意外保险等。

企业保险是企业作为投保人的保险，一般以企业为保障主体。任何性质的企业，在经营的过程中既可能因意外事故遭受损失，又可能面临信用风险和责任风险。此外，董事和高级管理人员的决策失误或管理失误也会影响企业的运营。因此，企业通过购买不同类型的保险，可以有效管理多样化风险，稳定企业财务状况，实现持续经营，同时建立良好的企业形象。常见的企业保险包括企业财产保险、产品责任保险、雇主责任保险、董监事及高级管理人员责任保险等。

团体保险是指通过一份总保险合同向团体单位内所有成员提供风险保险的保险。团体保险中的投保人是团体单位，被保险人是团体单位内的成员。团体保险一般采用签订一张保单为团体单位内众多成员提供保险服务的形式，具有手续简化和保险费率低廉的特点。为了避免逆向选择和道德风险，团体保险业务一般对投保的团体单位性质、团体成员参保资格、团体成员参保比例及投保金额进行明确的规定。常见的团体保险包括团体人寿保险、团体年金保险、团体意外伤害保险和团体健康保险四类。

第六节　保险的产生与发展

一、古代保险思想与保险实践

保险思想源远流长，它的产生可以追溯到公元前 6 000 年前。人类历史数千年以来，面对数不胜数的自然灾害和意外事故，从未停止探寻抵御风险的方法。保险作为处理风险的最古老的手段，和人类文明具有密不可分的关系。回顾历史，有助于我们掌握风险与保险的关系，从而深入理解现代保险制度。

（一）外国古代保险思想与保险实践

保险思想在西方国家出现得较早，几千年前，古埃及、古巴比伦、古希腊和古罗马等文明古国都留下了人类基于保险思想抵御风险的印记。大约在公元前 4500 年，尼罗河三角洲附近居住着一些石匠，他们长期遭受自然灾害的侵扰。为抵御风险，石匠们自发成立了互助基金组织，当组织中有人遇难后，就利用成员们缴纳的基金支付其丧葬费用。古罗马时代，士兵中也出现了丧葬互助会，士兵们在入会时缴纳会费，如果不幸战死，会员的家属将会得到相应的抚恤费用；如果士兵调职或者退役，本人也可以得到旅费。上述两个例子是最早有关保险思想的文字记载。

公元前 18 世纪，古巴比伦第六代国王颁布了《汉谟拉比法典》，其中包含了类似火灾保险和运输保险的内容。汉谟拉比下令征收专门的税作为火灾的救济基金，还规定了在贸易过程中的损失分摊。依据损失分摊的规定，运输途中如果某个人的马匹死亡，全队的人将共同承担损失。大约在公元前 1000 年，以色列国王所罗门向从事海外贸易的商人征收税金，以补偿在海上航行时遇难人的损失，这便是运输保险最早出现的形式。

公元前 9 世纪，位于古希腊的罗得岛逐渐成为东地中海的航海贸易中心。随着航海贸易的繁荣，罗得岛形成了一系列共同海损规则，其中包括著名的"罗得弃货法"。《罗地安海法》在地中海地区具有极高的权威性，长此以往，该地区的海上贸易都要遵循其规定。《罗地安海法》经过 1 000 多年的演变，逐步发展为理论体系完备的《罗地安海商法》，至今仍然对世界贸易规则的制定和执行产生影响。

（二）我国古代保险思想与保险实践

中国的保险思想和救济制度拥有着悠久的历史。早在夏朝时期，人们就已经开始重视粮食储备。《逸周书》中记载："天有四殃，水旱饥荒，其至无时，非务积聚，何以备之。"这表明中国早期的居民已经认识到天灾随时可能发生，如果平时不积累资源，在灾害发生时则无法应对。当时中国生产力水平较低，剩余产品不丰富，生老病死和自然灾害对人类社会生活造成的影响尤为强烈，人们渴望采取措施来保障自己的生存和利益。在此背景下，人们主动应对灾害的风险管理意识开始形成，中国传统的保险思想在这个时期开始萌芽并逐渐发展起来。

商周时期，中国就建立了体现风险分散、风险管理理念的后备仓储制度。《周书》中提到"国备"，即指国家和家庭都应该储备足够三年食用的粮食，以备不时之需。孔子经过长期的观察，认识到自然灾害的规律性，即每四年会有一年遭受灾荒。因此，他提出储备粮食以应对灾害可能带来的损失。周文王时期曾遇到严重灾荒，因此召集百官商讨"救患分灾"的对策，即如何分散灾害损失。

春秋战国时期，诸子百家提出了独具特色的保险思想。这一时期的保险思想十分活跃，诸家见解独到。孟子为了实现社会的安定，主张建立储粮贩灾的社会保险体系。他提出"调粟"的概念，即通过在不同地区调剂粮食，以实现分散风险，减轻灾害影响的目的。

虽然我国社会保障思想和国家救济后备体系在很早就初具雏形，但是受制于重农抑商的传统观念和中央集权的封建制度，中国古代的海上对外贸易并不繁荣，商品经济的发展相对缓慢。因此，我国古代社会所形成的社会保险思想并没有演变成现代商业保险制度和社会保险体系。

以上所述的保险思想与保险实践分布在各种记载中，它们是自然人或相关组织在社会生活和生产实践中，应对灾害、事故、死亡、疾病、伤残等难以承受的风险的早期探索。这些探索源于人们解决现实问题的客观需求，通过风险分散和损失分摊的方式，体现了"鸡蛋不放在同一个篮子里"或"凑份子"的朴素保险思想。这种特定人群或团体的风险管理方法，体现了"抱团取暖"与"共担损失"的风险管理理念。此类实践并不是建立在平等契约基础上的规范化行为，缺乏数理统计作为保费收取或定价的科学基础，因此并不具备真正意义上的商业保险特征，但是这些早期探索与实践为现代保险业的发展奠定了基础。

二、近现代外国保险史

（一）商业保险的产生和发展

1. 原保险的产生和发展

1）海上保险

14 世纪，随着欧洲各地海上贸易的繁荣发展，海上保险应运而生。海上保险是历史最为悠久的一种保险形式，是近代保险业的起源，在保险发展历史中占据重要地位。

意大利是海上保险的发源地。早在公元 1250 年前后，意大利的伦巴底商人们就开始经营海上保险业务。起初海上保险仅采取口头协定的方式，后来才慢慢发展成书面协议。11 世纪末，意大利商人主导了地中海地区的国际贸易，为了减少经济损失，他们试图利用"保险"的制度来应对海运风险。最初记载的"保险单"出现于 1347 年，这份合同融合并完善了古巴比伦和腓尼基商人的做法，以书面形式记录了船东和"保险商"的权利和义务。1834 年，意大利城市比萨出现了世界上第一个具有现代意义的保险单——比萨保单。这标志着近代海上保险制度的诞生。随后的两个多世纪，欧洲大陆各国都步入了海上保险迅速发展的新阶段。

15 世纪中晚期，随着英国的崛起，世界保险业中心逐渐从意大利向英国转移。英国王室于 1566 年成立了皇家交易所，所内设保险局，对海上保险业务开展监管，这极大地推动了英国海上保险合同的标准化。1666 年，皇家交易所在伦敦大火中损毁，海上保险交易开始分散在英国各咖啡馆内，其中最著名的当属劳埃德咖啡馆。1774 年，劳埃德咖啡馆的 79 位商人各出资 100 英镑，在修复后的皇家交易所内成立了劳合社（Lloyd's），从此，劳合社成为海上保险业务的中心，为投保人和保险商人提供了一个有效的保险交易平台。

2）人身保险

人身保险制度的萌芽与形成与海上保险有着密切的联系。15 世纪后期，随着海上保险业务的繁荣发展，欧洲奴隶贩子开始将运往非洲的奴隶作为海运货物进行投保，以减少运送过程中奴隶因死亡、伤残导致的经济损失，这是早期人寿保险的雏形。而后运输船上的船长和船员也获得了保险保障。16 世纪，西方国家还出现了以旅客为保障对象的人身保险。1693 年，英国天文学家哈雷依据布雷斯劳市民 1687—1691 年出生及死亡的完整记录，编制出呈现死亡率和年龄关系的数字表格，表格被称为"哈雷生命表"，这是人身保险发展史上第一张生命表。生命表可以全面反映某个国家或地区人口的生存与死亡规律，为寿险精算提供了科学的依据，极大地促进了人身保险的进一步发展。

3）火灾保险

火灾保险的起源可以追溯到 1118 年冰岛的 Hrepps 社（互助社），该社的设立旨在对火灾造成的财产和家畜损失进行补偿。也有学者认为近代火灾保险起源于中世纪的德国。1591 年，德国酿造业者组成火灾救助协会，为遭遇火灾的会员提供重建资金补偿。1666 年，伦敦遭遇突如其来的大火，导致二十多万人无家可归，超过 80% 的城区被毁。次年，牙医尼古拉斯·巴蓬在皇家交易所内创办了火灾保险业务。1680 年，火灾保险所创建人之一巴蓬提出"木质房屋火灾保险费率应比泥砖房屋保费高 1 倍"，这是现代火灾保险差别化费率的起源。18 世纪初期，火灾保险的保障范围由不动产拓展至动产，费率确定除了要参考保险标的的物理结构，还要参考地理位置、用途等其他因素。19 世纪中叶，火灾保险发展趋于成熟。

4）保证保险

最早的保证保险出现于 18 世纪末至 19 世纪初，当时资本主义商业信用不断发展，同时商业道德危机频发，在此背景下保险市场上出现了一种新的保险产品——保证保险。保证保险最初的形式是诚实保证保险，由一些个人商行或银行办理。1852—1853 年，英国几家保险公司尝试提供合同担保业务，但由于资金不足而未能成功实施。1901 年，美国马里兰州的诚实存款公司首次在英国推出保证保险合同担保，随后英国的几家公司相继开展此项业务，并逐渐将保证保险业务拓展至欧洲市场。保证保险的引入丰富了保险业功能，对拉动消费、促进经济增长发挥了积极作用。

5）责任保险

责任保险起源于19世纪中期的英国，20世纪70年代以后在全球工业化国家迅速发展。1855年，英国铁路乘客保险公司首次向铁路部门提供铁路承运人责任保障，这是最早的责任保险。1870年，工程保险经营机构对承保的锅炉提供因锅炉爆炸导致第三者财产损失或人身伤亡时的风险保障。1875年，承保马车意外事故的第三者责任保险单在英国发行。1880年，英国颁布《雇主责任法》，当年英国即成立了多家雇主责任保险公司，承保雇主在经营过程中因过错致使雇员受到人身伤害或财产损失时应负的法律赔偿责任。1890年，海上事故保险公司向特许啤酒经销商提供保险，承保经销商所售啤酒含砷对消费者造成伤害时的赔偿责任，这是产品责任保险的雏形。1895年，英国保险公司推出汽车第三者责任保险，3年后美国汽车第三者责任保险成为责任保险市场的主要业务。1896年，首个职业责任保险单问世，承保药剂师因过失开错处方时应承担的赔偿责任。20世纪20年代—20世纪中期，保险市场相继出现会计师责任保险、个人责任保险、农户责任保险、店主责任保险等。随着责任规则的明晰和法律体系的完善，责任保险发展日趋成熟和全面。

2. 再保险的产生和发展

最早的海上再保险业务可以追溯到1370年欧洲的海上贸易发展时期。当时，一位名为格斯特·克鲁丽杰的保险人，承保人意大利热那亚至荷兰斯卢丝的航程，而后将其中的一段航程责任通过转让的方式转移给其他保险人，这便是再保险最初的形式。17世纪初，劳合社和英国皇家保险交易所开始涉足再保险业务。1666年，发生的伦敦大火事件进一步促使保险业对管理巨灾损失风险产生强烈的需求，推动了全球再保险市场的发展。1681年，法国国王路易十六颁布法令，允许保险人将自己承保的业务向其他保险人进行再保险。18世纪初期，荷兰鹿特丹的保险公司开始将承保的西印度航程分给伦敦市场。1731年，德国汉堡发布法令，允许从事再保险业务。19世纪中叶以后，美国、德国、法国、英国、瑞士等国陆续开设专业的再保险公司，经营的险种涵盖了火险、建筑工程险、航空险以及责任保险等领域，形成了庞大的国际再保险市场。再保险对于保险市场的稳定和可持续发展具有重要的作用。目前，再保险市场是全球保险市场的重要组成部分。

（二）社会保险的产生和发展

1873年的世界性经济危机之后，德国面临着不断复杂化的社会矛盾和阶级矛盾，为缓解这些问题，德国俾斯麦政府制定了关于社会保险和社会福利法规的一系列改革措施，这是社会保险的起源。1883—1889年，德国相继颁布了《疾病保险法》《工伤事故保险法》等，覆盖医疗、工伤等保障范畴。1911年，德国将社会保险相关法律法规整合为单一的德意志帝国法典，至此，德国创立了世界上首个完备的社会保险体系，为资本主义国家社会保障制度的建立提供了可借鉴的成功范例。此后，德国相继颁布了《职员保险法》《帝国矿工保险法》《职业介绍和失业保险法》，这些法律的制定和出台进一步完善了社会保险制度。随着时间的推移，越来越多的国家认识到社会保险在稳定社会、保障弱势群体利益、促进生产等方面的重要作用。目前，绝大多数国家设立了社会保险制度，社会保险种类包括医疗保险、失业保险、工伤保险、疾病保险等。

三、中国近现代保险史

(一) 中国近代保险史

中国近代保险史的开端与两个特殊事件相关：一是鸦片传入中国；二是"西学东渐"。19 世纪初，为扭转对华贸易逆差，英国开始向中国倾销鸦片。一时间，中国东南沿海地区出现大量运送鸦片的货船。为管理运送鸦片货船面临的风险，1805 年，英国东印度公司经理戴维森（W. S. Davidson）在广州创立了谏当保安行，这是外资在中国开设的第一家保险公司，也是中国历史上第一家保险机构。鸦片战争爆发后，中国被迫开放了上海、宁波等 5 个通商口岸。随着通商贸易和鸦片海运量的提升，英国的太阳保险公司和巴勒保险公司在上海设立分公司，怡和洋行在上海设立保险部。上海逐渐成为中国保险业的中心。此后的一段时间里，美国、法国、德国、瑞士等纷纷在中国设立保险分支机构，经营海上保险和人身保险等业务，外资保险公司完全垄断了中国的保险市场。

在"西学东渐"的过程中，郭士立和魏源将西方保险思想引入中国，洪仁玕主张中国自办保险，是将西方保险思想从理论转向实践的先驱。1865 年，中国第一家民族保险机构——义和公司保险行在上海成立，它的创立打破了外资保险公司完全垄断中国保险市场的局面，开创了中国本土保险业的发展。1875 年，洋务派代表李鸿章在轮船招商局的基础上设立了附属的船舶保险公司——保险招商局。此后，轮船招商局又在上海设立了"仁和"保险公司和"济和"保险公司，后两家公司合并为"仁济和"保险公司。1905 年，中国自办的第一家人寿保险公司——华安合群人寿保险公司在上海成立。20 世纪 20 年代，大量民族资本进入保险行业，但外商保险公司仍在市场占主导地位。1929 年，金城银行行长周作民在上海创办了太平水火保险公司，并迅速发展成我国民族保险企业中的翘楚。太平水火保险公司是中国太平保险集团的前身。1931 年，中国银行成立中国保险公司。1935 年中央银行信托局成立专营保险业务的保险部。1943 年，中国农业银行投资建立中国农业保险公司，开展中国最早的农业保险业务。官僚资本建立的保险公司在打破外资保险公司垄断，防止保费外流等方面发挥了积极的作用。

从 19 世纪初现代保险制度引入中国，到 1949 年中华人民共和国成立前，是中国近代保险史的初期发展阶段。在这一阶段，中国保险业逐渐发展，涵盖水险、火险、人寿保险等不同领域。保险市场上民族保险公司经历快速发展后日趋萎缩，官僚资本保险公司在市场上占据一定份额，但外资保险公司占据主导地位。

(二) 中国现代保险史

上海解放后，上海军管会金融处设立了一个保险组，负责清理整顿上海的保险市场。保险组共接管 21 家官僚资本保险机构，登记复业华商保险公司 63 家，淘汰了投机性保险公司。1949 年 7 月，华商保险公司成立"民联分保交换处"，规定国外再保险公司必须经由国营保险公司或复业后的华商保险公司办理业务。外商保险公司因招揽不到业务纷纷停业并退出中国市场。1949 年 10 月 20 日，中国人民保险公司在北京成立，这是中华人民共和国第一家国有保险公司。1951 年，上海和天津的 28 家私营保险公司分别组建太平保险公司和新丰保险公司。1958 年，由于历史原因以及国内外政治环境的影响，全国金融会议决定暂停国内保险业务。自此，中国保险业陷入停滞阶段。

1978 年，党的十一届三中全会决定实行改革开放政策，国务院批准恢复保险业发展，这为保险业恢复发展提供了政策支持。1980 年，中国人民保险公司重新开始经营财产保险业务，随后于 1982 年恢复人寿保险业务。1985 年，国务院颁布了《保险企业管理暂行条例》，标志着中国保险业监管法制化进程的开端。1986 年，新疆生产建设兵团农牧业保险公司成立，开启了中国保险体制改革的序幕。后续的几年里，中国保险业开始呈现出多元化发展格局。1988 年，中国的第一家股份制保险公司——平安保险公司在深圳成立。1991 年中国太平洋保险股份有限公司成立，其前身是交通银行保险业务部。1992 年，友邦保险公司成为第一家获准进入中国保险市场的外资保险公司，拉开了国内外保险公司竞争发展的序幕。

1995 年，中华人民共和国第一部《保险法》颁布实施，确立了财产保险和人身保险分业经营的原则，为保险业的规范化发展奠定了法律基础。1996 年，中国保险市场迎来首次扩张，泰康人寿、华安财险、新华人寿、永安财险及华泰财险等保险公司相继成立。至此，以国有制为主体，国内外保险公司并存的保险市场多元化格局初步形成。

1998 年，中国保险监督管理委员会（以下简称"保监会"）正式成立。保监会出台了一系列保险相关规章和规范性文件，为保险市场的健康发展提供了制度保障。此后，中国保险业进入快速发展阶段，保费收入和保险公司数量大幅增加。2001 年，中国加入世界贸易组织（WTO），这为中国保险市场高水平对外开放创造了机会。在政策的推动下，保险业发展获得了更大的动力。2005 年 4 月，《中华人民共和国电子签名法》颁布并实施；同月，中国人民保险公司签售了国内首张电子保单，标志着保险业务向数字化转型的一步。

2005 年 3 月，经国务院批准，中国人民保险集团健康保险股份有限公司成立，这是国内首家专注于健康保险领域的公司。此后，中国人民保险集团陆续创办了人保寿险、人保资产管理、人保再保险、人保投资控股、人保资本保险资产管理、人保养老、中诚信托、人保信息科技等多家子公司。

2006 年，国务院发布了《关于保险业改革发展的若干意见》，即"国十条"，这一政策举措在推动保险业健康发展，优化保险业发展格局方面发挥了重要作用。2007 年 8 月，泰康养老公司成立，其产品线全面融合国家医养三支柱政策，致力于为企业所有者和员工提供多样化福利医养解决方案。2008 年 9 月，《保险公司偿付能力管理规定》正式施行，首次引入资本充足率指标，构建了偿付能力监管、市场行为监管以及公司治理结构监管三大支柱的监管体系。2011 年，中国保险业迎来了一系列新的政策和法规。这些政策包括加强对中介机构涉嫌传销行为的打击，制定了《商业银行代理保险业务监管指引》，以及规范人身保险销售和提高发行次级债门槛等措施，这些政策的出台为我国保险市场的规范、健康发展奠定了坚实的政策基础。

2014 年，《国务院关于加快发展现代保险服务业的若干意见》发布，进一步为商业养老保险、健康保险、农业保险、巨灾保险、责任保险的发展指明方向和指引。保险业快速发展的背后也存在着一些问题，2016 年保监会召开专题会议，提出"保险业姓保"，强调保险应该突出保障功能。2018 年，中国银行保险监督管理委员会成立，更好地整合了银监会和保监会的监管职能，推动了金融监管的升级。2023 年 3 月，《党和国家机构改革方案》发布，国家金融监督管理总局作为国务院直属机构取代原银保监会的职能，统一负责除证券业之外的金融监管。

改革开放以来，中国保险业历经 40 余年的发展，取得了举世瞩目的成就。目前，中国已经成为全球第二大保险市场，保险行业整体业务结构持续优化，形成了多元化、健康发展的局面。

本章小结

风险是损失发生的不确定性。客观性、损害性、不确定性、可测性和可变性是风险的主要特征。依据不同的分类标准，风险可以划分为不同的类型。主要有按风险的性质分类、按风险产生的环境分类、按风险影响的范围分类、按风险的损害对象分类和按风险产生的原因分类等。一般认为，风险由风险因素、风险事故和损失三个要素构成。风险因素可以分为实质风险因素、道德风险因素和心理风险因素。

风险管理以实现风险成本最小化为目标，力求将风险成本控制在风险主体可以承受的范围之内。风险管理的目标按照风险事故发生造成损失的时间，可以划分为损失发生前的风险管理目标和损失发生后的风险管理目标。风险管理是一个连续的过程，主要包括风险识别、风险估测、风险评价、风险应对以及风险管理效果评价等环节。风险管理通过采取不同的措施，力求用最小的成本取得最大的安全保障。常见的风险管理方法主要有回避、预防、抑制、自留和转移。

保险是一种金融制度安排。保险人通过收取保险费的方式建立保险基金；以合同的形式，确定投保人、保险人双方权利义务关系；对合同约定范围的保险事故发生导致的损失由保险人承担赔偿或给付责任。保险的要素有四个：特定风险事故的存在；多数经济单位的结合；保险费率的合理计算；保险基金的建立。保险的特征包括互助性、经济补偿性、契约性、科学性。保险学术界对保险学概念提出的主流学说主要包括损失说、非损失说和二元说。

保险的功能是由保险的本质和特征所决定的，保险本质决定保险的功能，保险的功能反映保险的本质。保险的功能包括经济补偿功能、保险金给付功能、防灾防损功能、资金融通功能及社会管理功能。保险在宏观经济中的作用包括有助于保障社会再生产的正常进行，有助于推动商品的流通和消费，有助于推动科学技术的推广应用，有助于财政和信贷收支平衡的顺利实现，有助于提升国际支付能力，有助于动员国际范围内的保险基金，有助于完善和实现社会管理职能。保险在微观经济中的作用包括有助于受灾企业及时恢复生产，有助于企业加强经济核算，有助于企业加强风险管理，有助于安定人民生活，有助于民事赔偿责任的履行。

依据保险标的进行分类，我们可以将保险分为财产保险与人身保险两大类；依据保险不同的实施形式，我们可以将保险划分为自愿保险和强制保险；依据承保方式进行分类，我们可以将保险划分为原保险、再保险、共同保险和重复保险；依据保险性质进行分类，我们可以将保险划分为商业保险、社会保险和政策保险；依据投保主体进行分类，我们可以将保险划分为个人保险、企业保险和团体保险。

保险思想源远流长，它的产生可以追溯到公元前6000年前。保险思想在西方国家出现得较早，几千年前，古埃及、古巴比伦、古希腊和古罗马等文明古国都留下了人类基于保险思想抵御风险的印记。中国古代保险思想最早出现在夏朝时期。

回顾外国保险史：海上保险是历史最为悠久的一种保险形式，是近代保险业的起源；15世纪后期，随着海上保险业务的繁荣发展，人身保险制度得以萌芽和发展；火灾保险的起源可以追溯到1118年冰岛的Hrepps社（互助社）；保证保险出现于18世纪末—19世纪初；责任保险起源于 19 世纪中期的英国。最早的海上再保险业务可以追溯到 1370 年欧洲的海上贸易发展时期，社会保险起源于 1873 年的世界性经济危机之后。

中国的保险史可以划分为近代保险史和现代保险史两个阶段。近代保险史即 19 世纪初至中华人民共和国成立之前，这一阶段中国保险业逐渐发展，涵盖水险、火险、人寿保险等不同领域。保险市场上民族保险公司经历快速发展后日趋萎缩，官僚资本保险公司在市场上占据一定份额，但外资保险公司占据主导地位。现代保险史即中华人民共和国成立之后至当下，中国保险业历经 40 余年的发展，取得了举世瞩目的成就。目前，中国已经成为全球第二大保险市场，保险行业整体业务结构持续优化，形成了多元化、健康发展的局面。

本章关键词

风险　纯粹风险　投机风险　实质风险因素　道德风险因素　心理风险因素
风险管理　保险　保险要素　再保险　共同保险　重复保险　保险金给付功能
防灾防损功能　资金融通功能

复习思考题

1. 简述风险的含义及主要特征。

2. 试举例说明风险因素、风险事故和损失与风险之间的关系。

3. 试分析你所在的家庭（或学校）可能面临的各项风险，根据本章所学的内容为家庭（或学校）制定一套可行的风险管理方案。

4. 请你结合实际谈谈保险在风险管理中的地位及作用。如何理解二者之间的联系及区别？

5. 什么是保险？保险具有哪些特征？

6. 简述保险与赌博的区别。

7. 简述保险的基本功能和派生功能。

8. 简述保险在宏观经济中的作用。

9. 简述共同保险与再保险的区别。

10. 简述共同保险与重复保险的区别。

11. 请分析保险法律法规在保险发展历史中的作用。

第二章 保险合同

第一节　保险合同概述

一、保险合同的概念与特点

（一）保险合同的概念

根据《中华人民共和国民法典》第四百六十四条规定："合同是民事主体之间设立、变更、终止民事法律关系的协议。"依法成立的合同，受法律保护。合同的当事人必须具有民事行为能力。

保险合同又称保险契约，是合同的一种形式。保险合同是投保人与保险人双方在自愿的基础上形成的一种法律关系，是明确保险双方权利和义务关系的协议。《保险法》第十条规定："保险合同是投保人与保险人约定保险权利义务关系的协议。"

按照保险合同约定，投保人负有缴纳保险费的义务，并享有请求赔偿或给付保险金的权利。保险人有收取保险费的权利，并有按照合同约定承担赔偿或者给付保险金的责任。

保险合同应当在协商一致的基础上自愿订立，并应遵循公平原则确定各方的权利和义务。

（二）保险合同的特点

作为民商事合同的一种，保险合同具有一般合同共有的法律特征：第一，合同当事人必须具有民事行为能力。第二，保险合同是当事人双方意思表示一致的行为，不是单方的法律行为。任何一方不能把自己的意志强加给另一方，任何单位或个人对当事人的意思表示不能进行非法干预。第三，保险合同必须合法才能得到法律的保护。当一方不能履行义务时，另一方可向国家规定的合同管理机关申请调解或仲裁，也可以直接向人民法院起诉。

保险合同是一种以风险为保障对象的特殊类型的合同，除了具有一般合同的性质，还有自己的特点。

1. 保险合同是双务合同

保险合同是双务合同。保险合同作为一种双方的法律行为，一旦生效，便对双方当事人具有法律约束力，各方当事人均要按照协议履行自己的义务。保险一方当事人的义务对另一方而言就是权利。例如，投保人有交付保险费的义务，与此相对应的是，保险人有收取保险费的权利。保险人收取保险费，就必须承担保险事故发生或合同届满时的赔付义务。

2. 保险合同是复合性与约定性并存的合同

一般民商事合同，完全或者主要由当事人各方进行协商以约定合同的内容。但是保险合同内容的产生以复合为主，以约定为辅。所谓复合是指合同的一方当事人设计并提供全部合同内容，另一方只能对合同内容进行选择或放弃，而不能对合同的内容进行修订。在保险业务中，保险合同的主要内容通常由保险人一方以格式条款的方式事先拟定，投保人或被保险人只能进行取与舍、表示接受或不接受，一般不能改变保险合同的主要内容。各国保险法规依然保护保险合同当事人的自愿协商权。《保险法》第十一条规定："订立保险合同，应当协商一致，遵循公平原则确定各方的权利和义务。除法律、行政法规规定必须保险的外，保险合同自愿订立。"第十八条规定，在保险法规定的保险合同应包括的事项以外，"投保人和保险人可以约定与保险有关的其他事项"。第二十条规定："投保人和保险人可以协商变更合同内容。"但这种约定通常不过多涉及合同的主要条款。可见，保险合同中关于协商或选择的约定性是辅助的。

3. 保险合同是要式合同

保险合同是要式合同。所谓要式是指合同的订立需要依法律规定的特定形式进行。订立合同的方式多种多样，根据《保险法》，在保险实务中，保险合同一般以书面形式订立，其书面形式主要表现为保险单、其他保险凭证及当事人协商同意的书面协议。保险合同以书面形式订立是国际惯例，它可以使各方当事人明确自己的权利、义务与责任，并作为解决纠纷的重要依据。

4. 保险合同是有偿性合同

保险合同是有偿性的合同。作为设计和开发保险产品的商业企业，保险公司提供的保险保障服务是有偿的。也就是说，被保险人要取得保险保障，必须付出相应的保险费。保险合同的有偿性，主要体现在投保人要取得保险的风险保障，必须付出相应的代价，即保险费；保险人要收取保险费，必须承诺承担保险保障责任。

5. 保险合同是射幸性合同

射幸是指不确定性，大多数保险合同所承保的危险发生与否具有射幸性。一般来说，普通民商事合同所涉及的利益损失都是等价的，交易双方利益交换的价值基本相等。但是，在根据保险合同建立的法律关系中，保险双方支付行为通常是不对等的。在保险合同订立时，投保人根据保险合同支付保险费的义务是确定的，而保险人的义务是否履行在保险合同订立时尚不确定，保险人对某被保险人是否承担赔偿或给付保险金义务，完全取决于偶然的、不确定的保险事故是否发生，是不确定的。

投保人付出的是少量按照概率原理精算出来的保险费，在保险事故发生时有可能获得远超其所支付保费的大额赔款，这就使保险合同具有明显的射幸性。其中，财产保险合同和人身意外伤害保险合同所表现出来的射幸性最为明显。

需要明确的是，保险合同的射幸性是就单个保险合同而言的。

6. 保险合同是保障性合同

保险合同的保障性是指保险合同是在被保险人遭受保险事故时，由保险人提供经济保障的合同。

7. 保险合同是最大诚信合同

任何合同的订立与履行都应当遵守诚实信用原则。由于保险双方存在信息不对称，保险合同对于诚实信用程度的要求要远高于其他民事合同。保险合同的权利义务完全建立在诚实信用的基础上，任何一方出现欺骗、隐瞒和不诚实行为都有可能导致法律纠纷，并且使保险合同丧失效力。因此，建立保险法律关系、履行保险合同必须遵循最大诚信原则。

二、保险合同的分类

（一）财产保险合同与人身保险合同

按照保险保障标的性质进行分类，保险合同可以划分为财产保险合同与人身保险合同。这是保险合同中最普遍且得到法律确认的分类方式。财产保险合同是以财产及其有关利益为保险标的的保险合同。财产保险合同保障的标的为可以用货币衡量价值的物质财产和可以用货币标定价值的经济利益。物质财产通常属于有形财产，是有形的保险标的；经济利益通常属于无形财产，是无形的保险标的。承保有形财产的保险合同被称为有形财产保险合同，如企业财产保险合同、机动车辆保险合同等。承保无形财产的保险合同被称为无形财产保险合同，如产品责任保险合同、信用保险合同等。

人身保险合同是以人的寿命和身体为保险标的的保险合同。人身保险合同保障的标的为可以用货币标定价值的人的寿命和身体。人的寿命通常属于长期保险合同范围，如人寿保险合同、年金保险合同等；人的身体通常属于短期保险合同范畴，如人身意外伤害保险合同、健康保险合同等。可见，财产保险合同和人身保险合同各具特点。

（二）原保险合同与再保险合同

按照订立保险合同的主体不同进行分类，保险合同又可以划分为原保险合同与再保险合同。原保险合同是保险人和投保人之间约定保险权利与义务关系的协议。再保险合同则是原保险人与再保险人之间约定保险权利与义务关系的协议。从合同关系来看，再保险合同是以原保险合同的存在为前提和基础的，没有原保险合同也就没有再保险合同。同时，再保险合同又是独立的合同。

（三）补偿性保险合同与给付性保险合同

按照保险人支付保险金性质进行分类，保险合同可以划分为补偿性保险合同与给付性保险合同。

补偿性保险合同是指当保险事故发生时，保险人根据被保险人的要求并对保险标的的实际损失进行核定后支付保险金的合同。财产保险合同通常属于补偿性合同。

给付性保险合同是指保险人与投保人协商一定的保险金额，在保险事故发生时，保险人承担给付责任的保险合同。人身保险合同除了医疗费用保险外，大多属于给付性合同。因为人的寿命和身体都是不能直接用货币进行衡量的，只能根据投保人支付保险费的能力和实际需要确定保险金额，从而通过给付形式实现对人的寿命和身体的保障，而不能如同财产保险那样根据损失情况进行直接补偿。可见，保险双方通过协商的方式事先约定的人身保险金额是固定的，因此人身保险合同也称定额保险合同。由于医疗保险的经营符合补偿原则的要求，保险人的赔偿以满足医疗需要为前提，因此，医疗保险合同属于补偿性合同。

（四）定值保险合同和不定值保险合同

根据保险合同订立时是否确定保险价值进行分类，可以把保险合同划分为定值保险合同和不定值保险合同。人身保险合同通常不区分定值保险合同和不定值保险合同。

定值保险合同是指保险人与投保人以事先约定的保险标的价值作为保险金额并在合同中予以载明的保险合同。保险事故发生时不再以出险时市场价值来确定赔偿金额，而是直接按照合同约定的保险金额赔偿。定值保险合同主要适用于保险标的的价值变化幅度较大或保险价值难以准确确定的财产，如字画、古玩、运输中的货物等。

不定值保险合同是指保险人与投保人按照财产的实际价值确定保险金额，并在合同中载明作为赔偿的最高限额的保险合同。发生损失时，保险人按照保险金额与保险标的的实际价值比例承担赔偿责任。不定值保险合同的赔偿金额的确定是以保险事故发生时的市场价值为准。一般的财产保险多采用不定值保险合同。

（五）特定式保险合同、总括式保险合同、流动式保险合同和预约式保险合同

按照保险合同保障的内容进行分类，保险合同可以划分为特定式保险合同、总括式保险合同、流动式保险合同和预约式保险合同。

特定式保险合同是保险人只对事先约定并且在保险单列明的保险标的进行承保的合同。这种保险合同在承保时必须逐一将保险标的分项列明，承保工作相对烦琐。但保险标的发生保险损失时，则有利于保险人，如个人汽车保险合同等。

总括式保险合同是保险人在保险单列明只能承保某种类别的保险标的的保险合同。对该类别保险标的的具体事项不再做分类。此类合同承保时工作相对简化，但保险标的发生保险责任范围内的损失时，保险标的的清理工作相对复杂，如企业财产保险合同。

流动式保险合同是保险人针对保险标的的数量和价值变化比较频繁的业务设计的保险合同。这种保险合同通常不规定保险金额，只规定保险人承担的最高责任限额。这种保险合同主要适用于仓储类企业。

预约式保险合同又称开口式合同，是保险人和投保人事先约定保险保障范围的长期协议。凡是在约定期限内投保人符合保险保障范围的标的都属于保险合同承保的保险标的，只要投保人事先申明，合同自动承保，无须保险合同双方当事人重新履行投保手续。预约保险合同主要适用于货物运输保险业务。按照预约合同的约定，在每次货物发运时，投保人只需向保险人发出货物起运通知，在预约保险合同范围内的货物自动生效，预约保险合

同期满后统一进行保险费结算。

（六） 单一风险合同、综合风险合同和一切险合同

按照保险合同保障的风险责任划分，可以将保险合同分为单一风险合同、综合风险合同和一切险合同。

单一风险合同是只承保一种风险责任的保险合同，如地震保险。

综合风险合同是指承保两种以上的特定风险责任的保险合同；此种保险合同通常采取列举的方式将承保的风险责任一一列出。

一切险合同是指除了列举的"责任免除"事项外，保险人承担其他一切风险责任的保险合同。一切险合同中，保险人承保的责任范围最大，但承保的风险仍然有限制。

三、保险合同的形式

（一） 投保单

投保单也称要保书、投保申请，是投保人要求获得保险保障的申请书，投保单实际上是投保人保险要约的书面形式，也是保险人审核并决定是否接受投保申请的书面文件。投保单中主要列明保险双方需要明确的主要合同条件，如投保人姓名、地址、保险标的、标的坐落地点、保险险别、保险价值、保险金额、保险费率等。

投保单必须由投保人亲自填写，并如实回答投保单中所列的各项问题。投保单是保险人赖以承保的依据，如果投保人填写不实，将影响保险合同的效力。投保单是保险合同签发前必不可少的法律程序。投保单有助于投保人了解自己的权利义务，也使保险人履行了介绍保险产品核心内容的职责。

（二） 暂保单

暂保单也称临时保险单，是在正式保险单签发之前，由保险人或代理人向投保人出具的临时性保险证明文件。暂保单的内容比较简单，只载明与保险人已商定的基本保险条件，如保险标的、被保险人、保险金额及保险费率、承保险种等。暂保单期限较短，通常为 30 天。在保险单正式出立之前，暂保单具有与正式保险单同等的效力。如果暂保单有效期满，保险人未签发正式保险单，暂保单失效。在暂保单有效期内，保险人一经出具正式保险单，暂保单就自动失效。

暂保单一般在下列情况下使用。

（1）保险代理人在招揽到保险业务单后，在未向保险人办妥保险单手续前，为避免业务外流，可先出具暂保单，以作为保险证明。

（2）保险公司的分支机构承揽到超出业务审批权限或危险单位比较特殊的业务后，在未获得上级保险公司或保险总公司批准前，为避免业务外流，先出具暂保单，以作为保险的证明。

（3）保险人和投保人在洽谈或续订保险合同时，双方已就主要保险条件达成协议，但尚有一些条件需要进一步商讨，在未完全谈妥前可先出立暂保单，以作为保险的证明。这样既可以给投保人提供保险保障，又可以避免业务外流。

（4）保险单是出口贸易结汇的必备文件之一，在出具保险单和保险凭证之前，可先出具暂保单，证明出口货物已经办理保险，作为出口结汇的凭证之一。

（三）保险单

保险单简称保单，是保险人和投保人之间订立保险合同的正式书面文件，一般由保险人签发给投保人。这种由保险人单方面起草和设计完成的合同或条款被称为格式化合同或格式化条款。保险单应详尽列明保险合同的全部内容，包括以下各项。

（1）保险人名称和固定地点。

（2）投保人和被保险人名称和固定地点。

（3）保险标的的名称、坐落地点。

（4）保险责任与责任免除。

（5）保险期间与保险责任开始时间。

（6）保险金额与赔偿限额。

（7）保险费以及支付办法。

（8）保险金赔偿或者给付办法。

（9）违约责任和争议处理。

（10）订立合同的年、月、日。

（11）保险人与被保险人的权利义务。

保险单是保险商品内在质量和功能的具体体现。保险人应本着通俗化和标准化的原则起草和设计保险单，为投保人通过阅读了解保险合同提供便利，同时也可以使投保人易于比较和选择不同公司的保险产品。但是，保险单过于通俗化可能会给保险责任和责任免除项目的准确释义和用词造成困难，进而可能对保险人经营产生不利因素；而保险单完全实行标准化可能会制约和影响保险单的创新和个性化保险单的发展，有可能对投保人的定位和选择造成不利影响。因此，认真和科学地了解保险单的通俗化和标准化，是保险人面对日益激烈的保险市场竞争时，必须认真思考和解决的现实问题。

（四）保险凭证

保险凭证俗称"小保单"，是保险人签发给被保险人的证明保险合同已经成立并获得某项保险保障的书面文件。其所列项目与保险单完全相同，只是不载明保险条款，实质上是一种简化了的保险单，但却有着与保险单完全相同的作用与效力。一般保险凭证上所列内容比较简单，不能全面反映保险条件，必须以原始保险单为准；因此在使用保险凭证时，对于保险凭证上尚未列明的内容，应以同类保险单载明的详细内容为准。如果保险凭证上已经有了保险人的特殊说明，此时这份保险凭证就具有了批单的意义，在与原始保险单的保险条件发生矛盾时，要以保险凭证为准。

保险凭证通常在两种情况下使用：一是在团体保险业务中用以证明被保险人身份。团体保险业务中，保险人一般只为被保险人所在的团体出具一张集体保险单，对每个被保险人则只出具保险凭证，证明被保险人已经投保；二是当被保险人从事某项活动必须携带保险单时，为了方便起见，由被保险人自行携带保险凭证，如汽车第三者责任保险业务中，除签发保险单外，还必须签发保险凭证，以便于运输途中保险事故的处理和有关部门查询之用。类似地，货物运输保险和意外伤害保险中也广泛使用保险凭证。

除上述功能之外，保险公司还可以利用保险凭证为客户提供附加值服务，从而成为保险公司争取客户的具有想象空间的重要经营手段。例如，在普通汽车保险中，除了可以将保险凭证扩展到涉及汽车本身的保险项目外，还可以由保险公司与汽车服务公司、加油站等合作，向被保险人提供汽车维修保养、加油等的优惠服务，为购买保险的汽车提供免费的清洗、检修等服务。具体地说，由保险公司与汽车维修公司或加油站联名出具保险凭证，保险凭证要制作得像银行卡（以方便携带和信息查询），卡上注明某某保险公司与某某汽车维修公司或加油站联名卡，只要被保险人到联名的维修公司和加油站便可享受比平时优惠的服务。这不仅为汽车公司或加油站提供了长期稳定的客户资源（因此汽车公司或加油站一定愿意与保险公司合作）；同时，被保险人由于购买汽车保险，在享受保险服务的同时也享受到了由此带来的增值服务，保险公司因此也可以赢得客户的信赖，因而会与保险公司保持长期的合同关系。可以说这是一种多赢的经营手段。类似地，保险公司还可以与餐饮、旅游服务等商业企业合作，为被保险人提供形式多样的优惠服务。这样，普通的保险凭证就具有了多重服务功能，提高了保险公司的附加值服务，成为保险公司增强市场竞争力的辅助手段。

（五）批单

批单又称背书，是保险双方当事人修订或增删保险单内容的证明文件。批单可以更改保险单内容。《保险法》第二十条规定："投保人和保险人可以协商变更合同内容。变更保险合同的，应当由保险人在保险单或者其他保险凭证上批注或者附贴批单，或者由投保人和保险人订立变更的书面协议。"批单通常在两种情况下适用。

（1）对已印刷好的标准保险单所作出的部分修正，这种修正并不改变保险单的基本保险条件，只是缩小或扩大保险责任范围。

（2）在保险合同订立后的有效期内，对某些保险项目进行调整或更改，但要以不改变保险单规定的保险责任和责任免除事项为前提。保险合同订立后的有效期内，双方当事人可以通过协议更改和修正保险合同的内容。如果被保险人申请更改保险合同的内容，须经保险人同意后出具批单，方可变更保险合同内容。

实务中批单有退费批单、退保批单、变更保险金额批单、变更被保险人批单以及其他批单等。

批单可以采取加批注或加贴批条等多种形式，无论保险合同经过几次批改，最后出具的批单效力大于之前出具的批单，手写的批单效力大于打印的或其他形式的批单。批单一经签发，就自动成为保险合同的重要组成部分。经过批改的保险单内容均以批单为准。

批单实际上是在不改变保险单基本条件的前提下，对已经印制好的标准保单所做的部分修正。批单可以作为保险人满足客户多样化需求的重要手段之一。

第二节　保险合同的内容

一、保险合同的当事人、关系人和中介人

（一）保险合同的当事人

1. 保险人

保险人又称承保人，是依法成立的经营保险业务的法人组织，是与投保人订立保险合

同，收取保险费，并按照合同约定承担赔偿或者给付保险金的保险公司。保险人是保险合同的一方当事人，是经营保险业务的人。大多数国家的法律规定只有法人才能成为保险人，自然人不得从事保险人的业务。《保险法》第六条规定："保险业务由依照本法设立的保险公司以及法律、行政法规规定的其他保险组织经营，其他单位和个人不得经营保险业务。"《保险法》第一百八十一条规定："保险公司以外的其他依法设立的保险组织经营的商业保险业务，适用本法。"根据《中华人民共和国公司法》（以下简称《公司法》）和《保险法》的规定，我国保险人的组织形式为有限责任公司，股份有限公司，以及其他组织形式。《保险法》第九十四条规定："保险公司，除本法另有规定外，适用《中华人民共和国公司法》的规定。"

2. 投保人

投保人亦称要保人，是与保险人订立保险合同，并按照保险合同负有支付保险费义务的人。《保险法》对投保人下了明确的定义。自然人和法人都可以成为投保人。投保人首先必须具有相应的权利能力和行为能力，其次应当对保险标的具有保险利益。保险利益是指投保人或被保险人对保险标的具有的法律上承认的利益。

财产保险的保险利益来源于三个方面：一是所有权，包括保管、托管、租赁及使用权益；二是行政隶属或雇佣权益，如雇主对雇员；三是法律上承认或认可的继承、赠与权益。

人身保险中，投保人对以下人员具有保险利益：投保人本人；配偶、子女、父母；与投保人有抚养、赡养或者扶养关系的家庭其他成员、近亲属；与投保人有劳动关系的劳动者；被保险人同意投保人为其订立合同的，均视为投保人对被保险人具有保险利益。订立合同时，投保人对被保险人不具有保险利益的，合同无效。

（二）保险合同的关系人

1. 被保险人

被保险人是指财产或者人身受保险合同保障，享有保险金请求权的人。被保险人可以是自然人，也可以是法人。当投保人为自己具有保险利益的财产或人身投保时，投保人与被保险人就是同一人，投保人也就是被保险人；当投保人为具有保险利益的他人财产或人身投保时，投保人与被保险人就是两个不同的人。

投保人与被保险人的区别在于，二者在保险合同中的主体位置不同，投保人是保险合同的当事人，是承担支付保险费义务的人；被保险人是保险合同的关系人，是约定的保险事故发生时享有保险金赔偿请求权的人。在财产保险业务中，如果保险合同列明的投保人和被保险人是两个独立的个体，被保险人应当对保险标的享有绝对的权益，投保人并不能因为承担交付保险费义务而获得对保险标的的任何权益，更不能不经过被保险人同意就调整或变更保险合同。

2. 受益人

保险业务中的受益人通常是指当保险责任形成时，保险合同所列明的被保险人由于各种法律原因不能行使保险金请求权时，有权领取保险金的自然人或法人。受益人或者由被保险人指定，或者是法律承认的被保险人的合法继承人。《保险法》第十八条规定："受益人是指人身保险合同中由被保险人或者投保人指定的享有保险金请求权的人。"受益人由投保人指定时，必须经过被保险人同意。按照《保险法》的规定，受益人只适用于人身保险。实际上在面向自然人设计和开发的零售型保险业务中，如果被保险人对保险标的拥有完全的处置权，受益人的设置就是非常必要的，它可以充分尊重被保险人对保险标的的处置权的意愿。如果在面向自然人的零售业务中没有设置受益人，一旦发生"车毁人亡"或类似事件，保险赔款只能作为被保险人的遗产，由被保险人的法定继承人按照继承顺序进行分配，而这种情况有可能违背被保险人的真实意愿。在面向自然人的零售型财产保险业务中，指定受益人只是尊重被保险人的真实意愿的一种表示。由于被保险人对保险标的拥有全部权益，受益人可能获得的也只是被保险人在保险合同项下列明的权益；同时，保险的特殊性决定了保险赔款所形成的保险金属于被保险人财产的组成部分，受益人在获得保险赔款的同时，也必须承担保险标的本身可能产生的任何责任，如污染、清理等。同样，如果被保险人存在债务，受益人也必须承担按照其所接受的保险赔款在被保险人总财产中的比例承担相应的债务。可见，零售型财产保险业务中的受益人和人身保险业务中的受益人在接受保险金以后的权益是不同的。人寿保险的受益人所领取的保险金通常不得作为被保险人的遗产进行处置，但财产保险的受益人所领取的保险金却可以作为被保险人的遗产进行二次分配。

（三）保险合同的中介人

保险合同的中介人是协助合同当事人办理保险合同有关事项的人。由于保险业务具有较强的专业性和技术性，因此需要借助有关专门技术人员来协助办理有关业务。这样既可拓展业务，也可保障其合法权益。保险合同的中介人包括保险代理人、保险经纪人与保险公估人。

1. 保险代理人

保险代理人（Insurance Agent）是根据保险代理合同或授权书，代表保险人招揽业务并签发保单的人。《保险法》第一百一十七条规定："保险代理人是根据保险人的委托，向保险人收取佣金，并在保险人授权的范围内代为办理保险业务的机构或者个人。"我国保险代理人分为保险代理机构和个人保险代理人，而保险代理机构分为专门从事保险代理业务的保险专业代理机构和兼营保险代理业务的保险兼业代理机构。个人保险代理人必须具备保险监管机构规定的代理资格条件，取得经营保险代理业务许可证。《保险法》第一百二十七条规定："保险代理人根据保险人的授权代为办理保险业务的行为，由保险人承担责任。保险代理人没有代理权、超越代理权或者代理权终止后以保险人名义订立合同，使投保人有理由相信其有代理权的，该代理行为有效。保险人可以依法追究越权的保险代理人的责任。"这说明保险代理人是代表保险人办理业务，代理人在代理权限范围内的一切行为后果均由保险人负责。对保险代理人超越代理权的行为后果，保险人也要承担民事责任，这是为了保障善意投保人的利益。但保险人可以依法追究超越代理权限的代理人的责任。同时，我国保险法对从事人寿保险业务的代理人的业务范围也作出了限制性的规定，如《保险法》第一百二十五条规定："个人保险代理人在代为办理人寿保险业务时，不得同时接受两个以上保险人的委托。"

保险代理人的业务范围主要是代理保险人展业、承保、理赔以及追偿。通常保险专业代理机构代理的业务范围比较广，主要包括代理销售保险产品、代收保险费、代理保险人进行损失查勘和定损理赔。保险兼业代理机构的业务范围相对较窄，一般只代理销售保险产品、代理收取保险费，涉及的主要是承保业务。个人保险代理人由于综合技术力量较弱，代理业务更为狭窄。个人代理人不得同时为两家或两家以上保险公司代理保险业务，不得兼职从事保险代理业务，不得签发保险单。

2. 保险经纪人

保险经纪人是投保人的代表，为投保人与保险人订立合同提供中介服务。《保险法》第一百一十八条规定："保险经纪人是基于投保人的利益，为投保人与保险人订立保险合同提供中介服务，并依法收取佣金的机构。"这说明，在我国，保险经纪人限于依法成立的法人机构。保险经纪人的佣金由保险人在收取的保险费中按一定比例支付。根据2018年5月1日开始实施的《保险经纪人监管规定》，保险经纪人分为从事直接保险业务的经纪人和再保险业务的经纪人。保险经纪人应当采取的组织形式为有限责任公司和股份有限公司。

作为投保人的代表，保险经纪人接受投保人或被保险人的委托向保险人办理投保手续、代交保险费，或提出索赔等事宜。针对保险经纪人在执业过程中可能对客户造成的损失，《保险法》第一百二十八条规定："保险经纪人因过错给投保人、被保险人造成损失的，依法承担赔偿责任。"这是保险经纪人区别于保险代理人的一个重要方面。根据《保险经纪机构管理规定》关于保险经纪人业务范围的规定，保险经纪人具有居间、代理、咨询的性质。因此，保险经纪人在财产市场主要是为投保人代理投保、介绍保险人，为投保人或被保险人提供咨询或代为索赔等服务。

在西方发达国家的保险市场，保险经纪人在财产保险市场具有举足轻重的作用。如在英国，保险经纪人控制了大部分市场，其海外保险业务的90%以上是由保险经纪人招揽的。财产保险公司借助保险经纪人展业，有利于提高财产保险的承保质量。

3. 保险公估人

保险公估人是指接受委托，专门从事对保险标的或者保险事故进行评估、勘验、鉴定、估损理算以及相关的风险评估业务的评估机构，包括保险公估机构及其分支机构。

保险公估人及其从业人员依照法律、行政法规，独立、客观、公正地从事保险公估业务受法律保护，任何单位和个人不得干涉。保险公估人也不应受制于委托人的利益。保险公估人应当依法采用合伙或者公司形式，聘用保险公估从业人员开展保险公估业务。

保险公估人在财产保险中的辅助作用主要是在保险合同订立时对投保风险进行查勘，在风险事故发生后判定损失的原因及程度，并出具公估报告。公估报告不具备强制性，但却是保险争议处理的权威性依据。被保险人、保险人都有权委托保险公估人办理公估事宜。保险公估人的酬金一般由委托人支付。但在一些国家，保险合同当事人双方为证明和估价所支出的费用，除合同另有约定外，无论哪一方委托，均依法由保险人承担。接受委托对保险事故进行评估和鉴定的保险公估机构和人员，因故意或者由于工作中的过失给委托人造成的损失，由保险公估人依法承担赔偿责任。

二、保险合同的保障对象

保险合同的保障对象，也就是保险标的，是保险合同双方当事人权利义务共同指向的对象，即财产及其有关利益或人的身体和寿命。保险合同实际上保障的不是保险标的本身，而是在保险标的发生损失后被保险人能够从经济上获得的补偿，也就是被保险人对保险标的所具有的利益，即保险利益。

保险标的是构成保险关系的一个重要条件。保险人与投保人订立保险合同首先必须明确保险标的，也就是要明确保险所要保障的对象。明确保险标的，也就明确了保险事故可能发生的本体，对投保人来说就是肯定了转嫁风险的范围；对于保险人来说，只有明确了保险标的，才能明确它对哪些财产或哪些人的身体、生命承担保险责任。保险并非保证保险标的不发生损失，而只是承担被保险人因标的损失所带来的经济上的赔偿责任。保险利益与保险标的的含义不同，但两者又互为依存。保险利益以保险标的的存在为前提，体现在：如果保险标的的存在，投保人或被保险人的经济利益也存在；如果保险标的的遭受损失，被保险人也将蒙受经济上的损失。因此，保险合同中权利义务关系所指向的客体是保险利益。

三、投保风险、可保风险与保险风险

（一）投保风险

投保风险是投保人要求保险人承保的风险，也是投保人想要转嫁的风险。投保风险没有任何限制条件，但投保风险只有经保险人选择后才有可能转化为承保风险。

（二）可保风险

可保风险是指保险市场可以接受的风险。商业性的保险市场对承保风险是有所选择的。投保风险只有在剔除保险市场不能认同和接受的风险后，才有可能转化为可保风险。在保险市场上，只有符合保险基本原理和保险经营要求的自然灾害和意外事件才能成为可保风险。可保风险必须具备如下条件。

（1）可保风险应当具有发生的可能性。保险责任的履行是基于各种风险发生的可能性，如果某种风险根本不可能发生，那么保险人也没有履行自己基本责任的可能，保险也就变得毫无意义了。

（2）可保风险的发生具有偶然性。偶然性是指不论保险人或投保人都必须对保险危险是否发生、何时发生和破坏力多大，具有不可知性。如果在订立合同时已经预知某项保险标的的一定要发生某种风险，那么保险合同就不能成立。

（3）同类风险必须是大量的、分散存在的，只有这样的危险才能适用于大数法则的基本原理。

（4）可保风险所造成的保险标的的损失率是可以测定的。可以根据概率统计的原理，核定出可保风险发生的损失率。它是制定保险费率和保险业务经营核算的基础。

（三）保险风险

保险风险是指具体的保险人可以承保的风险。在财产保险业务实践中，不同的保险人由于经营技术或专业分工的需要，在承保风险的选择上通常有所区别，并非保险市场上所有保险人都可以承担相同的风险。保险人必须根据自己的经营需要，在可保风险中筛选出自己经营的保险风险。保险市场认可的可保风险转化为具体的保险人所接受的保险风险必须具备以下条件。

（1）保险风险必须是保险人的资金实力和技术手段可以接受的。由于保险人之间的在资金实力和管理技术方面存在差异，接受可保风险的能力也势必存在很大差异。因此，作

为保险人必须从实际出发准确定位自身所能接受的保险风险。

（2）保险风险必须是保险人经营范围可以接受的。保险人之间在业务范围和业务经营区域的差异，使可保风险向保险风险转化存在区别。例如，农业保险作为可保风险是毫无疑问的，但是并非所有财产保险公司都将农业保险纳入自己的经营范围，同时，政府也可能对承保法定保险业务的保险人进行选择，从而形成保险人的经营范围对保险风险的限制条件。

（四）投保风险、可保风险与保险风险的关系

投保风险是可保风险成立的基础，没有投保风险就不会出现可保风险；而可保风险是保险风险成立的前提，凡是保险市场不予接受或认可的风险均不属于可保风险，这种风险也就不可能成为保险人接受的保险风险。因此，从投保风险、可保风险与保险风险之间的数量关系进行分析，三者之间存在着如下关系：投保风险≥可保风险≥保险风险。

四、保险责任与责任免除

保险责任是指保险人承担赔偿或给付保险金责任的具体风险项目，是保险条款的重要构成要素。保险人通常采取列举的方式明确保险人所承担的风险范围，并载于合同中，作为保险事故发生时保险人承担赔偿责任的依据。

责任免除又称除外责任，是保险人依照法律或合同约定的不承担赔偿或给付保险金责任的风险项目，是保险条款的重要构成要素。责任免除条款也采取列举的方式加以规定。

在保险合同中列明保险责任与责任免除的目的在于明确保险人的赔付范围，避免承担无限制的风险责任。

五、保险价值与保险金额

保险价值是保险标的的实际价值，一般按照保险标的投保或者出险时的市场实际价值确定，也可以由投保人与保险人约定并在保险合同中载明。

保险金额简称"保额"，是保险人承担赔偿责任的最高限额，也是计算保险费的依据。保险金额由保险合同双方当事人约定并在保险合同中列明。载明保险金额不仅便于投保人确定应付的保险费，而且保险金额也是保险人承担风险责任的最高限额，便于保险人在保险事故发生时按实际损失赔付。

人身保险业务通常没有保险价值的概念，因为人的身体和生命是无价的。在人身保险业务中，保险金额的确定完全按照投保人支付保险费的能力和保险人规定的承保金额界限来确定。人身保险业务中，除了医疗保险适用于损失补偿原则外，大部分人身保险适用于给付原则。所以人身保险业务中，"保险金额"也通常被称作"给付金额"。

财产保险合同与人身保险合同的保险金额有不同的确定方法。

财产保险的损失补偿原则要求保险金额按照保险标的的实际价值确定。当保险金额等于保险价值时，称为足额保险；足额保险的被保险人在保险标的发生保险事故时可以按照实际损失获得足额赔偿。当保险金额小于保险价值时，称为不足额保险。不足额保险的情况下，当保险标的发生保险责任范围内的损失时，由保险人按照保险金额占保险价值的比例计算赔偿，其中不足额的部分视作被保险人自保。当保险金额大于保险价值时，称为超额保险。《保险法》第五十五条规定："保险金额不得超过保险价值。超过保险价值的，

超过部分无效，保险人应当退还相应的保险费。"可见，只有准确地对保险标的进行估价，才能合理确定保险金额，从而使保险标的得到实际的保障。

人身保险合同中，保险金额是按照人身保险合同双方约定，保险人承担的最高给付限额或实际给付的金额。因为人身的价值无法以货币来衡量，在长期人寿保险中，对保险金额一般不做限制，只受投保人本身支付保费能力的制约。但短期人身险或简易人身险往往对保险金额的最高额作出限制，由保险人在保险基本条款中加以规定。

六、保险费与保险费率

保险费是投保人为取得保险保障而向保险人支付的价金。保险费等于保险金额与保险费率的乘积。缴纳保险费是投保人应履行的义务，也是保险合同生效的一个基本条件。保险费是建立保险基金的源泉，保险人是否具有赔偿能力，取决于他所收取的保险费总额是否能弥补他所承担的全部赔偿责任。

保险费率是单位保险金额的保险费计收标准，是保险费与保险金额的比率。保险费率通常用百分率或者千分率来表示，反映了保险产品的基本价格。保险费率由保险人预先拟定并载于合同中。

七、保险期间

保险期间又称保险期限，是保险人和投保人约定的保险合同的有效时间界限。它既是计算保险费的依据，又是保险人和被保险人享有权利和承担义务的责任起讫期限。因此保险期间必须在保险合同条款中予以明确。确定保险期间通常有两种方式。

（1）自然时间界限。自然时间界限是根据保险标的保障的自然时间所确定的保险期限，通常以年为计算单位。财产保险期限多为 1 年，如机动车辆保险、家庭财产保险等；人身保险一般期限较长，有 5 年、10 年、20 年甚至终身。

（2）行为时间界限。行为时间界限是根据保险标的保障的运动时间所确定的保险期间，通常以保险标的的运动过程为计算单位。例如，建筑工程保险、货物运输保险分别将工程时间和航程时间作为保险期间。

八、保险赔偿或给付

（一）审查被保险人的索赔资格

当保险合同列明的保险责任所导致的保险事故发生时，被保险人向保险人提出索赔必须具备一定的资格。被保险人只有具备索赔资格，才能向保险人提出索赔请求。保险人在接到被保人的索赔请求后，首先要审查被保险人的索赔资格，主要包括以下几个方面。

第一，保险单证要有效和完整。保险单证有效是指保险事故发生的时间必须在列明的保险期限内，保险责任所导致损失的保险标的必须是合同中列明的保险标的。保险单证完整是指被保险人必须持有自保险合同生效之日起，保险人所出具的任何作为保险合同组成部分的文件，如暂保单、保险单、批单、保险凭证等。

第二，保险金请求权要有效与合法。保险责任所导致的保险事故发生后，被保险人或其受益人在提出索赔时，必须注意其拥有的保险金请求权是否有效、合法。具体要做到"三看"：一看提出索赔的被保险人或受益人是否是合同中列明的具有保险金请求权的自然人或法人；二看在保险合同履行期间，被保险人或受益人对保险标的的利益是否发生过转移，包括部分转移或全部转移；三看在受益人出面提出索赔的情况下，受益人的保险金请求权是否仍然存在。

第三，要出具保险标的原始资料与损失发生过程的记录资料。保险责任事故发生后，被保险人或受益人在提出索赔时，必须出具能够证明保险标的在保险合同生效时刻的经济价值和各项资料，同时尽量提供社会公估机构或施救单位或个人所记录的保险标的发生过程或状态的详细资料。

（二）保险人的赔偿处理

被保险人通过索赔资格审查后，就进入保险公司理赔工作程序。在财产保险业务中，赔偿处理方式通常有三种：一是货币支付，即保险人以支付现金方式赔偿被保险人的经济损失；二是修复方式，即通过对受损保险标的的修复的方式赔偿被保险人损失，通常适用于车辆、船舶和机器设备等保险标的的损失；三是置换方式，即以更换受损保险标的的方式赔偿被保险人损失。财产保险实务中，保险人通常以现金方式进行支付，而不以实物进行补偿或者对保险标的的恢复原状，但是保险合同当事人另有约定的除外，如重置、修复等方式。保险人有选择赔偿方式的权利。

有些保险合同规定了免赔额（率），即保险人不予承担责任的金额（或比率）。保险人规定免赔额（率）一方面是为了控制风险而要求投保人或被保险人承担一部分损失；另一方面是为了限制保险标的的小额损失引起的索赔。免赔额（率）分为相对免赔额（率）和绝对免赔额（率）两种形式。

相对免赔额（率）是指保险标的的损失只要达到保险单规定的金额或百分率，保险人就不作任何扣除地全部予以赔付。如果保险标的的损失没有达到保单规定的金额或比率，保险人不予赔偿。

绝对免赔额（率）是指保险标的的损失必须超过规定的金额或比率，保险人才对超过部分负责赔偿。如果保险标的的损失没有超过保单规定的金额或比率，保险人不予赔偿。即对保险标的发生的保险责任范围内的损失，保险人在扣除规定的免赔额或免赔率以后承担赔付责任。

九、违约责任与争议处理

（一）违约责任

违约责任是指保险合同双方当事人违反约定或未履行合同应尽义务所应当承担的法律责任。《保险法》和保险合同条款对违约责任均有相应的规定。

（二）争议处理

争议处理是指保险人与被保险人就保险标的的损失赔偿问题发生争议时采用的处理方式。

1. 保险合同的解释原则

保险合同的解释是指当事人对合同条款的理解产生争议时，合同当事人、法院或者仲裁机构按照一定的方法和规则对合同内容或文字含义作出的确定性判断或说明。保险合同既要遵循合同解释的一般原则，同时也要考虑保险的特性。保险合同的解释原则主要如下。

1）文义解释原则

文义解释原则是按保险合同条款所使用文句的通常含义、保险法律法规及保险行业习惯，并结合保险合同整体内容来解释，即保险合同中用词应按通用和公认文字含义和语法意义解释，保险合同中的专业术语应按该行业通用和公认的文字含义解释，对保险法律术语则按照立法解释、司法解释及行政法解释。

2）意图解释原则

意图解释原则是指以订立保险合同的真实意图来解释合同条款。意图解释只适用于文义不清、用词混乱和含糊的情况。如果文字准确、意义毫不含糊，就应该按照字面意思解释。在实际工作中，应尽量避免使用意图解释，以防止意图解释过程中可能发生的主观性和片面性。

3）按照有利于非起草人的解释原则

保险合同是格式合同、复合性合同。保险合同条款是保险人出立的，保险人在拟定合同条文时，往往偏重于考虑自身利益，而投保人与被保险人对保单条文则往往在事先未作过细心的研究，只能就接受或不接受保险条款作出取舍，却不能对保险条款进行修改。因此，当遇到保险合同条文含混不清时，从公平合理的角度出发，应按有利于被保险人利益的角度进行解释。按照国际惯例，对于单方面起草的合同进行解释时，应遵循有利于非起草人的原则。《保险法》第三十条规定："采用保险人提供的格式条款订立的保险合同，保险人与投保人、被保险人或者受益人对合同条款有争议的，应当按照通常理解予以解释。对合同条款有两种以上解释的，人民法院或者仲裁机构应当作出有利于被保险人和受益人的解释。"但这一解释原则不能随意使用，只有在经过文义解释、意图解释后，合同条款仍然含混不清时，才能使用这一原则。保险实践中应防止此项原则的滥用。

4）尊重保险惯例的原则

保险业务是一项专业性极强的业务。在长期的业务经营活动中，保险业产生了许多专业用语和行业习惯用语，这些用语的含义常常有别于一般的生活用语，并为世界各国保险经营者所接受和承认，成为国际保险市场上的通行用语。为此，在解释保险合同时，对某些条款所用词句，不仅要考虑该词句的一般含义，还要考虑其在保险合同中的特殊含义。

2. 保险合同争议解决的方式

1）协商

协商是在争议发生后由当事人双方在平等、互相谅解的基础上通过对争议事项的协商，互相作出一定的让步，取得共识，形成双方都可以接受的协议，以消除纠纷，保证合同履行的方法。这种解决争议方式的好处在于：一方面可以节省仲裁或诉讼的费用；另一方面，争议双方通过平等、友好协商解决纠纷，灵活性较大，有利于合同继续履行。

2）调解

调解是在第三人主持下根据自愿、合法原则，在双方当事人明辨是非、分清责任的基础上，促使双方互谅互让，达成和解协议，以便合同得到履行的方法。

根据调解时第三人的身份不同，保险合同的调解可分为行政调解、仲裁调解和法院调解。行政调解是由各级保险管理机关主持的调解，从法律效果来看，行政调解不具有法律强制执行的效力；仲裁调解和法院调解一经形成调解协议，即具有法律强制执行的效力，当事人不得再就同一事件提交仲裁或提起诉讼。任何一方当事人不履行仲裁调解协议或法院调解协议，对方当事人都可申请法院强制执行。我国在处理合同纠纷时，坚持先行调解原则，在调解不成时，仲裁机关可作出裁决或人民法院作出判决。

3）仲裁

仲裁是指保险双方当事人通过协商解决争议无效的情况下，提请社会仲裁机构予以仲裁处理的方法。

仲裁有以下特点：一是仲裁以当事人事先约定或事后达成的仲裁协议或仲裁条款为前提，是在自愿的基础上进行的，因此仲裁裁决是终局性的。仲裁裁决与法院判决具有同等效力。经过仲裁机构裁决的案件，当事人不得再向法院提起上诉。二是仲裁员是以裁判的身份对争议的事项作出裁决。仲裁员多为精通保险业务的专家，能保证决断的质量，有利于提高结案的效率。三是仲裁有利于当事人双方在平和的气氛中解决争议，对争议双方的商业信誉影响较小。

4）诉讼

诉讼是指保险人和被保险人在通过协商处理争议无效的情况下，又不愿意选择仲裁方式解决争议，可选择通过法律诉讼程序要求法院予以裁决。法院的裁决具有法律强制效力。采取诉讼方式除了要支付较高的诉讼费用，还可能损害双方当事人的商业关系与信誉。

十、保险合同条款

1. 基本条款

基本条款是标准保单的背面印就的保险合同文本的基本内容，即保险合同的法定记载事项，也称保险合同的要素。基本条款用以明示保险人和被保险人的基本权利与义务，以及保险行为成立所必需的各种事项和要求。

2. 附加条款

附加条款是对基本条款的补充，是对基本险责任范围内不予承保的风险而经过约定在基本险基础上扩展承保的条款。

3. 法定条款

法定条款是指法律法规直接规定的必须在合同中列出的内容。例如，《保险法》第二十五条规定："保险人自收到赔偿或者给付保险金的请求和有关证明、资料之日起六十日内，对其赔偿或者给付保险金的数额不能确定的，应当根据已有证明和资料可以确定的数额先予支付；保险人最终确定赔偿或者给付保险金的数额后，应当支付相应的差额。"这是保险合同中必须列明一项内容，就称为法定条款。

4. 保证条款

保证条款是保险人要求被保险人必须履行某项义务的内容。例如，《保险法》第五十一条规定："被保险人应当遵守国家有关消防、安全、生产操作、劳动保护等方面的规定，维护保险标的的安全。"这就属于保证条款。

5. 协会条款

协会条款是专指由伦敦保险人协会根据实际需要而发布的有关船舶和货运保险条款的总称。该条款仅附于保险合同之上，是国际保险水险方面通用的特约条款。

第三节　保险合同的订立、变更与终止

一、保险合同的订立

保险合同的订立一般经过要约与承诺两个步骤，合同即告成立。要约是保险当事人一方向另一方提出订立合同的意思表示，希望另一方接受；承诺是指当事人一方对另一方提出的要约表示接受。投保人提出保险要求，填写投保单即为要约，经保险人签章同意承保，即为承诺，保险合同关系即告成立。保险人应当及时向投保人签发保险单或者其他保险凭证。要约可以反复进行，当保险人对投保人提出的合同内容或者补充的条款提出异议时，就是保险人发出了新的要约，即反要约。要约与反要约是投保人与保险人对标准合同条款以外的内容进行协商的过程。直到合同另一方作出承诺、达成一致，保险合同成立。可见，保险合同的订立是被保险人与保险人的双方法律行为。双方当事人的意思表示一致，是合同产生的基础。《保险法》第十三条规定："依法成立的保险合同，自成立时生效。投保人和保险人可以对合同的效力约定附条件或者附期限。"从订立保险合同的法律程序上分析，交费与签约是保险合同生效的条件。

二、保险合同的变更

保险合同的变更是指在保险合同有效期间，保险合同主体与内容的改变。保险合同履行过程中，由于某些情况的变化而对合同内容进行补充、修改或保险单发生转让。保险合同内容的变更或修改，通常由投保人向保险人提出申请，经保险人同意，适当增减保费，并出具批单或加批注。变更保险合同的结果意味着新的权利和义务关系产生。保险合同的变更通常包括保险合同主体的变更和保险合同内容的变更。无论是保险合同主体的变更还是保险合同内容的变更，都要遵循法律、法规规定的程序，采取一定的形式完成。

（一）保险合同主体的变更

保险合同主体的变更通常指投保人与被保险人的变更。因为投保人的变更并不影响已经生效的保险合同的法律效力，所以我们主要讨论被保险人变更的情况。

由于保险合同主体的变更大都是由保险标的的所有权发生转移引起的，因此合同主体的变更实际上是合同的转让，主要发生在财产保险业务中。人身保险业务的主体通常不允许发生变更，人身保险业务中能够发生变更的只有作为保险合同关系人的受益人。财产保险合同关系成立后，如果保险标的所有权发生转移，就会改变原有的保险合同关系，即被保险人发生改变。为了维护保险人的利益，一般财产保险合同的转让必须事先征得保险人的书面同意，方可继续维持保险合同的关系；这就要求被保险人事先将保险标的所有权转移的情况书面通知保险人，经保险人同意并对保单批改后，方可更改被保险人。否则，财产保险合同自保险标的所有权转移、风险增加之时起失效。《保险法》第四十九条规定：

"保险标的转让的，保险标的的受让人承继被保险人的权利和义务。保险标的转让的，被保险人或者受让人应当及时通知保险人，但货物运输保险合同和另有约定的合同除外。……被保险人、受让人未履行本条第二款规定的通知义务的，因转让导致保险标的危险程度显著增加而发生的保险事故，保险人不承担赔偿保险金的责任。"但货物运输保险的保险单可以随着保险标的的转让而自动转移，不需征得保险人同意，只要被保险人背书即可变更被保险人。海上货物运输保险中，货物在整个运输过程中始终在承运人的掌管与控制之下，被保险人的变化并不会引起保险危险的增加，保险人承担的风险责任也就不会发生改变。因此，货物运输保险合同经被保险人背书后就可与代表货物所有权的提单同时转让。

（二）保险合同内容的变更

保险合同内容的变更是指保险合同主体享受的权利和承担的义务所发生的变更，表现为保险合同条款及事项的变更。《保险法》第二十条规定："投保人和保险人可以协商变更合同内容。变更保险合同的，应当由保险人在保险单或者其他保险凭证上批注或者附贴批单，或者由投保人和保险人订立变更的书面协议。"

财产保险合同内容的变更是指在主体不变的情况下，保险合同中保险标的种类变化、数量增减、存放地点、保险险别、风险程度、保险责任、保险期限、保险费、保险金额等内容的变更。人身保险合同内容变更主要是指被保险人的职业、保险金额发生改变。

保险有效期间，投保人和保险人可以协商变更保险合同内容。由于保险合同内容变更都与保险人承担的风险责任密切相关，因此，想要变更保险合同内容的一方，必须征得对方的同意，由保险人在保险单或者其他保险凭证上批注或者附贴批单，或者由投保人和保险人订立变更的书面协议，方可更改保险合同的内容。

三、保险合同的终止

保险合同的终止是指保险合同成立后因法定的或约定的事由发生，而使保险关系消灭，其效果是保险合同的法律效力不复存在。导致保险合同终止的原因主要如下。

（一）自然终止

自然终止是指保险合同规定的保险期限自然届满，保险关系自然消灭。保险期限届满是保险合同终止的最常见、最普遍的原因；合同生效后承保的风险消失或保险标的因保险事故以外的原因而完全灭失，保险合同终止。

（二）义务履行完毕终止

义务履行完毕终止是指在保险合同有效期间，约定的保险事故已发生，保险人按照合同全部履行了赔偿或给付责任，则保险合同即告终止。例如，财产保险中，保险财产遭遇保险事故全部损毁，被保险人获得全部赔偿后，保险合同即告终止。

（三）违约终止

（1）投保人、被保险人或者受益人故意或因过失不履行告知义务且足以影响保险人决定是否承保或者提高保费承保，保险人有权解除合同。

（2）被保险人或者受益人在未发生保险事故的情况下，谎称发生了保险事故并向保险人提出赔偿或者给付保险金请求的，保险人有权解除合同。

（3）投保人、被保险人或者受益人故意制造保险事故，保险人可解除保险合同。

（4）投保人不履行缴纳保险费义务的，保险人可解除保险合同。

（5）被保险人不履行危险增加的通知义务的，保险人可解除保险合同。

（6）在财产保险合同中，投保人、被保险人未按照约定履行其对保险标的的安全应尽的义务的，保险人有权解除合同。

第四节　保险合同的基本原则

一、最大诚信原则（The Principle of Utmost Good Faith）

（一）最大诚信原则的含义

诚信原则是民事法律关系的基本原则之一。诚信即诚实守信用。民事上的权利行使与义务履行均以诚信原则为依据。在保险法律关系中，对当事人的诚信要求比一般民事活动更严格，即保险合同双方当事人必须最大限度地保持诚意，恪守信用。最大诚信原则要求保险合同当事人必须向对方提供有关合同的全部真实情况，不得隐瞒欺诈。订立合同的任何一方，对于实质性的事实如有隐瞒或误报，将使合同无效。

最大诚信原则源于海上保险。在早期的海上保险实践中，保险双方当事人订立合同时，往往远离船舶和货物所在地，保险人不可能对保险标的进行实地查勘，只能根据投保人对保险标的的情况的陈述来决定是否予以承保和以怎样的条件承保。在这样的情况下，投保人是否诚实，是保险人关心的重要问题。因为投保人的任何欺诈或隐瞒，都有可能导致保险人判断失误，从而对保险人造成损害。

英国于1906年颁发的《海上保险法》第十七条对最大诚信做出了规定："海上保险是建立在最大诚信基础上的保险合同，如果一方当事人不遵守最大诚信原则，他方可宣告合同无效。"该法第十八条规定："在合同订立前，被保险人应将其所知的重要事实告知保险人。如果被保险人未如实告知，保险人可宣告合同无效。"此外，凡能影响谨慎保险人关于确定保险费的事项，或关于确定是否承保之事项，均认为是重要事实。后来这一原则从海上保险扩展到所有保险业务，随着保险业务的不断发展，最大诚信原则成为保险业务实践中双方当事人必须遵守的基本原则。

《保险法》第五条规定："保险活动当事人行使权力、履行义务应当遵循诚实信用原则。"第十六条规定："订立保险合同，保险人就保险标的或者被保险人的有关情况提出询问的，投保人应当如实告知。"该条款还规定："投保人故意或者因重大过失未履行前款规定的如实告知义务，足以影响保险人决定是否同意承保或者提高保险费率的，保险人有权解除合同。""投保人故意不履行如实告知义务的，保险人对于合同解除前发生的保险事故，不承担赔偿或者给付保险金的责任，并不退还保险费。""投保人因重大过失未履行如实告知义务，对保险事故的发生有严重影响的，保险人对于合同解除前发生的保险事故，不承担赔偿或者给付保险金的责任，但应当退还保险费。"

（二）最大诚信原则的本质

最大诚信原则是克服信息不对称的必然选择。对保险人而言，风险的性质及大小直接决定保险人承担责任的大小。保险标的是在投保人的掌管和控制之下，投保人对保险标的的风险状况最为了解，保险人只能依据投保人的告知来决定是否承保和以什么样的条件承保。对投保人而言，保险经营的专业性和技术性以及复杂程度决定了保险的规则远非投保人所能了解，而保险条款及其费率是由保险人单方拟定的，投保人是否投保完全取决于保险人的告知。可见，保险活动中存在的信息不对称使得保险双方当事人都存在被欺诈的可能。也就是说，信息不对称会导致道德危险的发生和引起逆选择，从而影响保险业的健康发展。因此，保险双方只有遵守最大诚信原则，善意、诚实地披露信息，进行保险交易，才能克服道德危险和逆向选择，充分发挥保险的经济补偿功能。

（三）最大诚信原则的内容

1. 告知

在保险合同中，告知（Disclosure）是指合同一方当事人在签订保险合同之时和签订保险合同之前，以及合同有效期内就重要事实向另一方所做的口头或书面的陈述。保险合同生效之前的所有告知必须是真实的，由于不真实的告知而签订的保险合同不具有法律效力。

1）投保人告知

投保人或被保险人必须对重要事实如实申报。所谓重要事实是对保险人决定是否承保以及决定保险费率起作用的情况，包括超出事物正常状态的情况；保险标的的风险程度；保险人所负较大责任的事实；有关投保人或被保险人的资信情况；保险合同有效期内危险增加的事实等。

此外，保险人要求被保险人必须履行通知义务，包括两方面内容：一是危险增加的通知义务，即在保险合同有效期内，保险标的的危险程度增加，被保险人按照保险合同的约定及时通知保险人。保险人有权视危险增加的程度要求增加保险费或解除合同。二是保险事故发生后的通知义务，即投保人或被保险人必须按照保险合同的约定，在保险事故发生后及时通知保险人。"及时"的期限以保险合同相关规定为准。

2）保险人告知

保险人必须要告知的重要事实是足以影响投保人是否投保以及投保条件的事实，包括承保条件、保险责任与责任免除等。

《保险法》第十七条就保险人的告知行为作出了明确规定："订立保险合同，采用保险人提供的格式条款的，保险人向投保人提供的投保单应当附格式条款，保险人应当向投保人说明合同的内容。对保险合同中免除保险人责任的条款，保险人在订立合同时应当在投保单、保险单或者其他保险凭证上作出足以引起投保人注意的提示，并对该条款的内容以书面或者口头形式向投保人作出明确说明；未作提示或者明确说明的，该条款不产生效力。"

2. 保证

保证（Warranty）是投保人或被保险人在保险期间对某种事情的作为或不作为、存在或不存在的允诺。保证是一项从属于主要合同的承诺，违反保证使受害方遭受损失，受害方有权请求赔偿；保险合同的保证是保险合同成立的基本条件，它使受害方有权解除合同。

保证按照形式来分有两种：明示保证和默示保证。明示保证通常以书面形式填写，或以特约条款的形式附加于保单之内，此时被保险人的保证事项已构成保险合同的条件。如果被保险人的保证事项没有明文规定，但习惯上公认的被保险应保证某一事项的作为或不作为，就是默示保证。如海上保险要求船舶必须适航（Seaworthiness）和不改变航道（No Deviation），这些都被视作船东的默示保证，虽在保险合同中没有明文规定，但船方仍应严格遵守。所以默示保证和明示保证一样，对被保险人都具有法律约束力。由此可见，被保险人对其保险事项，无论是明示保证还是默示保证都必须始终严格遵守，如违背或破坏，保险人可以解除合同。被保险人因违反保证而使合同无效，保险人可以不退还保费。

3. 弃权与禁止反言

弃权是保险合同当事人一方明确表示放弃其在保险合同中可以主张的某项权利；禁止反言是指保险合同一方当事人既然已经放弃在保险合同中可以主张的某种权利，之后便不得再向他方重新主张这种权利。从理论上说，保险合同双方都存在弃权与禁止反言的问题，但在保险实践中，弃权与禁止反言主要是用于约束保险人的。

保险人或保险代理人弃权主要基于两种原因：一是出于疏忽；二是为了扩大业务或保险代理人为了取得更多的代理手续费。保险代理人的弃权行为可视为保险人的弃权行为，保险人不得解除保险代理人因代理人弃权而已经承保的不符合保险条件的保单；日后发生保险责任范围内的损失，保险人不得以被保险人破坏保险单的规定为由拒绝赔偿。例如，某车主将其一辆作为营业用的小轿车到保险公司投保了车辆损失保险和第三者责任险，在投保单上载明了车辆的用途为营业用车，但保险人核保时疏忽，按非营业用车收取了保费，而按营业用车办理了承保手续，并签发了保单。日后发生了保险事故，则保险人不得因该投保人少支付了保险费而拒赔。《保险法》第十六条规定："保险人在合同订立时已经知道投保人未如实告知的情况的，保险人不得解除合同；发生保险事故时，保险人应当承担赔偿或者给付保险金的责任。"

（四）违反最大诚信原则的后果

1. 违反告知义务的后果

投保人或被保险人违反告知义务的情况通常包括对重要事实未申报、误报或漏报；故意隐瞒或欺诈。投保人或被保险人违反告知义务将影响保险合同的效力，保险人可以采取以下措施：解除保险合同；不负赔偿责任；对受到的损害可以要求投保人或被保险人赔偿；出于多种原因继续维持合同效力或协商变更保险合同。对此，《保险法》第十六条、二十一条作出了明确规定。

（1）《保险法》第十六条规定："投保人故意或者因重大过失未履行如实告知义务，足以影响保险人决定是否同意承保或者提高保险费率的，保险人有权解除合同。前款规定的合同解除权，自保险人知道有解除事由之日起，超过三十日不行使而消灭。自合同成立之日起超过二年的，保险人不得解除合同；发生保险事故的，保险人应当承担赔偿或者给付保险金的责任。"第二十一条规定："投保人、被保险人或者受益人知道保险事故发生后，应当及时通知保险人。故意或者因重大过失未及时通知，致使保险事故的性质、原因、损失程度等难以确定的，保险人对无法确定的部分，不承担赔偿或者给付保险金的责任，但保险人通过其他途径已经及时知道或者应当及时知道保险事故发生的除外。"

（2）《保险法》第十六条规定："投保人故意不履行如实告知义务的，保险人对于合同解除前发生的保险事故，不承担赔偿或者给付保险金的责任，并不退还保险费。"

（3）《保险法》第十六条规定："投保人因重大过失未履行如实告知义务，对保险事故的发生有严重影响的，保险人对于合同解除前发生的保险事故，不承担赔偿或者给付保险金的责任，但应当退还保险费。"

2. 违反保证的后果

保证作为保险合同的一部分，投保人或被保险人必须严格遵守。任何不遵守保证条款或保证约定、不信守合同约定的承诺或担保的行为，均属于违反保证。如果违反或破坏保证条款，保险人有权解除合同，并且不承担赔偿或给付保险金的责任。无论是否故意违反保证义务，对保险合同的影响都是同样的。

案例

A打火机厂是生产一次性气体塑料打火机的私营企业。20×5年从广东省佛山市顺德区搬迁到中山市，并在当地领取了营业执照进行打火机生产。同年4月，当地消防部门对该厂进行检查时，因其未办好"消防许可证"和存在安全隐患，责令停业整改。20×5年9月14日中山市消防部门再次进行消防检查，并给A打火机厂发出了书面停业整改通知书。整改意见明确要求："①该厂电器与该类场所不符合要求，全部改为防爆型号，②厂区内严禁烧明香，③车间内线路重新检查，线更换残旧部分并套管，④鉴于上述情况，装配车间停业整改待消防部门验收合格后方可复业，②、③项3天内整改完毕，⑤没有防雷设备，应安装避雷针，⑥消防审批，待查。如果未经消防部门审批，全面停业，待消防部门审批、验收合格后方可复业。"但该厂置公安消防部门的"停业整改通知书"不顾，违法私自恢复生产。

20×5年9月26日，A打火机厂向保险公司投保了企业财产保险，投保项目为固定资产和流动资产，保险金额合计136.2万元，保险期限为20×5年9月27日—20×6年9月26日。20×5年11月9日，装配车间工人在试火过程时因用力过猛，将带气的打火机撞翻到地面。因碰撞产生火花，引燃落地损坏的打火机溢出的气体，造成特大火灾事故，报损金额约120万元。由于该厂违反国家安全生产有关规定，未经消防部门审批同意而非法生产并造成特大火灾，公安机关于20×5年11月10日对该厂法定代表人给予拘留15天及罚款处罚。

保险公司查清上述事实后，于20×6年5月21日发出了"拒赔通知书"。打火机厂于20×7年1月向法院提起民事诉讼，要求保险公司支付赔款1 198 595元。保险公司拒赔，理由是首先A打火机厂非法经营，违规生产。被保险人作为生产一次性打火机的企业，没有向消防部门申请办理消防安全审批手续，违反国家《中华人民共和国消防法》等的有关规定，属非法企业。而保险双方订立保险合同，必须遵守国家的法律和行政法规。否则，订立的合同无效。原告的行为明显违反了国家有关法律、法规，其非法经营造成的后果，保险公司有权依法拒绝赔偿和解除合同。其次，被保险人（A打火机厂）在投保时隐瞒了重大的违法事实——非法经营及其被勒令停业整改事项，违背了最大诚信原则的如实告知义务。此外，A打火机厂还不履行被保险人应尽的安全防灾义务，对安全检查中发现的火灾隐患知情放任，有意违抗消防部门发出的停业整改通知，由此引起保险事故造成的财产损失，保险公司理应拒赔。

法院认为，原告与被告签订的财产保险合同已成立，并且有效。原告没有履行告知义务，且这次事故是在原告未经消防部门验收合格、私下复业情况下发生的，故被告保险人可以不负赔偿责任。但是，被告（保险人）在履行自己对保险标的物有关情况询问职责时，没有详尽了解有关消防方面的情况，特别原告是打火机厂这样一个消防条件要求高的特殊行业，或要求投保人出示这方面有关证明材料，再决定是否承保或者提高保险费率。故被告（保险人）显然也有过错，应承担相应责任。

一审法院判决结果：保险公司应按其确认的火灾事故损失清单财产损失 1 109 490 元的10%承担赔偿责任，计款 110 949 元。20×8 年 4 月 14 日二审法院作出"驳回上诉，维持原判"判决。

二、保险利益原则（The Principle of Insurable Interest）

（一）保险利益原则的内容

保险利益又称可保利益，是指投保人或被保险人因其对保险标的所具有的某种权利和利害关系，而享有的可以保险的利益。所谓利害关系是指如果保险标的安全，投保人或被保险人就会继续享有原来的利益，如果保险标的因保险事故遭受损失，就会丧失原来拥有的利益。《保险法》将保险利益定义为：保险利益是投保人或被保险人对保险标的具有的法律上承认的利益。

（二）保险利益成立的条件

1. 保险利益必须是合法的利益

被保险人所具有的保险利益必须是合法的利益，即法律上承认的利益。投保人对保险标的所具有的可保利益，必须是法律承认的并可以主张的利益。如果是投保人以法律禁止的事项所产生的利益，或者以违反公共道德所产生的利益，那么不管是出于善意还是恶意，保险合同自动无效，如盗贼以脏物投保火险，货主以违禁品投保水险，都是不合法利益，所以不能成为保险标的。

2. 保险利益必须是确定的或者可以实现的经济利益，其价值能以金钱来计量

无论可保利益是现有利益还是预期利益，必须是可以实现的利益，其价值必须能随时以金钱来计算。对于那些仅凭预测、推断可能会获得的利益或在保险事故发生后无法估价或鉴定的物品，虽然投保人或被保险人对其具有利害关系，也不能作为保险标的而列入保险合同，如（会计上的）账簿、借据、纪念品等，虽然对所有人具有相当的利益，但是这个利益无法以金钱来计算，所以不能作为保险标的。由于人身是无价的，一般情况下，人身保险合同的保险利益有一定的特殊性，只要求投保人与被保险人具有利害关系，就认为投保人对被保险人具有保险利益。

（三）保险利益的来源

1. 财产保险的保险利益

财产保险可保利益的产生与存在，概括起来有下列三方面的来源：一是所有权；二是据有权；三是根据合同规定产生的利益。

1）所有权

第一，**所有人**，即财产的绝对所有人。不论这一财产是个人所有还是与他人所共有，均具有可保利益。对于共有财产，每个所有人的保险利益限于他对财产拥有的份额。

第二，**受托人、受益人**。当财产委托给某人保管时，受托人就是法定的所有人；享有别人利益的人叫受益人，他是有效的所有人。这两种人都对财产具有可保利益。如财产的所有人已死亡，而财产为其法定代表所据有，即由指定的遗嘱执行者（如果是有效的遗嘱所指定）或他的管理人（如果法院指定）代替受益人保管财产，由于财产在保管中，则法定代表和受益人都有可保利益。

但是，不允许以将来的事实为提前得益的条件。例如，父亲立下遗嘱将其财产于死后归其子继承，但在父亲死之前，儿子就不能得益，因而也没有可保利益。

2）据有权

第一，**对财产安全负有责任的人**。对财产的安全负有责任的人享有可保利益。事故发生时，对委托者所负法律责任的承担程度，保险人只在负有法律责任的人所负责任限度内赔付。

第二，**对财产享有留置权的人**，对该项财产也有可保利益。在债务人的债务未清偿前，债权人依法享有扣留其财产的权利，对该项财产也有可保利益。例如，货物运输中，收货人或提单持有人若不付清运费、空舱费、延滞费等，承运人对该承运货物有留置权，对该项货物也有可保利益。

3）**根据合同规定产生的利益**

第一，**抵押人与受押人**。对财产享有抵押权的人，对受抵押的财产具有可保利益。在抵押贷款中，抵押人（债务人）要把财产转让给受押人（债权人），作为还款保证。抵押人对抵押的财产有保险利益，因为他负有还款的责任；受押人对抵押财产也有可保利益，但只限于他借出款项的那一部分。由于抵押贷款的合同关系产生了受押人对抵押财产的可保利益。在这种情况下，一般由抵押人和受押人联名投保，或由抵押人投保全部财产，并附贴"赔款支付"条款，说明在债权利益范围内应尽先赔款给债权人。例如，抵押人以价值 100 万元的房屋向受押人抵押贷款 60 万元，如房屋发生全部损失，则保险人应尽先将 60 万元赔给受押人，而将剩余的 40 万元赔给抵押人。

第二，**出租人与承租人**。依据租约享有租用权益的房屋承租人，对承租房屋有一定的可保利益。例如，根据租房合同，某人对房屋花 10 万元取得了 10 年的租用权，因此他对所租房屋就具有 10 万元的可保利益。

2. 人身保险的保险利益

人身保险的保险标的是人的寿命和身体，虽然其价值难以用货币计量，但人身保险合同签订要求投保人与保险标的之间具有经济利害关系。根据《保险法》第三十一条："人身保险的投保人对下列人员具有保险利益：本人；配偶、子女、父母；前项以外与投保人有抚养、赡养或者扶养关系的家庭其他成员、近亲属；与投保人有劳动关系的劳动者。除前款规定外，被保险人同意投保人为其订立合同的，视为投保人对被保险人具有保险利益。"

可见，人身保险的保险利益分为两种情况：一是为自己的身体和寿命投保；二是为他人投保人身保险，而为他人投保须严格遵照法律上的限定条件。

（四）保险利益与保险效力

1. 财产保险的保险利益时效

财产保险一般要求从保险合同的签订到保险事故发生都应具有可保利益。如果保险合同在订立时具有保险利益，而当保险事故发生时不具有保险利益，则保险合同无效。《保险法》第四十九条规定："保险标的转让的，保险标的的受让人承继被保险人的权利和义务。保险标的转让的，被保险人或者受让人应当及时通知保险人，但货物运输保险合同和另有约定的合同除外。"这说明保险利益可以随着保险标的的所有权的转移而转移。但在货物运输保险中，保险单或保险凭证可由投保人背书转让，财产的所有权随提单的转移而转换所有人，不用征得保险人的同意，只要求被保险人在损失发生时对保险标的的具有保险利益。

《保险法》明确规定："财产保险的被保险人在保险事故发生时，对保险利益应当具有保险利益。"保险事故发生时，被保险人对保险标的的不具有保险利益的，不得向保险人请求赔偿保险金。

2. 人身保险的保险利益时效

人身保险的保险利益存在于保险合同订立时，在保险合同订立时要求投保人必须具有保险利益，而保险事故发生时，不追究是否具有保险利益。例如，投保人为其配偶投保人身保险，即使在保险期限内该夫妻离婚，保险合同仍然有效。发生保险事故时保险公司仍将按规定给付保险金。该规定是基于人身保险的保险标的是人的身体和寿命，同时人身保险期限长且具有储蓄性。

总之，保险利益是保险人经营保险，特别是其承保与理赔环节中必须严格审查的关键问题。因此，投保人或被保险人必须对保险标的的具有保险利益，是判断保险合同有效的一项基本原则。

（五）保险利益原则的意义

1. 限制保险补偿的程度

财产保险中，被保险人对保险标的的所具有的保险利益既是确定保险金额的依据，也是保险人承担赔偿责任的最高限度。因为保险利益的存在是以既得利益为范围，在财产损失时保险人只能对原有的利益进行补偿。被保险人不能因保险标的的受损而获得额外利益。

2. 可以避免赌博行为的发生

保险与赌博都是取决于偶然事件的发生。如果投保人可以为与自身毫无利害关系的保险标的的投保，就可能因意外事故的发生获得远远高于所交保费的额外收益，此时保险就变成了赌博。有保险利益的限制，被保险人在保险标的的发生损失时不可能获得额外利益，购买保险只是为了获得经济保障，也就不会希望保险事故发生。因此，保险与赌博有着本质的区别。

3. 防止道德危险的产生

如果投保人可以为与本人没有任何关系的人身或财产投保，容易发生投保人订立合同后故意制造保险事故，以谋取赔偿的现象，从而产生道德危险。有了保险利益的约束，被保险人最多只能获得原有利益的补偿，无法获得额外利益，也就避免了道德危险的产生。

三、损失补偿原则（The Principle of Indemnity）

（一）损失补偿原则的含义

损失补偿原则又称赔偿原则，是指当约定的保险事故引起的损害发生时，被保险人不能获得超过实际损失的补偿，被保险人不能因保险补偿而额外获利。其核心是保险人对被保险人损失的补偿只能使保险标的恢复到损失发生前的状态。损失补偿原则适用于非寿险合同。

（二）损失补偿的限制

按照损失补偿原则，保险人在履行赔偿责任时应掌握以下几个限度。

1. 以实际损失为限

当保险标的发生保险事故时，保险人的赔偿以不超过被保险人遭受的实际损失为限。由于衡量财产的价值主要以该财产的市场价值为准，因此对实际损失的衡量，首先要确定该项财产的市价，保险人的赔偿金额决不能超过该项财产损失当时的市价，但定值保险和重置价值保险属于例外。例如，某一房屋在年初时市价为 100 万元，而到年末房屋跌价至 80 万元，在年末的保险有效期内，房屋发生火灾全部焚毁，这时投保人所遭到的实际经济损失是 80 万元，而不是 100 万元。因此，按照以实际损失为限的原则，虽然保险单上载明的保险金额是 100 万元，但是保险人只能按实际损失 80 万元赔付。

2. 以保险金额为限

保险金额是保险人承担赔偿责任的最高限度。保险人承担的赔偿金额只能小于等于保险金额。例如，上例所保房屋，如果到年末该房屋涨价到 120 万元，在年末的保险有效期内，房屋发生火灾全部焚毁，这时被保险人所遭受的实际经济损失为 120 元，但是由于保险单上列明的保险金额为 100 万元，而保险金额是保险人承担赔偿责任的最高限度，因此，保险人只能按 100 万元赔付。

3. 以保险利益为限

被保险人在索赔时，对遭受损失的财产必须具有可保利益，索赔金额以被保险人对该项财产具有的可保利益为限。如在抵押贷款的财产保险中，以受押人的名义对抵押品房屋投保火灾保险，但如果受押人借出的款项为 60 万元，日后，房屋在保险有效期内发生火灾全部损毁，即使该财产市价为 100 万元，受押人也只能获得 60 万元的赔偿，因为受押人对该房屋的可保利益只有 60 万元。

以上三种限度是财产保险赔偿中必须遵循的原则。但以市场价值为限的原则对于定值保险并不适用。因为定值保险是按双方约定的价值投保，在财产发生损失时，不论该项财产的市价涨落如何，均按事先约定的价值予以赔偿。

（三）损失补偿的范围

财产保险损失补偿的范围包括：第一，对保险标的遭受的实际损失在保险金额限度内赔偿；第二，发生保险事故后被保险人为防止或减少保险标的的损失所支付的必要的、合理的费用；第三，为了查明和确定保险事故的性质、原因和保险标的的损失程度所支付的必要的、合理的费用，如受损标的检验、估价等其他费用；第四，责任保险的被保险人因给第三者造成损害的保险事故而被提起仲裁或者诉讼的，被保险人支付的仲裁或者诉讼费用以及其他必要的、合理的费用，除合同另有约定外，由保险人承担。

《保险法》第五十七条规定："保险事故发生后，被保险人为防止或者减少保险标的的损失所支付的必要的、合理的费用，由保险人承担；保险人所承担的费用数额在保险标的损失赔偿金额以外另行计算，最高不超过保险金额的数额。"

可见，损失补偿原则不仅仅是对保险标的损失的赔偿，而且还是对被保险人可能遭受的各种经济损失的赔偿，充分体现了保险赔偿原则的全面性。

（四）防止被保险人额外获利的其他相关规定

财产保险的赔偿原则是对损失进行补偿，而不能使被保险人通过损失补偿来获得更多的好处。各国对此都有相关法律规定。没有赔偿原则的制约将诱使被保险人故意去制造损失以获取额外利益，从而引发道德风险，保险公司将无法经营。

防止被保险人额外获利通常有以下规定。

（1）如果保险事故由第三者责任所引起，则被保险人从保险人处获得全部赔偿以后，必须将其对第三者享有的任何有关损失财产的所有追偿权利转让给保险人，防止被保险人再从第三者那里得到额外的赔偿。

（2）当被保险人将其财产向多家保险人投保时，被保险人只能获得相当于其财产总值的赔偿数额。

（3）保险标的遭受损失以后的残余部分，应作价并在赔款中扣除。

（五）赔偿方式

财产保险基本赔偿方式有三种，即比例赔偿方式、第一危险赔偿方式和限额责任赔偿方式。不同的赔偿方式计算赔偿金额的结果各不相同，因此，保险合同中必须明确规定采用哪一种赔偿方式。在核定保险费率时，采用哪一种赔偿方式也存在很大差别。这三种赔偿方式因承保形式不同，还有各种不同的赔偿计算方法。

1. 比例赔偿方式

比例赔偿方式是按照保险财产的保险金额与出险时实际价值的比例来计算赔偿金额，如果保险金额低于实际价值则得不到十足赔偿。因此，它要求保险财产按实际价值足额投保，否则，未保的部分视作被保险人自保，保险人只负投保部分的比例责任，也就是发生保险事故时损失要由保险人与投保人比例分摊，其计算公式如下：

$$赔偿金额 = 损失金额 \times \frac{保险金额}{实际价值}$$

例：如果财产实际价值 20 万元，保险金额为 10 万元，被保险人遭受 5 万元的损失，保险单规定按比例责任赔偿，被保险人所能得到的赔款计算如下：

$$赔偿金额 = 5 \times \frac{10}{20} = 2.5（万元）$$

从上述公式中，我们可以看到保险金额越接近实际价值，赔偿金额就越接近损失金额，按保险标的的实际价值足额投保的，损失就能得到足额赔偿；当保险金额高于实际价值时，即构成超额保险，保险人承担的赔偿金额也只能等于损失金额。

在不定值保险中，投保时双方不约定保险财产的实际价值，将出险当时的市价作为实际价值，一般用上述公式计算赔偿金额。

在重置价值保险中，上述公式中的实际价值应换成重置价值，损失金额为实际重置费用。

在定值保险中，保险双方将投保时约定的保险价值作为保险金额，出险时不论当时保险标的的实际价值或市价涨落变动如何，全部损失按保险金额全部赔偿，部分损失按损失成数赔偿，其计算公式如下：

$$赔偿金额=保险金额\times\frac{损失价值}{完好市价}（贬值率或损失成数）$$

例：某人以其 10 万元的财产投保火灾保险，保险金额为 8 万元，发生保险责任范围内的事故后，财产实际损失为 5 万元，赔偿金额为：

$$赔偿金额=8\times\frac{5}{10}=4（万元）$$

2. 第一危险赔偿方式

第一危险赔偿方式适用于家庭财产保险，是以一次灾害事故所可能达到的最高损失金额为保险金额投保。第一危险赔偿方式实际上把损失划分成两个部分，保险金额限度内的损失看作第一危险，超过保险金额的损失看作第二危险。在发生损失时，因为第一危险在保险金额限度内，保险人按实际损失金额赔偿，即保险人的赔偿金额等于损失金额（也就是损失多少赔多少）。超过保险金额的第二危险视为被保险人自保。这种赔偿方式的最大特点是计算简便，可以避免比例分摊的复杂计算。

3. 限额责任赔偿方式

限额责任赔偿方式下，保险人仅在损失超过一定限额时才负赔偿责任。限额内的微小损失一般对投保人或被保险人不构成严重经济影响，可由被保险人自行承担。采用这种赔偿方式，有利于增强投保人或被保险人的责任感，并可减轻其保险费负担。

1）固定责任赔偿方式

固定责任赔偿方式是指保险人事先在保险合同中规定保障的标准限额，保险人只对实际价值低于标准保障限额的差额予以赔偿的方式。这种方法适用于农作物保险。当灾害事故发生致使农作物实际收成达不到限额时，以差数为赔付额。其计算公式为：

$$赔偿金额=保障限额-实际收获量$$

2）免责限度赔偿方式

免责限度赔偿方式是预先规定一个免责限度，通常以免赔率或免赔额表示，在规定的免赔率或免赔额内的损失，保险人不负赔偿责任。免赔率可分为相对免赔率与绝对免赔率。

相对免赔率是指保险财产的损失达到规定的免赔率时，保险人按全部损失不作任何扣除地如数赔偿。其计算公式为：

$$赔偿金额=保险金额\times损失率（损失率大于免赔率）$$

相对免赔率有利于减少保险人因大量零星小额赔偿而产生的工作量，同时有助于增强被保险人的责任感。

绝对免赔率是指损失超过规定免赔率时，保险人仅就超过免赔率的部分进行赔偿，其计算公式为：

$$赔偿金额 = 保险金额 \times （损失率 - 免赔率）（损失率大于免赔率）$$

绝对免赔率主要运用于减少自然损耗或运输途耗损失的赔款，以此增强被保险人的责任心，减少保险事故的发生。

四、代位求偿原则（The Principle of Subrogation）

（一）代位求偿原则的内容

1. 代位求偿原则的含义

代位求偿原则是指当保险标的损失是由第三者造成时，保险人可以根据保险合同先赔偿被保险人损失，然后取得代替被保险人向对损失负有责任的第三者追偿的权利。代位求偿原则是损失补偿原则的派生原则，适用于损失补偿性合同。

当保险标的发生保险责任范围内的损失是由第三者责任造成时，被保险人既可以向第三者索赔，又可以向保险人索赔，那么被保险人就可能因保险事故获得双重赔偿，此时被保险人就因保险事故发生而获得额外利益，这就违背了损失补偿原则。代位求偿原则有利于维护保险人自身的合法利益。

2. 代位求偿原则的条件

保险人行使代位求偿权必须满足以下几个基本条件。

（1）第三者对保险标的的所造成的损失必须属于保险合同规定的保险责任范围。如果保险标的的损失虽然是由第三者责任方造成的，但不属于保险责任范围，保险人不负赔偿责任，也就不存在代位求偿。

（2）保险责任的形成必须由负有责任的第三者所造成。因为保险事故的发生由第三者承担责任，被保险人才有可能向保险人转移其赔偿请求权，保险人才有代位求偿的可能；反之，保险事故的发生虽然由第三者的行为所致，但第三者不需要承担民事赔偿责任，那么代位求偿也无法成立。

（3）被保险人不能放弃向第三者追偿的权利。在保险人赔偿之前，如果被保险人放弃了向第三者索赔的权利，也就同时放弃了向保险人索赔的权利。《保险法》第六十一条规定："保险事故发生后，保险人未赔偿保险金之前，被保险人放弃对第三者请求赔偿的权利的，保险人不承担赔偿保险金的责任。保险人向被保险人赔偿保险金后，被保险人未经保险人同意放弃对第三者请求赔偿的权利的，该行为无效。被保险人故意或者因重大过失致使保险人不能行使代位请求赔偿的权利的，保险人可以扣减或者要求返还相应的保险金。"上述规定旨在保护保险人的权益。

（4）保险人必须首先向被保险人履行赔偿责任。因为代位求偿权是建立在履行赔偿义务的基础之上的，保险人在未履行赔偿责任之前，被保险人实际上拥有或保留向第三者求偿的权利，保险人无权取得代位求偿权。

（5）保险人只能在支付的赔偿金额限度内行使代位求偿权。如果保险人在行使代位求偿权过程中所获得的赔偿金额超出其赔付给被保险人的赔款金额，那么保险人必须将超过部分返还给被保险人，即保险人不能运用代位求偿权利获得超出其所承担的实际赔偿责任的利益。

某项保险金额为 80 万元的固定资产发生保险责任范围内的损失，该项保险责任是由第三者造成的，如果该项固定资产损失时的实际价值为 100 万元，损失金额为 50 万元，保险人在向被保险人支付了赔款 40（50×80/100）万元以后取得了向第三者进行追偿的权利。这个案件会因追偿金额的不同，出现以下若干个追偿结果：

a. 追偿金额为 30 万元，则保险人收回 24（30×80%）万元，余下 6 万元归被保险人；

b. 追偿金额为 40 万元，则保险人收回 32（40×80%）万元，余下 8 万元归被保险人；

c. 追偿金额为 50 万元，则保险人收回 40（50×80%）万元，余下 10 万元归被保险人；

d. 追偿金额为 100 万元，则保险人收回 40 万元（追偿金额与保障程度的乘积已超过 40 万），余下 60 万元均归被保险人。

运用代位求偿原则的目的在于限制被保险人因保险事故的发生而得到额外收益。保险人正确行使代位求偿权利能有效控制赔偿金额，维护保险人的自身利益。《保险法》第六十条规定："因第三者对保险标的的损害而造成保险事故的，保险人自向被保险人赔偿保险金之日起，在赔偿金额范围内代位行使被保险人对第三者请求赔偿的权利。……保险人依照本条第一款规定行使代位请求赔偿的权利，不影响被保险人就未取得赔偿的部分向第三者请求赔偿的权利。"因此，我们可以得出以下结论：第一，保险人行使代位追偿权的时间从赔偿保险金之日起；第二，保险人的代位追偿权不得超过其支付的保险赔款；第三，保险人行使代位追偿权时不影响被保险人还应具有的剩余追偿权，即当被保险人的追偿权只是部分转移给保险人时，被保险人自己拥有的追偿权同时有效。

（二）委付

1. 委付的条件

委付是指当保险标的发生保险责任范围内的损失后，经保险人对保险标的推定全损后，被保险人将其对保险标的的一切权利连同义务转让给保险人而请求保险人赔偿全部保险金额的一种申请赔偿的方式。委付必须由保险人接受才能成立。保险人可以接受委付，也可以不接受委付。委付一经保险人接受，不得撤回，并对保险双方当事人产生法律约束力。委付的成立必须具备一定的条件。

（1）委付须由被保险人向保险人提出申请。

（2）委付必须就全部保险标的提出请求。

（3）委付不得附带任何条件。

（4）委付必须经保险人同意才能生效。

委付可能给保险人带来利益，同时也可能给保险人带来义务，所以保险人在接受委付时必须慎重。

2. 委付与代位求偿的区别

（1）当事人不同。代位求偿涉及三方当事人，即债权人、债务人和保险人，其保险事故由负有责任的第三者引起；而委付涉及两方当事人，即被保险人和保险人。

（2）代位求偿权是一种纯粹的追偿权，取得这种权利的保险人无须承担其他义务；而保险人接受委付，既享有保险标的的权益，同时也要承担保险标的带来的义务。

（3）保险人获得的权利不同。在代位求偿中，保险人最多只能取得相当于其所支付的赔偿金额的权益；而在委付中，由于保险人取得了保险标的的处分权，有可能获得超过其所承担赔偿金额的利益，但也可能因保险标的带来的义务而收不抵支。

　　某艘保险金额为 8 000 万元的船舶因保险责任范围内的事故而在某海域发生沉船事件，由于技术条件限制暂时无法打捞，因此，保险人很难确定沉船的损失状况，只能接受被保险人的委付申请，对这起事故做推定全损处理，并赔偿了全部保险金额。事故发生两年后，保险人委托打捞公司将船舶打捞成功，经修复后将船舶按照 8 500 万元的价格出售，获利 500 万元。被保险人认为保险人为不当收益，因此，通过诉讼形式要求取得保险人收益的一部分，经司法判决，被保险人败诉。因为被保险人通过委付已经丧失了对这艘船的全部利益。委付一经成立就具有法律效力，双方均不能撤销。

五、重复保险分摊原则（Principle of Contribution）

（一）重复保险分摊原则的内容

重复保险分摊原则是损失补偿原则的另一派生原则。重复保险是指投保人对同一保险标的、同一保险利益、同一保险事故分别与两个以上保险人订立保险合同，且保险金额总和超过保险价值的保险。

重复保险分摊原则是指在重复保险的情况下，对保险事故发生所造成的保险标的损失，必须在各保险人中间进行分摊，使各保险人的赔偿金额总和不超过损失金额。分摊原则是适用于重复保险的原则。重复保险必须具备以下条件。

1. 同一标的、同一保险利益

保险标的相同，但保险利益不同，不构成重复保险；同一保险利益可以理解为拥有保险利益的同一被保险人，如果被保险人不同也就不会出现重复保险。

2. 同一危险

如果两张保险单承保了引起损失的同一危险，不管这两张保单是否还承保其他危险，也构成重复保险。

3. 同一期间

并不是指全部承保期间均相同，只要有部分承保期间重复，就构成重复保险。

4. 订立多个保险合同且保险金额总和超过了保险标的的价值

分摊原则是一项公平原则。分摊只适用于承保同一危险的不同保险人之间。只要被保险人对同一危险取得一个以上的保险单，不论是有意取得还是无意取得，被保险人只能从一个保险人那里取得全部损失的赔偿，而不能从所有保险人那里都取得赔偿，否则被保险人就会获得额外利益，从而违背保险的损失补偿原则。支付过赔款的保险人有权根据民法中的公平原则向其他保险人要求分摊赔偿金额。分摊原则仅适用于财产保险等赔偿性保险合同，对人身保险则不适用。各国保险法对重复保险均有规定。财产保险单中一般都规定适用分摊原则。《保险法》第五十六条规定："重复保险的投保人应当将重复保险的有关情况通知各保险人。重复保险的各保险人赔偿保险金的总和不得超过保险价值。除合同另有约定外，各保险人按照其保险金额与保险金额总和的比例承担赔偿保险金的责任。"

（二）重复保险分摊的方式

重复保险分摊的方式有顺序责任分摊、比例责任分摊、限额责任分摊。

1. 顺序责任分摊

顺序责任分摊是按照每个保险人签发保险单的时间顺序来承担赔偿责任，即由第一个出单的保险人首先履行赔偿责任，只有前一个保险人的赔偿未能补偿保险标的的实际损失时，才由下一个保险人承担赔偿责任，直到补偿保险标的的实际损失为止。

2. 比例责任分摊

比例责任分摊是按各个保险人承保的保险金额与总保险金额（各个保险人承保的保险金额加总）的比例来分摊赔偿责任的方式。其计算公式为：

$$某保险人分摊的赔偿责任 = 损失金额 \times \frac{某保险人承保的保险金额}{所有保险人承保的保险金额总和}$$

例：某企业以价值 500 万元的财产向甲、乙、丙三家保险公司投保，保险金额分别为 250 万元、200 万元、150 万元，保险事故发生时，若发生全部损失，则甲、乙、丙三家保险公司应分摊的赔偿金额分别为：

甲保险公司的赔偿金额 = 500×250/（250+200+150）= 208.3（万元）

乙保险公司的赔偿金额 = 500×200/（250+200+150）= 166.7（万元）

丙保险公司的赔偿金额 = 500×150/（250+200+150）= 125（万元）

若发生部分损失，损失金额为 300 万元，则甲、乙、丙三家保险公司应分摊的赔偿金额分别为：

甲保险公司的赔偿金额 = 300×250/（250+200+150）= 125（万元）

乙保险公司的赔偿金额 = 300×200/（250+200+150）= 100（万元）

丙保险公司的赔偿金额 = 300×150/（250+200+150）= 75（万元）

3. 限额责任分摊

限额责任分摊是以各保险人单独承担的赔偿责任与各个保险人单独责任总和的比例为基础来分摊损失责任，其计算公式为：

$$某保险人分摊的赔偿责任 = 损失金额 \times \frac{某保险人独立责任限额}{所有保险人独立责任总额}$$

例：某投保人为价值 120 万元某批货物分别向甲、乙两家保险公司投保了货物运输保险，其保险金额分别为 80 万元、120 万元，保险事故发生时，若发生全部损失，损失金额为 120 万元，则甲、乙两保险公司的独立责任分别为 80 万元、120 万元。两家保险公司分摊的赔偿金额分别为：

甲保险公司承担的赔偿金额 = 120×80／（80+120）= 48（万元）

乙保险公司承担的赔偿金额 = 120×120／（80+120）= 72（万元）

若发生部分损失，损失金额为 60 万元，则甲、乙两保险公司的单独承担的责任分别为 40 万元、60 万元，两家保险公司分摊的赔偿金额分别为：

甲保险公司承担的赔偿金额 = 60×40／（40+60）= 24（万元）

乙保险公司承担的赔偿金额 = 60×60／（40+60）= 36（万元）

上述三种分摊方式中，顺序责任分摊方式显然不够合理，导致权利与义务不对等，从而显失公平。比例责任分摊方式不仅能体现权利与义务对等的原则，且便于计算，被广泛采用。《保险法》规定，重复保险采取比例责任分摊方式。在保险实务中，保险人为避免分摊的麻烦，往往在保险单上附加条款声明。例如，《企业财产保险基本险条款》规定：若本保险单所保财产存在重复保险时，本保险人仅负按照比例分摊损失的责任。

六、近因原则（The Principle of Proximate Cause）

（一）近因原则的内容

近因是造成保险标的损失的最直接、最有效、起决定作用的原因，而不是在时间上、空间上最接近损失的原因。保险人在分析引起损失的原因时以近因为准。根据近因原则，只有当保险标的的损失是直接由保险合同所列明的保险责任造成的，保险人才承担赔偿责任。

近因原则是法律上判定复杂因果关系案件时通常采用的原则，也被世界各国保险人在分析损失的原因和处理保险赔案时所采用。

在保险实务中，导致保险损害事故的原因往往不只一个，并且各种损害发生的原因经常交织在一起，错综复杂。如果这些原因都是保险人所承保的危险，问题就简单得多。然而，保险单中既有保险危险又有不保危险，即使是一切险的保险单也有除外责任和不保的危险，所以就需要确定各种导致损害的危险与损害后果之间的因果关系，从而判断保险人是否应负赔偿责任。对损害原因的分析是建立在直接因果关系范围内的，如果不以直接原因为准，损害原因就难以确定。因此，保险人在分析引起损失的原因、确定保险责任时以近因原则为准。

（二）近因的确定

1. 损失由单一原因所造成

如果保险标的的损失是由单一原因造成的，该原因属于保险责任，保险人就必须承担赔偿责任；该原因如果属于责任免除事项，保险人就不负赔偿责任。

案例

　　1983 年 7 月，安康洪灾中发生了有一起赔偿案。当时洪水进入了安康地区烟酒副食公司的一个纸烟仓库，投保的纸烟底下一层已被洪水浸泡，但上面几层纸烟未被浸泡，该公司为了防止损失扩大，采取措施，将纸烟仓库内遭受潮气的纸烟全部拨到各县门市部立即削价出售，事后向保险公司提出赔偿损失差价的要求。

　　在处理该案时，双方对被保险人就部分没有被洪水浸泡的纸烟的销售差价应否承担赔偿责任发生了争议。在调解中，被保险人提供了洪水进入纸烟仓库时，防潮设施被淹没失效的证明，以及纸烟受潮后不能保存和短期将霉变失去价值的鉴定。根据近因原则，这部分纸烟虽然没有遭到洪水的直接浸泡，但是纸烟受潮与洪水有着必然联系：纸烟仓库进水、防潮设施失效均为洪水所致。纸烟受潮当时虽然表面是完好的，但鉴定的结果已表明纸烟不能再继续保存，继续保存就会导致霉变的结果。因此，被保险人在纸烟未发生霉变前采取果断措施削价处理是合理的、有效的。以上事实可以归纳为：纸烟贬值是霉变的必然结果，霉变是受潮的必然结果，受潮是纸烟仓库进水和防潮设施失效的必然结果。即洪水→烟库进水→防潮设施失效→纸烟受潮→霉变→纸烟贬值。

　　可见，决定这一系列因果关系的主因是洪水，因此保险人对此应承担赔偿责任。

2. 损失由多种原因所造成

如果保险标的损失是由多种原因造成的，应根据具体情况确定近因。

1）多种原因同时发生

多种原因同时发生且无先后之分，并对损害结果的形成都有直接或实质的影响效果，那么这些原因都属于近因。如果同时发生的造成损失的多种原因均属于保险责任，保险人必须对保险标的损失负责赔偿；若同时发生导致损失的多种原因均属于责任免除，则保险人不负赔偿责任。若同时发生导致损失的多种原因既有保险责任，又有除外责任，并且它们所致损失能够分清，那么保险人只对承保危险所造成的损失负责；如果保险责任和除外责任所造成的损失无法分清，保险人可以不承担任何赔偿责任或者采取公平合理的协商处理方法进行赔付。

例如，货物运输保险中承保一批棉布，装船后因船舶发生碰撞事故，海水涌入船舱，油罐破裂，致使船上装载的棉布一部分受到水渍，一部分受到油污，如果被保险人只投保了水渍险，则保险人只对遭受水渍损失的棉布承担赔偿责任，对遭受油污损失的棉布不负赔偿责任；如果一部分棉布既遭受水渍，又遭受油污，损失可以分别估计，保险人仅负责水渍部分的损失；如果损失不能分别估计，保险人或者不承担赔偿责任，或者与被保险人协商赔付。

2）多种原因连续发生

如果多种原因连续发生导致损失，前因与后因之间具有因果关系，且各原因之间的因果关系没有中断，则最先发生并造成一连串事故的原因就是近因。保险人的责任可以根据下列情况来确定。

第一，若连续发生的多种原因均属保险责任，则保险人应对全部损失负赔偿责任。如船舶在运输途中因遭雷击而引起火灾，火灾引起爆炸，由于两种危险均属于保险责任，由此造成的损失保险人均负责赔偿。若连续发生的多种原因均属责任免除范围，则保险人不负赔偿责任。

第二，若连续发生的多种原因既有保险责任，又有除外责任，不保危险先发生，保险危险后发生，如果保险危险是不保危险的结果，则保险人对保险危险造成的损失不负赔偿责任。例如，一艘轮船先被敌对方鱼雷击中，再在驶向港口时触礁沉没。如果被保险人只投保了船舶保险，而未加保战争险，则保险人不负赔偿责任。因为除外责任（鱼雷击中，属于战争险）发生在先，保险责任（触礁、沉没）发生在后，船舶遭鱼雷袭击后始终没有脱离危险，被鱼雷击中是起决定作用的损失原因。因此，船舶沉没的近因是战争，保险人不负赔偿责任。

第三，连续发生的多种原因中，保险危险先发生，不保危险后发生。如果不保危险仅为因果连锁中的一环，保险人对保险危险所造成的损失应负赔偿责任。

3）多种原因间断发生

造成损失的多种原因间断发生，即在先后发生的原因中，前因与后果之间不存在关联，有一种新的独立原因介入，使原有的因果关系连锁中断，并导致损失，则新的独立原因就是近因。如果近因属于保险责任范围的事故，则由此造成的损失保险人应负赔偿责任；反之，如果近因属于责任免除范围，则保险人不负赔偿责任。可见，造成损失的多种原因间断发生的情况下，保险人是否负有赔偿责任，取决于新的独立原因是否为保险危险。

 案例

王某所在的公司为全体员工投保了团体人身意外伤害保险。一天，王某在骑车时被一辆卡车撞倒，造成伤残并住院治疗，在治疗过程中，王某因急性心肌梗死而死亡。家属向保险公司提出索赔。由于意外伤害与心肌梗死没有内在联系，心肌梗死并非意外伤害的必然结果，是属于新介入的独立原因。被保险人王某死亡的近因是心肌梗死，属于疾病范围，不属于意外伤害保险责任范围。故保险人只需对被保险人的意外伤残支付保险金，而对其死亡不负责任。

本章小结

保险合同主要有以下几种形式：投保单，暂保单，保险单，保险凭证，批单。投保单也称要保书、投保申请，是投保人要求获得保险保障的申请书。暂保单也称临时保险单，是在正式保险单签发之前，由保险人或代理人向投保人出具的临时性保险证明文件。保险单简称保单，是保险人和投保人之间订立保险合同的正式书面文件。保险单应详尽列明保险合同的全部内容。保险凭证俗称"小保单"，是保险人签发给被保险人的证明保险合同已经成立并获得某项保险保障的书面文件。批单又称背书，是保险双方当事人修订或增删保险单内容的证明文件。

保险合同的内容通常包括：财产保险合同的当事人、关系人和中介人；保险合同的保障对象；投保风险、可保风险与保险风险；保险责任与责任免除；保险价值与保险金额；保险费与保险费率；保险期间；保险赔付或给付；违约责任与争议处理。

保险合同的订立一般经过两个步骤，即要约与承诺。

保险合同的变更是指在保险合同有效期间，保险合同主体与内容的改变。

保险合同的终止是指保险合同成立后因法定的或约定的事由发生，而使保险关系消灭，其效果是保险合同的法律效力不复存在。

保险合同适用的基本原则包括：最大诚信原则、保险利益原则、损失补偿原则、代位求偿原则、重复保险分摊原则以及近因原则。

本章关键词

投保单　暂保单　保险单　保险凭证　批单　保险责任　责任免除　保险价值
保险金额　保险费　保险费率　保险期间　最大诚信原则　保险利益原则
损失补偿原则　代位求偿原则　重复保险　重复保险分摊原则　近因原则

复习思考题

1. 比较投保风险、可保风险与保险风险。
2. 保险合同有哪些特点？
3. 试述保险合同的解释原则。
4. 保险争议的处理方式有哪些？
5. 论述最大诚信原则。
6. 论述保险利益原则。
7. 论述损失补偿原则。
8. 你怎样理解"近因"？

第三章　保险的数理基础

📖 学习目标

1. 掌握保险费率的构成及厘定原则。
2. 了解保险费率厘定的一般方法。
3. 了解财产保险费率厘定的过程。
4. 了解人身保险费率厘定的原则与方法。
5. 掌握保险责任准备金的类型。

随着商品经济的不断发展，人们逐渐意识到风险管理以及保险的重要性与必要性。保险通过将风险转移给保险公司来保护个人或组织免受意外损失的影响，保险公司通过收取保险费来承担这些风险，并在发生保险责任内意外事故时向投保人支付赔偿。然而，这些风险应当如何衡量、测度与管理？如何设计保险产品？如何对保险产品定价以及确定损失赔付？这些是保险领域需要明晰的关键问题。

保险费率是保险公司根据风险评估和统计数据确定的，保险离不开数学与统计学，概率论和数理统计理论为保险经营的稳定性、费率厘定的科学性、保险风险集合与分散的可行性提供了科学依据。学习保险的数理基础不仅有助于掌握科学识别与评估风险的方法，更能深入了解保险业务的运作方式，对于认识保险学具有重要意义。本章将详细介绍保险费率及其厘定原则、财产保险费率与人寿保险费率的厘定以及保险责任准备金的提取情况。

第一节　保险费率及其厘定原则

一、保险费率的含义与构成

（一）保险费率的含义

1. 保险费率的概念

保险费率（Premium Rate），又称费率，是指按保险金额计算保险费的比例，即保险费与保险金额的比率。保险费率是指保险人收取的保险费与保险人承担的保险责任最大给付金额的百分比。保险费率是保险人根据保险标的的危险程度、损失概率、责任范围、保险期限和经营费用等计算的。

2. 保险费率厘定与保险定价

保险定价不单纯等于保险费率厘定，两者是不同的概念。保险费率厘定是指在期望理赔金额和理赔次数的基础上确定充分费率的过程，充分费率要求能够提供足够的资金去支付预期的损失和费用，并从理论上使保险公司得到合理的回报。而保险定价是在上述充分费率的基础上，进一步考虑保险公司的市场份额目标与竞争环境等众多因素后作出决策。可以看出，费率厘定侧重于技术分析，而保险定价侧重于市场策略。这两个过程都是为了确保投保人能够获得合理的保障，同时也确保了保险公司能够承担风险并在发生意外事故时向投保人支付赔偿金。

拓展阅读

保险与精算的渊源

保险与精算之间有着密不可分的关系。精算是一门运用数学、统计学和经济学等学科知识来评估风险和确定保险费率的学科。精算学在保险业中扮演着重要的角色，为保险公司提供了科学的方法来评估风险并确定保费。精算学起源于17世纪，当时数学家开始研究人口统计学和死亡率问题，并以此确定人寿保险的保险费率。18世纪，英国数学家詹姆斯·道森和爱德华·哈雷分别发表了关于人口统计学和死亡率的论文，为精算学的发展奠定了理论基础。随着统计学与概率论的不断发展，精算学在财产保险领域的应用也日益广泛。

（二）保险费率的构成

保险费率，又称毛费率，通常由纯费率与附加费率两部分构成。

1. 纯费率

纯费率，又称净费率。根据纯费率收取的保险费叫纯保费，是保险人赔付被保险人或受益人的保险金，用于事故发生后对被保险人进行赔偿和给付，它是保险费的最低界限。保险纯费率的计算依据包括被保险人的年龄、健康状况、职业、生活习惯，以及保险产品的保障范围、责任期限等。不同险种的保险纯费率的计算依据不同，对于财产保险而言，纯费率的计算依据是损失概率，即根据保额损失率或保险财产的平均损失率计算。保额损失率是一定时期内赔偿金额与保险金额的比率。对于人寿保险而言，纯费率的计算依据是生命表和利息。

2. 附加费率

附加费率是指保险人经营保险业务的各项费用和合理利润与纯保费的比率，对应于保险人每单位保额的经营费用，附加费率由费用率、营业税率和利润率构成。按照附加费率收取的保险费又称附加保费。附加保费是以保险人的营业费用为基础计算的，用于保险人的业务费用支出、手续费支出以及提供部分保险利润等。从数值上来看，附加费率等于附加保费与保险金额的比率，它在保险费率中处于次要地位，但附加费率的高低，对保险企业开展业务、提高竞争力有很大的影响。此外，平均附加费率是指保单各期预定附加费用精算现值之和占保单毛保费精算现值之和的比例。

二、保险费率厘定的原则

(一) 保险费率厘定的目标

保险费率厘定的目标是在期望理赔金额和理赔次数的基础上确定充分费率的过程，即计算出投保人能够去支付预期损失和费用，并产生合理回报的费率。具体来看，保险费率的厘定目标有以下几个。

1. 平衡保险人支付期望赔付与费用

在一项保险业务中，保险人的收入项目主要包括保费收入和投资收入，支出项目主要包括所有的赔付、与赔付相关的费用、保费税、销售费用以及各个部门的营运费用。为保证保险公司稳定经营，保险费率的厘定应使保险人的收入水平不低于其支出水平。因此，保险费率厘定的目标应足够保险人支付期望赔与费用。

2. 应对不可预见事件

保险费率中不仅应包含纯费率部分，还应包含风险附加部分，以应付意外事件。此外，风险附加部分的额度应当适中，若附加保费定价过高，会导致部分客户流失，但若定价过低，又无法发挥充分应付意外事件的作用。例如，假设某保险公司为汽车保险提供了一种保险产品，依据纯费率厘定的纯保费为900元。但是，由于汽车保险涉及交通事故等风险，因此该公司决定在纯费率的基础上增加风险附加部分，额度为600元。这样，该保险产品的总保费为1500元。如果该公司将风险附加部分定得过高，如1000元，则总保费将达到1900元，可能会导致因定价过高而使部分客户流失。但是，如果该公司将风险附加部分定得过低，如200元，则总保费只有1100元，又会导致收入过低而无法应付意外事件造成的损失。综上可见，在确定风险附加部分的费率时，保险公司要权衡各种因素，使最终确定的保险费既能吸引客户，又能应付意外事件。

3. 鼓励损失预防与控制

保险费率厘定系统应鼓励被保险人进行损失控制，以减少风险。对于那些采取有效措施控制风险的保单，保险公司应该按较低费率收取保费，以鼓励风险控制。例如，在火灾保险中，如果被保险人安装了自动喷淋系统等防火设施，保险公司应对其采用较低的费率，以鼓励被保险人采取有效措施防范火灾风险。同样，在汽车保险中，如果被保险人安装了防盗器、倒车雷达等安全设备，保险公司也应对其采用较低的费率，以鼓励被保险人采取有效措施防范盗窃、交通事故等风险。

4. 维护保险公司口碑

保险费率水平应保持一定程度上的黏性特征，即保险费率应合理稳定，不应频繁调整。频繁调整费率不仅成本高昂，而且极易在客户中产生不良影响，甚至招致监管部门的干涉。例如，假设某保险公司经常调整汽车保险的费率，这会导致客户对该公司的信任度下降，认为该公司不稳定、不可靠。同时，频繁调整费率也会增加该公司的运营成本，影响其经营效益。此外，频繁调整费率还可能招致监管部门的干涉，认为该公司的经营不规范。因此，在确定保险费率时，应保持一定程度上的黏性特征，使保险费率合理稳定。

5. 保证符合监管要求

保险费率厘定应达到监管部门的要求。监管部门通过法律法规对保险费率加以限制，以确保保险费率既充足又合理。监管部门最基本的要求是，保险费率必须充足，能够支付预期损失和费用，但不能过高，不允许出现对被保险人不公正的区别对待。假设某保险公司提供了一种保险产品，其保险费率远高于市场平均水平。监管部门会对该保险费率进行审核，确保其既能支付预期损失和费用，又不过高。如果监管部门发现该保险费率过高，可能会要求该公司降低保险费率，以保护被保险人的利益。同时，监管部门还会确保该公司不会对不同的被保险人采取不公正的区别对待。

6. 确保保险业务顺利

为确保保险业务的顺利开展，保险费率的厘定应该易于理解和操作，便于保险代理人、保险经纪人和公司的高级管理人员理解，使其更好地支持保险费率，并顺利开展业务。当保险费率厘定易于实现时，保险代理人、保险经纪人和公司的高级管理人员都能够轻松理解，他们就能够更好地支持该费率，并帮助公司顺利开展业务。相反，如果该保险费率复杂难懂且不易实现，他们可能会对该费率产生疑虑，不愿意支持，从而影响公司的业务开展。因此，在厘定保险费率时，应确保其简单易懂，便于各方理解。

（二）保险费率厘定的基本原则

保险费率是保险人按照单位保险金额向投保人收取保费的标准，是计收保险费的依据。保险费率通常用千分率（‰）或百分率（%）来表示。

正如商品具有成本一样，保险费率也可以看作是保险产品的成本。与一般商品的成本有所不同，对于一般商品而言，商品生产销售的成本为已知的。但对于保险产品来说，保险产品的成本无法在出售时确定准确数值，仅当保单到期时，才能够确定保险产品的准确成品。由此可见，其他商品的价格是根据确定成本计算得到的，而保险产品的价格是根据预测的成本计算得到的，保险人对于不同保险标的未来的损失和未来的费用进行预测，然后将这些费用在不同的被保险人之间进行分配，这个过程被称为保险费率的厘定。

权利与义务对等是设计保险产品的基本要求，保险费率厘定应当遵守充分性原则、公平性原则、合理性原则、稳定灵活原则以及促进防损原则等基本原则，具体如下。

1. 充分性原则

充分性原则是指所收取的保险费应足以支付保险金的赔付、合理的营业费用、税收和公司的预期利润。这一原则的核心是保证保险人有足够的偿付能力，以便在客户发生保险事故时能够及时支付保险金。例如，如果一家保险公司承保了大量汽车保险业务，那么它需要收取足够的保险费用来支付可能发生的车祸赔偿、维修费用、人员工资等支出。同时，公司还需要留出一部分资金用于支付税收和获得预期利润。

2. 公平性原则

公平性原则是指保险费的收取应与预期的支付相对称，同时被保险人所负担的保费应与其所获得的保险权利相一致。具体而言，保费的多寡应与保险的种类、保险期限、保险金额等因素相对称。例如，风险性质相同的保险标的应承担相同的保险费率，而风险性质不同的保险标的应承担有差别的保险费率。这样可以确保每个被保险人都能够获得公平、合理的保险服务。例如，如果一位年轻人和一位老年人都购买了人寿保险，那么根据公平性原则，他们所需支付的保费可能会有所不同，因为老年人的风险性质与年轻人不同。

3. 合理性原则

合理性原则指保险费率应尽可能合理，不可因保险费率过高而使保险人获得超额利润。这意味着保险公司在制定保险费率时应考虑到客户的承受能力，避免因保险费过高而影响保险业务的发展。例如，如果一家保险公司提供的汽车保险费用过高，那么客户可能会选择其他公司的保险产品，从而导致该公司的业务受到影响。因此，合理性原则要求保险公司在厘定保险费率时应兼顾客户利益和公司利益，确保双方都能获得公平、合理的待遇。

4. 稳定灵活原则

稳定灵活性原则是指保险费率应当在一定时期内保持稳定，以保证保险公司的信誉。同时，保险费率也应随着风险的变化、保险责任的变化和市场需求等因素的变化而调整，具有一定的灵活性。例如，如果一家保险公司提供的房屋保险费率在一段时间内保持稳定，那么客户就能够更好地预测未来的支出，从而更愿意购买该公司的保险产品。但是，如果该地区发生了自然灾害等风险事件，那么保险公司可能需要调整保险费率以应对风险的变化。这样，保险公司既能够维护自身的信誉，又能够灵活应对市场变化。

5. 促进防损原则

促进防损原则是指保险费率的厘定应有利于促进被保险人加强防灾防损工作。具体而言，对于防灾工作做得好的被保险人，保险公司可以降低其保险费率；对于无损或损失少的被保险人，保险公司可以实行优惠费率；而对于防灾防损工作不达标的被保险人，保险公司可以实行高保险费率或续保加费。例如，如果一家工厂安装了先进的消防系统并定期进行消防演习，那么保险公司可能会给予该工厂更低的财产保险费率，以鼓励其继续加强防灾防损工作。

（三）保险费率厘定的一般方法

保险费率的计算方法主要有三类：分类法、观察法和增减法。

1. 分类法

分类法是一种按风险性质分类计算保险费率的方法。该方法假设风险损失是由一系列相同的风险因素作用的结果，因此，通常按一定的标志对风险进行分类，将不同的保险标的根据风险性质分别归入相应群体计算基本费率。对于同一类别的保险标的，适用相同的保险费率。这种方法常被称为手册法，因为依据该方法确定的保险费率常被载于保险手册中。

分类法在保险领域应用广泛，如在财产保险中，保险公司通常会按照房屋的建筑材料、地理位置、防火措施等因素将房屋分为不同类别，并为每一类别设定不同的保险费率。此外，按标的的使用性质分为若干类别，每一类又分为若干等级，不同等级费率水平各异，但是，在使用分类费率时，可以根据所采取的防灾防损措施而加费或者减费。在人寿保险中，年龄、性别和健康状况为基本的分类依据，保险公司则会按照投保人的年龄、性别和健康状况将投保人分为不同类别，相同年龄和健康状况被归为一类，并为每一类别设定不同的保险费率。

分类法的优点在于方便运用，适用保险费率能够快速查找到，保险公司可以根据客户的风险特征快速确定适用的保险费率，从而提高保险业务的效率。例如，如果一位客户想要购买汽车保险，那么保险公司可以根据该客户汽车的品牌、型号、使用年限等信息快速查找到适用的保险费率，并为客户提供保险报价。这样，客户就能够快速获得保险服务，而保险公司也能够更好地满足客户需求。

2. 观察法

观察法又称个别法、判断法，是按具体的每一标的分别单独计算确定保险费率的方法。利用观察法实现保险费率厘定的思想，通常是依据核保人员的经验判断，提出一个保险费率供双方协商。观察法往往用于无法使用分类法的情况，例如，当某些险种没有以往可信的损失统计资料的情况；或者随着新技术发展，很多新出现的保险标的，无法确定其作用规律的情况；抑或某些险种保险标的所处环境处于动态变化中，需要根据实时情况而定，而无法根据统一标准来定，这时只能根据个人的主观判断确定费率。例如，卫星保险，在首次发射人造卫星时，因无相应的统计资料，就只能使用观察法来确定费率。此外，观察法多用于海上保险和一些内陆运输保险，因为各种船舶、港口和危险水域的情况错综复杂，情况各异。例如，如果一艘货船要从中国运输货物到美国，保险公司通常会根据货船的类型、运输路线、货物种类等信息来确定海上运输保险的保险费率，当该货船需要经过一些危险水域时，则需要保险公司进一步利用观察法，保险费率可能会相应提高。

3. 增减法

增减法又称修正法，是基于分类法保险费率标准，结合保险标的的特征风险状况计算确定费率的方法。在使用增减法确定保险费率时，厘定过程包括两个方面：一是利用分类法确定保险费率的基准；二是依据现实情况与过往经验进行细分，在原有基准保险费率的标准上提高或者降低费率，以达到补充、修正分类费率的目的。相比于分类法与观察法，增减法能够有效考虑保险标的与外界环境风险程度的差异，更加具有促进防灾防损的作用。同时，利用增减法衡量的保险费率更能够反映个别标的的风险情况，提高保险费率厘定的准确性，更加能够体现公平负担保险费的原则。增减法的核心思想在于个别标的的风险损失数据与其他标的的风险损失数据明显不同。以增减法为保险费率厘定计算方法的，具体有三种。

1）表定法

表定法以每一风险单位为计算依据，在对每一风险单位确定一个基本费率的基础上，根据个别标的的风险状况增减修正。例如，假设一家保险公司承保了一栋商业写字楼的财产保险。在确定保险费率时，保险公司会考虑建筑物的结构、使用性质、安全设施、周围环境状况等因素。若该写字楼（建筑物）采用十分坚固的混凝土结构，且安装先进的安全设施与消防系统，那么保险公司将给予较低的保险费率。若该写字楼（建筑物）周围环境状况不佳，例如，位于地震频发带或处于气候风险暴露较为严重的区域，那么保险公司将相应提高保险费率。

由此可见，保险标的物的具体经营和操作将影响到它的风险状况。因此，表定法通常用于承保厂房、商业办公大楼和公寓等财产保险。表定法的优点在于能够切实反映标的的风险状况，促进防灾防损。但这种方法也存在一定的缺陷，例如，表定法的管理费用较高，导致其成本高，产品市场竞争优势可能无法体现，因此，容易因同业竞争而失效。

2）经验法

经验法又称预期经验法。与表定法有所不同，经验法的显著特点是，利用被保险人以往的损失经验作为历史样本，用于分析和确定下一保险周期内的保险费率。经验法通常使用过去 3 年的平均损失经验数据来确定下一保险周期内的保险费率。相对于表定法只限于对有形因素考虑的做法，经验法充分考虑了影响风险的各方因素，相对更加合理，因此，更加适用于责任保险、意外伤害险等险种的保费厘定计算。

若以 AL 代表平均损失，EL 代表适用的预期损失，RC 代表依据经验确定的可靠系数（凭借经验判断的可信程度），CF 代表修正系数，则其计算公式如下：

$$CF = \frac{(AL - EL) \times RC}{EL}$$

3）追溯法

追溯法是一种依据保险标的在保险期间的损失经验数据来确定当期保险费的方法。当保险期间终了时，根据实际经验对保险费率进行调整修正，以确保保险费的公平合理。一般情况下，保险公司会规定保险期间的最高和最低保险费。如果损失较小，则取最低保险费；如果损失较大，则取最高保险费。实际保险费一般都在最低和最高之间。

追溯法具有促进防灾防损的作用，能够更好地反映个别标的的风险情况。例如，假设一家大型企业购买了财产保险，保险公司规定了该企业在保险期间内的最高和最低保险费。在保险期间终了时，如果该企业的损失较小，那么保险公司将按照最低保险费进行结算。如果该企业的损失较大，那么保险公司将会按照最高保险费进行结算。

追溯法的运用较经验法复杂，仅适用于少数大企业。这是由于追溯法需要在保险期间终了时根据实际经验对保险费率进行调整修正，这一过程需要收集和分析大量的数据，管理成本较高。对于大型企业来说，由于其风险损失数据与其他标的的风险损失数据明显不同，使用追溯法能够更好地反映其风险情况，从而获得更公平合理的保险费率。对于中小企业来说，由于其风险损失数据与其他标的的风险损失数据相对接近，因此，使用经验法或分类法便可满足其需求，无须使用复杂的追溯法。

已知某企业意外伤害险，在过去 3 年的预期损失为 200 万元，实际损失为 150 万元，可靠系数为 60%，假设按分类法这家企业应交保险费 10 万元，那么利用经验法厘定其保险费率后，该企业意外伤害险的保费应为多少？

第一，根据经验法的修正系数公式确定修正系数：

$$M = (150 - 200) \times 60\% = -30\%$$

第二，按照经验法厘定方式的应交保险费为：

$$应交保险费 = (100\% - 30\%) \times 10$$
$$= 7（万元）$$

第三，按经验法应交保险费为 7 万元。

第二节　财产保险费率

一、财产保险费率的构成

（一）相关概念界定

1. 危险单位及危险量

危险单位又称风险单位，是费率厘定的基本单位。保险费率也常由每个危险单位的保费表示。危险单位通常是指保险标的发生一次灾害事故可能造成的最大损失范围，危险单位划分的标准是坐落于同一地点的两项或多项保险财产彼此安全区隔，即当发生于其中一项财产的保险事故时，不会同时影响另一项保险财产。如果同一地点不同保单下的保险财产受到同一保险事故的影响，那么这个保单的保险财产应合并视为一个危险单位。

危险单位中的最大损失范围以最大可能损失为判断基础，即当所有保护系统失灵，相关应急处理人员以及公共救灾机构无法提供任何有效救助的情况下，单一设施可能遭受的财产损失以及营业中断损失的合计最大金额。简而言之，最大可能损失是主动保护系统无效情景下将受到的最大损失。不同的保险项目有不同的危险单位，由于保险费率厘定依赖于对历史经验统计数据的分析和推断，因此，危险单位一经确定就不轻易改变。

> **拓展阅读**
>
> ### 汽车险的危险单位
>
> 汽车险的危险单位通常取为车年，如，当一辆汽车投保了6个月的汽车险，则该保单包含0.5个危险单位。一份为两辆汽车提供6个月保险的保单包含了1个危险单位。危险单位的设定依赖于合理性、可行性和对变化的敏感性等多个因素。以汽车险为例，行驶公里和油耗都可作为危险单位，且相比于车年更具合理性与对变化的敏感性。然而，在可行性方面，每行驶一公里的赔款和每一吨油耗的赔款的计算，比每一车年的赔款的计算困难得多。若取行驶公里和油耗作为危险单位，每单位赔付很难得到。若取车年作为危险单位，则可行性大幅提高。因此，对于汽车险，常常使用车年，而非行驶公里和油耗作为危险单位。

每张保单的总危险单位称为此保单的危险量，常见的危险量有已签危险量、已承担危险量以及有效危险量。其中，已签危险量指已签的保单在某个时间段内在签单时的所有危险单位数量，用于表示保单的总危险量。已承担危险量指各个相应时间段内已经承担责任的危险单位数量。有效危险量指在给定的时刻危险单位数量，如表3-1所示。为对比三个危险量的不同，我们以4份保险期限为12个月的汽车保单为例进行说明。由于所有保单都于2019年签订，可知，在2019年每张保单的已签危险量都是1.00，而在2020年每张保单的已签危险量都是0.00。对于在2019年4月1日签订的保单在2019年的有效期间为0.75，在2020年的有效期间为0.25。因此，在2019年和2020年的已承担危险量分别为0.75和0.25。值得注意的是，有效危险量不管剩余期限的长度，把每份到2020年1月

1 日仍然有效的以 12 个月为期限的保单计为一个完整的车年，有效危险量为 1.00。

表 3-1　一辆汽车 4 份保单的危险量

签单日期（月/日/年）	已签危险量		已承担危险量		有效危险量
	2019 年	2020 年	2019 年	2020 年	1/1/2020
1/1/2019	1.00	0.00	1.00	0.00	0.00
4/1/2019	1.00	0.00	0.75	0.25	1.00
7/1/2019	1.00	0.00	0.50	0.50	1.00
10/1/2019	1.00	0.00	0.25	0.75	1.00
合计	4.00	0.00	2.50	1.50	3.00

2. 损失和损失调整费用

损失是指已付和应付给索赔人的数额，指在一个特定时期实际已经支付给索赔人的损失。此外，面对在预期的未来将有支付发生情形的可能索赔，需要有个案准备金。事故年所有已付损失和个案准备金的总和称为事故年已发生损失。而最终损失则是包括在计算已发生损失时还没有报告到保险公司的损失。

为实现事故年的已发生损失的评估跟踪，通常采用事故年年龄来衡量，也称为进展年。事故年的年龄通常以月为单位，进展年一般以年为单位。截至某事故年的最后一天，该事故年具有 12 个月的年龄。例如，在 2021 年 6 月 30 日对事故年 2020 年已发生损失的评估被称为事故年 2020 年已发生损失在年龄 18 个月时的评估。图 3-1 是已发生损失的变化情况的图形解释，横坐标为事故年年龄（月），纵坐标为最终损失的百分比。

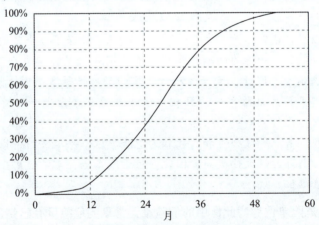

图 3-1　事故年年龄与最终损失百分比

除损失外，处理索赔的费用还包括损失调整费用。其中，与索赔直接相联系的损失调整费用为分摊损失调整费用，不直接相联系的为非分摊损失调整费用。分摊损失调整费用在厘定费率的时候常与损失放在一起作为一个整体考虑，非分摊损失调整费用包括理赔部门的内部成本。例如，雇佣外部的损失评定人员来检查与执行索赔处理的公司，此时的费用包括在索赔费用中，属于分摊损失调整费用；但若使用本公司员工进行损失评定，则将其作为内部的索赔费用，属于非分摊损失调整费用。

3. 保费

保费主要包括以下三个部分：用于支付赔款的部分，即纯保费；支付费用，如代理人佣金、管理费、理赔费等；利润与风险附加部分。其中，纯保费被定义为每危险单位的平均损失，计算公式如下：

$$P = \frac{L}{E}$$

式中，P 为纯保费；L 为最终损失，除已付和应付的损失外，还包括损失调整费用；E 为危险单位总数。

纯保费还可表示为每危险单位的索赔频率与索赔强度乘积，索赔频率是每危险单位的索赔次数，索赔强度为每个索赔的平均损失。计算公式如下：

$$P = \frac{C}{E} \times \frac{L}{C} = F_r \times D_e$$

式中，C 为索赔总次数；F_r 为索赔频率；D_e 为索赔强度。

按照危险单位的分类，保费分为已签保费、已承担保费和有效保费，其中，已承担保费也叫已赚保费。

4. 损失率

损失率是损失与保费的比值。由于损失有多类，如已付的、已发生的损失或者预测的最终损失，保费同样具有多类，如已签或已承担保费，不同的组合选择将导致不同的结果。因此，损失率的表述要求准确完整，如到事故年年龄为 12 个月的基于已付损失及已签保费的损失率。一般情况下，损失率是指基于最终损失（已付、应付的损失与损失调整费用）与已承担保费的损失率。

（二）纯保费法与损失率法

财产保险费率厘定的两种基本方法为纯保费法和损失率法。

1. 纯保费法

纯保费法通过在纯保费上附加各种必要的费用和利润得到保险费率，其公式可表示为：

$$R = \frac{P + F}{1 - V - Q}$$

式中，R 为每危险单位的费率；P 为每危险单位的纯保费，由最终损失与为危险单位总数来确定；F 为每危险单位的固定费用；V 为可变费用因子；Q 为利润因子。

2. 损失率法

损失率法是根据损失率计算费率的调整幅度，即费率调整因子，并对当前费率进行调整得到保险费率，计算公式为：

$$R = f(AR_0)$$

式中，R 表示指示费率；R_0 表示历史费率；A 表示费率调整因子。

3. 纯保费法与损失率法的关系

从厘定方法的结果上分析，纯保费法与损失率法是等价的，但由于计算过程所需要的指标不同，故适用的范围不同。

纯保费法是建立在每个危险单位的损失基础上的，需要严格定义的危险单位。若危险单位不知道或各危险单位间有差异，则纯保费法不适用。

损失率法计算的是当前费率的变化，故需要费率和保费的历史记录。对于新业务的费率厘定，只能使用纯保费法。如果没有任何的统计数据可用，则这两种方法均不适用。由于损失率法所需要的指标数据较多，因此，纯保费法适用性更广。

二、财产保险费率的厘定

（一）财产保险费率厘定的基本步骤

财产保险费率包括纯费率与附加费率，因此，在财产保险费率厘定中，应分别计算纯费率与附加费率，并将最终结果加总便得到财产保险费率。本小节以损失率法的厘定思想，简单介绍财产保险费率厘定的基本步骤。这里的保险费率调整因子定义为保额损失率的方差。以某保险公司 10 年历史数据的统计资料为各指标计算依据。

首先，应确定纯费率。为简化说明财产保险费率厘定的基本步骤，本小节中利用保额损失率与其均方差之和确定纯费率，即纯费率＝保额损失率±均方差。保险公司该险种 10 年的保险损失率如表 3-2 所示。

表 3-2　某保险公司 10 年保额损失率

年度	2011	2012	2013	2014	2015	2016	2017	2018	2019	2020
保额损失率 x_i	6.1	5.7	5.4	6.4	5.8	6.3	6.0	6.2	5.9	6.2

其中的 x_i（$i=1$，2，$\cdots$，n）代表不同使其的保额损失率，表示年限。则平均损失率为：

$$\bar{x} = \frac{\sum_{i=1}^{n} x_i}{n}$$

$$= \frac{6.1 + 5.7 + 5.4 + 6.4 + 5.8 + 6.3 + 6.0 + 6.2 + 5.9 + 6.2}{10}$$

$$= 6.0$$

均方差能够反映出保额损失率与平均损失率的相差水平，利用各年损失率与平均损失率离差平方和均值的平方根计算得到，具体计算公式如下：

$$\sigma = \sqrt{\frac{\sum_{i=1}^{n} (x_i - \bar{x})^2}{n}}$$

根据均方差衡量损失率的波动情况，根据上述 10 年损失率数据以及均方差计算公式，可计算历史各年度的与均值的差异水平，如表 3-3 所示。

表 3-3　某保险公司 10 年保额损失率均方差

年度	保额损失率 x_i	离差 $(x_i - \bar{x})$	离差平方 $(x_i - \bar{x})^2$
2011	6.1	0.1	0.01
2012	5.7	−0.3	0.09

续表

年度	保额损失率 x_i	离差 $(x_i - \bar{x})$	离差平方 $(x_i - \bar{x})^2$
2013	5.4	−0.6	0.36
2014	6.4	0.4	0.16
2015	5.8	−0.2	0.04
2016	6.3	0.3	0.09
2017	6.0	0	0
2018	6.2	0.2	0.04
2019	5.9	−0.1	0.01
2020	6.2	0.2	0.04
平均	6.0	0	0.84

保额损失率的均方差为：

$$\sigma = \sqrt{\frac{0.84}{10}} = 0.29$$

保额损失率及其均方差的单位均为‰。

根据保险损失率确定稳定系数，稳定系数用于衡量期望值与实际结果的密切程度。稳定系数越低，则保险经营稳定性越高；反之，稳定系数越高；则保险经营稳定性越低。经营良好的保险公司一般取值在 10%~20%。计算公式为：

$$V_{\sigma} = \frac{\sigma}{\bar{x}}$$

$$= \frac{0.29}{6}$$

$$= 4.83\%$$

可见该保险经营稳定性很高。纯费率为保险损失额±均方差，根据不同概率估计水平，纯费率的数值存在差异，当以 68.27% 的概率估计时，纯保费率为 $(\bar{x} - \sigma, \bar{x} + \sigma)$；当以 95.45% 的概率估计时，纯保费率为 $(\bar{x} - 2\sigma, \bar{x} + 2\sigma)$；当以 99.73% 的概率估计时，纯保费率为 $(\bar{x} - 2\sigma, \bar{x} + 2\sigma)$。考虑到其稳定系数低于 10%，则纯费率选择 68.27% 的概率估计，纯费率 = 6.0+0.29 = 6.29‰。

其次，确定附加费率。附加费率包括营业费率、营业税率以及营业利润率，其中，营业费率为营业费用/保费收入，营业税率为营业税/保费收入，营业利润率为营业利润/保费收入。附加费率为纯费率×（附加保费/纯保费）×100%。

最后，确定财产保险的毛费率，即纯费率+附加费率。以上述数据举例，若附加保费为 100，纯保费为 500，则附加费率为纯费率×（100/500）= 6.29×0.2 = 1.258‰，毛费率为 6.29‰+1.258‰=7.548‰。

（二）财产保险费率厘定注意事项

在财产保险费率厘定中，需要确保经验损失与正在使用的危险单位和保费相一致，若数据中观察到不一致，需要进行相应的调整。

1. 经验期的选择

在费率厘定的过程中，损失经验期的选择需要结合统计学和主观判断。一般来说，最近期的损失经验数据能够更好地代表当前状况，但同时也可能包含更多未付损失，从而在预测损失时带来误差。此外，当业务涉及灾害性损失时，经验期必须足够长，以便能够代表灾害的平均发生率。例如，在易出现台风的地区，风暴险项目的经验期必须足够长，才能准确反映龙卷风的发生频率。而且，经验期必须包含足够的损失经验数据，以使结果具有统计可信性。这是一般统计推断应遵循的原则，在厘定费率时也应遵循这一原则，不能使用过少的损失经验数据。

2. 保险标的的风险

在财产保险费率厘定的过程中，也应当充分考虑再保险因素。再保险用来降低保险人面临巨大损失的单个或聚合风险，费率的分析要基于再保险之前的保费和损失数据。当再保险的成本很大时，再保险费经常作为费用准备的一个独立部分。例如，如果一家保险公司承保了一项大型工程项目，该项目可能面临巨大的风险，该公司可以通过购买再保险来分散风险。在这种情况下，再保险费用作为费用准备的一个独立部分，以确保公司能够承担潜在的损失。

3. 考虑保险项目的差异

当承接一项保险业务时，各个主要的保险项目应该分别处理。例如，房屋险保单下的责任经验损失数据通常是与财产经验损失数据分开考察的，汽车碰撞数据也是根据免赔额的大小分开分析的。不仅各项目的经验损失数据要分开考察，而且保险费和危险单位数据理论上也要分离。注意，在实务操作过程中也需要考虑均衡合理性与可行性。

4. 提高限额时的处理方法

在财产保险的责任险中，每份保单通常会规定一个限额，每当索赔发生时，保险公司的赔付不超过限额。保险公司通常会对同样的标的提供不同的限额，供投保人选择。最低的限额叫基本限额，其他限额叫提高限额。对于责任险费率的厘定应先确定基本责任限额的费率，然后厘定出提高限额因子。更高限额的费率等于基本限额费率乘以提高限额因子。

提高限额因子随时间变化。另外，当通货膨胀影响购买力时，投保人一般会倾向于购买有更高限额的保险产品。因此，在费率的厘定过程中，应该将不同限额下的保险费和损失调整到基本限额的基础上。

第三节　人寿保险的保费

人寿保险是以人的生命为保险标的的一种保险，是以保险人的生存或死亡为给付条件的人身保险，也常简称为"寿险"。人寿保险的保险费是由多种因素决定的。这些因素包括被保险人的年龄、健康状况，保险类型和保额。例如，年轻人的保险费通常比老年人低，健康状况良好的人的保险费通常比健康状况不佳的人低。此外，对于不同类型的人寿保险，保费也会有所区别，并且保险金额越高，保险费也就越高。

一、人寿保险的保费构成

（一）人寿保险的保费概述

人寿保险的保费是指投保人向保险公司支付的一笔费用，作用是获得人寿保险的保障。这笔费用通常是定期支付的，如每月、每季度或每年支付一次。人寿保险的保费由两部分构成：纯保费和附加保费。纯保费是用于支付理赔款的风险保费和保险公司投资产生收益的储蓄保费，其费率厘定基于预定死亡率与预定利率。附加保费则包括用于销售渠道的佣金等渠道费用，用于广告投放、员工工资、水电场地成本的运营成本等保险经营过程中的各种费用开支，以及公司预留利润。纯保费与附加保费总和构成了营业保险费，即营业保险费=纯保费+附加保费。

与财产保险有所不同，人寿保险的期限较长，费用比较复杂，有些费用只在保单第一年存在，如首年佣金和首年奖金等，有些费用则分摊于保险的整个期间，如管理费和续期佣金等。此外，有些费用可表示为固定常数，如固定的管理费；而有些费用表示为保费或保额的一定比例，如按照保费或保额比例计算的佣金。这些不同类型的费用共同构成了人寿保险的总费用。

在人寿保险的费率厘定过程中，毛保费和均衡纯保费为更加常见的概念。实际上，毛保费即为人寿保险保费的概念，包括纯保费与附加保费。而均衡纯保费是指根据预定利率、预定死亡率计算出来的一种理论上的净保费，是一种理论概念，用来帮助精算师确定毛保费中纯保费所占比例。均衡纯保费是毛保费中纯保费的理论值，而实际上纯保费可能会因为各种原因与均衡纯保费有所不同。从概念上来看，均衡纯保费是指保险人将人的不同年龄的自然保险费结合利息因素，均匀地分配在各个年度，使投保人按期交付的保险费整齐划一，处于相同的水平。纯保费是指用于支付理赔款的风险保费和保险公司投资产生收益的储蓄保费。例如，假设王先生购买了一份人寿保险，每年需要支付1 000元的保费。其中，纯保费约占600元，用于支付理赔款。如果投保人选择了均衡纯保费，则这600元会在每个年度均匀分配，使投保人每年支付的纯保费都相同。

在实务中，人寿保险大都采用均衡保险费的方法，故纯保费部分可进一步分解为危险保费和储蓄保费两部分。危险保费是用来支付当年保险金的给付；而储蓄保费是纯保费中扣除危险保费后的剩余部分，这部分保费逐年以复利累积，用来弥补未来年份保费收不抵支的不足部分。例如，在一份每年需要支付1 000元的人寿保险中，纯保费占600元，用于支付理赔款。这600元中，可能有400元是危险保费，用于支付当年的理赔款；剩下的200元是储蓄保费，逐年以复利累积，用来弥补未来年份保费收不抵支的部分。

（二）人寿保险的保费确定原则

人寿保险保费确定的实质是在不同缴费方式下的保险费匹配不同保险事故对应的保险面值和各项经营费用。收支平衡是寿险保费计算的基本原则，具体包括三个方面的内涵。

（1）寿险保费收支平衡从保险人的角度看，是指保险人收取的保费总额与保险人给付的保险金和支出的各项经营费用保持平衡；从投保人的角度看，投保人支付的保费应当与获得的保险保障或服务保持平衡。

（2）寿险保费收支平衡是精算意义上的平衡。在人寿保险中，保费的收支平衡关系需要建立在投保生效的时点上，收支平衡并不是简单地使收取的总额等于支付总额，或者使保费总额等于保险面值。在现实中，保险金给付与保费缴纳总是分离的。为达到收支平衡，并实现对其数值大小的比较，必须将分离的货币额折现到一个可比点或可比日，才能判断它们的大小，而且在折现中，还要涉及利率及生存概率，所以这种折现不是简单的货币折现，而是精算意义上的折现。因此，收支平衡是精算意义上的平衡。

（3）人寿保险的保费精算现值等于保险金额的精算现值加上各项业务费用的精算现值。保费精算现值由纯保费精算现值和附加保费精算现值两部分组成。因此，可以得到以下等式：

纯保费精算现值+附加保费精算现值=保险金精算现值+各项业务费用精算现值

根据这个等式可知，纯保费精算现值等于保险金的精算现值，而附加保费精算现值等于各项业务费用的精算现值。

（三）人寿保险的保费分类

1. 根据保费内容分类

根据保费内容可将人寿保险保费分为纯保费与附加保费。纯保费包括保险责任事故危险性评估以及保险基金的利息收入评估；附加保费是保险公司在业务管理上可能遇到的费用的评估，如工资、租金等各项开支合理地平摊到各项业务的估计。

2. 根据保费厘定方法分类

根据保费厘定方法，可将人寿保险保费分为自然纯保费、趸缴纯保费、均衡纯保费。

1）自然纯保费

自然纯保费是指分别以各年岁的死亡率为基础所确定的该年岁的保险费，其计算公式为：自然纯保费=死亡概率×保险金额×单位现值。

自然纯保费是以每年更新续保为条件，签订一年定期保险合同时各年度的纯保费。由于人在每一年岁的死亡率都不相同，而且死亡率会随着人年龄的增长而增高，所以各年岁的保险费就必须跟随人年龄的增长而增加。因此，保险人在制定保险费的收取标准时，就会按照自然纯保费来逐年增加保险费。其中，死亡率资料通常来自统计数据，如人口普查数据或医疗机构提供的数据。基于这些数据，保险公司确定不同年龄段人群的死亡率，并确定相应的自然纯保费。由中国人寿生命表特征可知，随着年龄增长，死亡率的分布情况为：男性和女性均在10岁左右死亡率最低。此后，死亡率随着年龄增长呈上升趋势。例如，50岁时，男性死亡率为5.26‰，女性为3.28‰，而85岁时，男性死亡率上升至130.4‰，女性上升至104.3‰。相应地，保费也分别由每千元5.26元和3.28元上涨至130.4元和104.3元。由此可以看出，随着年龄的增长，保费随之上涨较快，不利于老年人续保，因此自然纯保费只适用于青壮年，不适合老年人与长期寿险。

2）趸缴纯保费

趸缴纯保费是指投保人在保险开始时向保险公司一次性缴清全部应缴的保险费。这种缴费方式通常用于长期寿险合同，投保人将保险期间应缴付保险人的纯保费一次性全部缴清。如果将各年应缴的自然纯保费折算为投保时的现值总额，则这个现值总额即为趸缴纯保费。在年金保险业务中，保险公司要求投保人在年金给付开始前付清全部年金现价，年金现价即为年金保险的趸缴纯保费。除年金保险外，其他保险业务较少出现投保人一次性缴清保费。相比于其他保费形式，趸缴纯保费手续简单，可以避免后续断缴或忘缴而造成保单失效。此外，如果现金流不稳定，可以考虑趸缴。一次性交完保费便可免除后顾之忧，规避了当收入锐减时，无法保障保费正常缴纳的风险。当然，趸缴纯保费形式的弊端也很明晰，趸缴纯保费形式需要一次性缴纳大额保费，会对投保人造成较重经济负担。另外，还无法享受保费豁免待遇，保费豁免待遇要求投保人在缴费期尚未满就出险。此外，还不可事后追加附加险，仅当投保主险且主险在交费期间内，方可投保附加险。

3）均衡纯保费

均衡纯保费是指保险人将人的不同年龄的自然保险费结合利息因素，均匀地分配在各个年度，使投保人按期交付的保险费整齐划一，处于相同的水平。相比于自然纯保费和趸缴纯保费，均衡纯保费方式能够使投保人按期交付的保险费整齐划一，处于相同的水平，方便投保人规划财务。此外，由于均衡纯保费结合了利息因素，可以更好地反映投保人实际承担的风险。均衡纯保费形式同样存在缺点，如计算相对复杂，需要考虑利息因素。而且，由于均衡纯保费是将不同年龄的自然保险费均匀地分配在各个年度，可能导致投保人在年轻时承担较高的保费负担。

尽管均衡纯保费存在计算复杂、年轻时承担较高保费的缺点，但它克服了自然纯保费与趸缴纯保费缴付形式的不足，使投保人可承担；同时，也使保险人易于开展保险业务。因此，均衡纯保费制度极大地促进了寿险业务的发展。

二、人寿保险费的计算基础

(一) 生命表

生命表，又称死亡表或寿命表，是根据一定时期内特定国家、地区或特定人口群体的生命统计资料，经整理、计算编制而成的统计表。生命表中最重要的内容是每个年龄段的死亡率。死亡率受到许多因素的影响，主要包括年龄、性别、职业、习性、以往病史和种族等。在设计生命表时，通常只考虑年龄和性别两个因素。生命表在人口理论研究、社会经济政策制定、寿险公司保险费及责任准备金计算等方面都有着重要作用。

生命表基于特定数目的生存群体数据得到，故在生命表函数中需要明确一些重要变量（生存人数为 l_x，死亡人数为 d_x，生存人年数 L_x，累积生存人年数 T_x）。

1. 生存人数与死亡人数

以新生儿的死亡年龄概率分布为例，假设存在一组数量为 l_0 的新出生婴儿样本，其样本中每个新生儿的死亡年龄具有独立同分布特征，其分布函数由 $s(x)$ 描述，记 $L(x)$ 为本组新生婴儿的生存年龄 x 总人数，有：

$$L(x) = \sum_{j=1}^{l_0} I_j(x)$$

$$I_j(x) = \begin{cases} 1, & \text{当第 } j \text{ 个婴儿在 } x \text{ 岁仍然活着，} j = 1, 2, \cdots, l_0 \\ 0, & \text{其他} \end{cases}$$

在 $I_j(x)$ 函数中，当 $I_j(x)$ 等于 1 时，表示当第 j 个新生婴儿在 x 岁时仍处于生存状态。进一步有：

$$E[I_j(x)] = 1 \cdot s(x) + 0 \cdot [1 - s(x)] = s(x)$$

$$E[L(x)] = E\left[\sum_{j=1}^{l_0} I_j(x)\right] = \sum_{j=1}^{l_0} E[I_j(x)]$$

$$= \sum_{j=1}^{l_0} s(x)$$

记 $l_x = E[L(x)]$，则 $l_x = l_0 s(x)$，表示数量为新生婴儿能活到 x 岁的期望人数。同样，用 $_nD_x$ 代表 l_0 个新生婴儿在 x 岁至 $x+n$ 岁之间死亡人数的随机变量，新生婴儿在 x 岁至 $x+n$ 岁之间死亡概率为 $[s(x) - s(x+n)]$。用 $_nd_x$ 表示 $_nD_x$ 的期望，则有：

$$_nd_x = E(_nD_x) = l_0[s(x) - s(x+n)]$$
$$= l_x - l_{x+n}$$

当 $n = 1$ 时，有：

$$d_x = l_x - l_{x+1} \quad (x = 0, 1, 2, \cdots, \omega)$$

2. 生存人年数与累积生存人年数

生命表中年龄为 x 岁的生存人数 l_x 在一年内（x 至 $x+1$）的生存人数，记作 L_x，有：

$$L_x = \int_0^1 l_{x+t} dt$$

假设每个生存着的存活年龄 X 在 $[x, x+1]$ 上服从均匀分布，则有：

$$l_{x+t} = l_x - td_x \quad (0 \le t \le 1)$$

在生命表中，x 岁以后各年龄的生存人年数的总和成为累积生存人年数，记为 T_x，有：

$$T_x = L_x + L_{x+1} + \cdots$$
$$T_x = \int_0^{+\infty} l_{x+t} dt$$

3. 平均余命

生命表中年龄达到 x 岁的人数为 1，其以后生存的平均年数统称为 x 岁时的完全平均余命，记为 $\overset{\circ}{e}_x$，计算公式如下：

$$\overset{\circ}{e}_x = \frac{T_x}{l_x} = \int_0^{+\infty} \frac{l_{x+t}}{l_x} dt = \int_0^{+\infty} {_tp_x} dt$$

$$= (t \cdot {_tp_x}) \mid_0^{+\infty} + \int_0^{+\infty} t {_tp_x} \mu_{x+t} dt$$

$$= E[T(x)]$$

0 岁时的完全平均余命是 $\overset{\circ}{e}_x$ 平均预期寿命。

4. 平均生存函数

当上述这组新生婴儿年龄处于在 x 与 $x+1$ 之间，其在这一年中的平均生存年数 $a(x)$ 为：

$$a(x) = \frac{\int_0^1 t l_{x+t} \mu_{x+t} dt}{\int_0^1 l_{x+t} \mu_{x+t} dt}$$

$$= \frac{L_x - l_{x+1}}{l_x - l_{x+1}}$$

则可以得到如下关系：

$$L_x = a(x) l_x + [1 - a(x)] l_{x+1}$$

上述公式表示新生婴儿在 x 与 $x+1$ 年之间的平均生存年数达到 x 的总人数。

（二）生存年金

生存年金是指以一定时间为周期持续不断地按预先约定的金额进行一系列的给付，且这些给付必须以原指定的被保险人的生存为前提条件，当被保险人死亡或预先约定给付期届满时，给付结束。生存年金通常用于为退休人员提供稳定的退休收入，投保人在购买生存年金时，需要向保险公司支付一笔保费，然后在退休后按照约定的时间间隔，如每月、每季度或每年领取年金。

在生存年金中，保险的期望现值称为精算现值。在精算过程中，除了考虑利率外，还需要考虑死亡率等因素。在生存年金中，保险金额为 1 单位的 n 年生存保险的精算现值 $_nE_x$ 为：

$$_nE_x = v^n{}_np_x$$

生存年金精算现值的计算包括现时支付法和总额支付法两种方法。现时支付法的计算步骤为：①计算时刻 t 生存年金的给付数额。②计算时刻 t 给付金额当期的年金现值。③对计算得到的精算现值进行积分。总额支付法的计算步骤为：①计算从开始支付到停止支付的时期 t 内年金的给付现值。②计算年金现值与死亡概率的乘积，并根据时间 t 求积分。

1. 离散型生存年金

离散型生存年金是指年金领取人每次领取年金的时间间隔是离散的，一般按每年、每半年、每季度或每月来进行领取。离散型生存年金分为"期初付"和"期末付"，大多数个人寿险的保险费是按照期初付生存年金的方式分期缴纳保险费的。"期初付"和"期末付"的区别在于，当投保人购买了一份期初付生存年金，保险公司承诺在被保险人退休后每季度向被保险人支付一笔固定金额的年金，这意味着被保险人在退休后的每个季度开始时都会收到一笔年金。相比之下，如果投保人购买了一份期末付生存年金，则被保险人在退休后的每个季度结束时才会收到一笔年金。

2. 连续型生存年金

连续型生存年金是指年金领取人每次领取年金的时间间隔是连续的，连续不断地支付的生存年金。与离散型生存年金不同，连续型生存年金不会在特定时间点进行支付，而是以连续的方式进行支付。连续型生存年金在实际保险业务中不存在，但在年金的理论分析和保费厘定中具有广泛应用。

（三）人寿保险的均衡纯保费

人寿保险的纯保费是以预见死亡率和预见年利率为基础。根据未来给付保险金额计算得到，且满足未来给付保险金融现值的期望等于缴纳纯保险的现值。在人寿保险保费的计算过程中，不仅应包含给付金额，而且应明确以何种方式缴纳保费。根据保险给付与缴费方式，人寿保险保费厘定方式包括全离散式、全连续式和半连续式。

1. 全离散式寿险模型的均衡纯保费

全离散式寿险模型的均衡纯保费，也称年缴纯保费，是指将总纯保费分若干年缴付，且每年所缴纳的数额相同。第一次保险费在签单时缴付，以后每年的保费在被保险人生存的条件下，每隔一年缴付一次，直至被保险人死亡或合同规定的缴费期届满时结束，而死亡保险金于被保险人死亡的保单年度末支付。这种寿险模型是寿险实务的基础，对推动精算理论的发展起着重要作用。

终身寿险根据缴费方式不同可分为普通终身寿险、限期缴费终身寿险、趸缴保费终身寿险。普通终身寿险是指按年终身缴纳保险费，死亡保险金在被保险人死亡的保单年度末支付的终身寿险。限期缴清终身寿险是在规定期限内，按年缴费直到被保险人死亡或期限截止。趸缴纯保费终身寿险是指在签单时一次将保费缴清的终身寿险。

2. 全连续式寿险模型的均衡纯保费

全连续式寿险模型的均衡纯保费是指被保险人从保单生效起按年连续缴付保费，死亡即刻给付的终身人寿保险的年缴纯保费。全连续式寿险模型的均衡纯保费分为终身寿险的年缴纯保费、其他寿险模式下的年缴纯保费、死亡均匀分布假设下的年缴纯保费。

3. 半连续式寿险模型的均衡纯保费

半连续式寿险模型是保险业务中最为常见的保险模型，人寿保险的死亡给付通常在被保险人死亡时支付，且保费根据期初生存年金缴纳，较为贴合实际，具有较强实用性与可操作性。半连续式寿险模型结合了全连续式寿险模型与全离散式寿险模型的优点，其纯保费的计算方式与全连续式寿险模型相似。

案例

> 人寿保险费率厘定是一个复杂过程，涉及多方因素，下面用一个简单的案例来熟悉人寿保险保费厘定的过程。假定有一家公司要购买保额为100万元的终身寿险，而保险公司需要为每位投保人确定缴纳的保费金额。
>
> 针对这个问题，保险公司应首先考虑预定死亡率，根据生命表确定不同年龄段人群的死亡率。以30岁男性为例，死亡率为每1 000人死亡1.73人。其次，保险公司还需要考虑预定利率。这是保险公司预期投资收益的利率，假设预定利率为5%。此外，保险公司需要考虑预定费用率，包括保险公司在经营过程中的各种费用开支，如房租、水电、人员工资和销售佣金等。根据以上信息，再结合实际业务情况，保险公司可以计算出纯保费，使其总额与保险金给付总额达到平衡。假定纯保费为8 000元，附加保费为2 000元，则该投保人应缴纳的总保费为10 000元。

第四节　保险责任准备金

一、保险责任准备金的含义

保险责任准备金（Insurance Reserves）是保险公司根据保险法律相关规定为在保险合同有效期内履行赔偿或给付保险金义务而在保险费中提存的各种资金准备。为了满足兑现保险合同约定的承诺，保险公司必须提存各种责任准备金，即当发生合同约定的保险事件时，保险公司有能力向被保险人或受益人支付保险金。《保险法》对保险公司责任准备金有明确的规定与要求。例如，《保险法》第九十八条规定："保险公司应当根据保障被保险人利益、保证偿付能力的原则，提取各项责任准备金。保险公司提取和结转责任准备金的具体办法，由国务院保险监督管理机构制定。"在保险保障基金的提取和使用方面，《保险法》第一百条规定："保险公司应当缴纳保险保障基金。保险保障基金应当集中管理，并在下列情形下统筹使用：①在保险公司被撤销或者被宣告破产时，向投保人、被保险人或者受益人提供救济；②在保险公司被撤销或者被宣告破产时，向依法接受其人寿保险合同的保险公司提供救济；③国务院规定的其他情形。保险保障基金筹集、管理和使用的具体办法，由国务院制定。"根据我国会计制度对总准备金的规定，在资产负债表中，总准备金属于净值的一部分，保险保障基金属于负债的一部分。

责任准备金通常分为未到期责任准备金、未决赔款准备金和总准备金。但我国常将其分为未到期责任准备金、未决赔款准备金和保险保障基金。我国保险责任准备金因险种的性质不同而不同，通常分为非寿险责任准备金和寿险责任准备金两类，如图3-2所示。

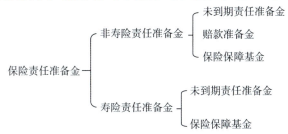

图3-2 保险责任准备金分类

保险公司业务范围

《保险法》第九十五条给出了保险公司业务范围的详细规定，其中所指的人身保险业务包括人寿保险、健康保险、意外伤害保险等保险业务，财产保险业务包括财产损失保险、责任保险、信用保险、保证保险等保险业务，以及国务院保险监督管理机构批准的与保险有关的其他业务。保险人不得兼营人身保险业务和财产保险业务。但是，经营财产保险业务的保险公司经国务院保险监督管理机构批准，可以经营短期健康保险业务和意外伤害保险业务。保险公司应当在国务院保险监督管理机构依法批准的业务范围内从事保险经营活动。

二、非寿险责任准备金

（一）非寿险责任准备金概述

1. 非寿险责任准备金的概念

保险公司的经营属于负债经营，具有业务收入先于赔款支出的特点。根据大数法则，保险公司通过承保大量同类风险保单，管理和运作客户预先缴纳的保费形成的保险基金，以分散风险、分摊损失并获取利润。但是，保险公司对客户的负债具有很大的不确定性。对于未到期或未终止的保险合同，无法确定在保险期间内是否会发生保险事故，即使发生了保险事故，也不一定能快速确定最终理赔金额和结案时间。因此，保险公司必须定期评估这些未了责任。

非寿险业务是指除人寿保险以外的保险，包括财产损失保险、责任保险、信用保险、保证保险、短期健康保险和意外伤害保险等，以及上述保险的再保险业务。非寿险责任准备金是指经营非寿险业务的保险公司对其所承保的有效保单未了责任评估后的资金准备。对不同的评估时点而言，它是对该有效非寿险保单所承担的未了责任大小的最佳估计。例如，一家经营财产损失保险业务的保险公司，可能会承保大量房屋火灾保险。在评估时点，该公司需要对这些房屋火灾保单进行评估，确定其未了责任大小。这一过程可能会考虑诸如火灾发生概率、房屋价值等因素，最终才能确定该公司需要为这些房屋火灾保单准备的非寿险责任准备金。

2. 非寿险责任准备金的构成

非寿险责任准备金的划分是以评估日为界进行的。保险公司通常以每年的最后一天，即每年的 12 月 31 日作为会计评估日，对保险业务进行评估核算并编制相应的报表，以评估日为界评估一张有效保单是否发生保险事故，于是，保险责任准备金被分为未到期责任准备金和赔款准备金。

1）未到期责任准备金

对于评估日未发生保险事故的有效保单，保险公司在本年度不需要承担任何赔款支付。关于已收取的所有保费收入，是否能全部作为已获取利润入账需以评估时点为界，应从两个方面进行分析：一方面，如果覆盖从保单生效日到评估时点这段时间，称为"已赚保费"；另一方面，如果覆盖从评估时点到保单到期日这段时间，称为"未赚保费"。后者即在评估日和保单到期日之间的任一时刻均有发生保险事故的概率，保险公司在评估日必须承担未来保险事故可能发生引起的责任，以及相应存在的可能面临退保的风险。因此，评估日至保单到期日之间的保费不应作为利润直接入账，而应在评估日提取相应的准备金，以反映在评估时点保险公司所应承担的责任。这部分准备金称为保费责任准备金，也称为未到期责任准备金。保单各时点情况如图 3-3 所示。

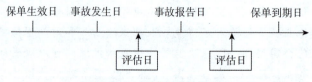

图 3-3　保单各时点情况

2）赔款准备金

对于已发生保险事故的有效保单，在未结案之前，保险公司需要准备向保单持有人履行赔付责任并承担赔付过程中所发生的费用。这些统称为赔款准备金，包括未决赔款准备金和理赔费用准备金。

其具体分为以下几种情况：①当评估日在事故发生日与事故报告日之间，保险公司评估日不知晓事故发生，但需要对已发生未报案（或报案延迟）承担责任，这种准备金称为已发生未报案的未决赔款准备；②当评估日处于事故报告日后，保险公司收到赔案报告，但由于赔案延迟，需要经过勘查、确定赔付金额后方能进行赔付，对于处于已报案但未完全赔付状态的赔案，保险公司必须计提相应的准备金，这种准备金称为已发生已报案未决赔款准备金；③在处理赔案的过程中产生的其他额外的相关费用，也要计提准备金，称为理赔费用准备金。理赔费用准备金可进一步分为直接理赔费用与间接理赔费用，直接理赔费用是直接发生于具体赔款的费用，如专家费、律师费、损失检验费等，需计提直接理赔费用准备金；间接理赔费用为不直接发生于具体赔案的费用，如理赔员工的薪酬等。

总之，根据有效保单在评估日是否已经发生保险事故，可分为未到期责任准备金和赔款准备金。其中，赔款准备金分为未决赔款准备金和理赔费用准备金。

（二）非寿险责任准备金的评估

1. 未到期责任准备金评估

按照保险期限长短，通常可将保险合同划分为长期与短期，长期合同即为一年以上的合同，短期合同则是一年以内的合同。不同期限保险合同的风险分布存在较大差异，无法一概而论。考虑到非寿险业务大多为一年期，故本书按照短期合同的评估方法介绍未到期责任准备金的评估方法。根据非寿险的风险分布情况，适用于未到期责任准备金的评估方法包括比例法和风险分布法。

1）比例法

在采用比例法对责任准备金进行评估时，首先假定保费是均匀流入的，所承保风险在整个保单期间服从均匀分布，未到期责任准备金与未经历的保险期间长度成正比。根据假设的不同，比例法又可以分为年比例法、季比例法、月比例法和日比例法。

年比例法，又称为1/2法，假定每年的保费收入均匀流入，因此可近似地认为所有承保保单从年中开始生效，每张保单在年底只能赚到当年保费的一半。以1年期保单为例，若采用1/2法评估2022年业务在2022年12月31日的未到期责任准备金，则未到期责任准备金为1/2×当年保费收入。

季比例法，又称为1/8法。若采用1/8法评估1年期的未到期保险责任准备金，有：

$$\left(\frac{2m-1}{8}\right) \times P$$

式中，P为第m个季度的保费收入，$m=1$，2，3，4。

月比例法，又称为1/24法。若采用1/24法评估1年期的未到期责任准备金，有：

$$\left(\frac{2m-1}{24}\right) \times P$$

式中，P为第m个季度的保费收入，$m=1$，2，3，4。

日比例法，又称为1/365法，是根据实际保单的承保期限，以日为基础逐单对未赚保费准备金进行评估的方法。这一方法无须任何假设，精确度最高，计算公式如下：

$$W_i = \frac{w_{id} - v_{ib}}{w_{id} - w_{ic}} \times P_i$$

式中，W_i为第i张保单的未赚保费准备金；P_i为第i张保单的保费收入；v_{ib}为评估日；w_{id}和w_{ic}分别为第i张保单的保险止期和保险起期。

在实务中，前三种方法的要求较为严格难以达到，且从准备性来看，相比于年比例法、季比例法，月比例法精度较高。此外，日比例法无须假设，且精度较高，是所有方法中最优的评估方法，但其也存在计算量大、对保险公司数据系统要求高的问题。我国保险法规定，对于机动车第三者责任险，必须采用日比例法计提未到期责任准备金。

2）风险分布法

在实际保险业务中，风险分布能够满足服从均匀分布的情况较少，大多数情况无法满足均匀分布要求，尤其当历史数据量也无法满足要求时，比例法的评估效果将大打折扣。对此，需对风险的分布情况进行分析，寻找合适的方法。常见方法有七十八法则、逆七十八法则和流量预期法。

七十八法则假设自保险起期开始，风险分布呈每月递减的趋势，从倒数第1个月往前，依次为1，2，3，…。逆七十八法则则相反，假设保险分布呈每月递增的趋势，从第1个月往后，依次为1，2，3，…。表3-4直观地呈现出了二者的区别。

表3-4　七十八法则与逆七十八法则

距离保险起期的第几个月	已赚保费比例	
	七十八法则	逆七十八法则
1	12/78	1/78
2	11/78	2/78
3	10/78	3/78
4	9/78	4/78
5	8/78	5/78
6	7/78	6/78
7	6/78	7/78
8	5/78	8/78
9	4/78	9/78
10	3/78	10/78
11	2/78	11/78
12	1/78	12/78

 拓展阅读

七十八法则

七十八法则，又称年数合计法，是贷款时用以计算还款时利息与本金比例的方法。在还款期的早段，利息的占比将较高，并随时间逐渐降低，故对提早还款者不利。"七十八"或者"年数合计"是指在一笔整笔借出，分十二期偿还的贷款中，贷款方将整笔贷款应付的总利息切割为1+2+3+…+12 =78份，借款人需在第一期还款时偿还12份利息，在第二期还款时偿还11份利息，以此类推，直到在最后一期还最后1份利息；由于1~12的数字总共加起来是78，故名"七十八法则"。现实生活中，贷款通常每月偿还，若该笔贷款为期一年并采每月偿还的做法，1至12的总和即可理解为一年中所有月份数字相加的总数，故又名"年数合计"。逆七十八法则与其相反，假设保险分布呈每月递增趋势。

流量预期法是指以承保业务的实际风险分布为基础，根据风险比例来确定未赚保费准备金的方法。流量预期法认为，基于历史经验数据，假设某险种的风险分布和已赚保费比例已知，则相应的未赚保费比例也可以计算出来。该方法更适合风险分布不均的险种，例如，信用保险或保证保险，但其依赖于经验数据与假设，主观性很强，不利于监管。

2. 未决赔款准备金评估的方法

根据评估时点和已发生事故报告日间的关系，可将未决赔款准备金划分为已发生未报案未决赔款准备金和已发生已报案未决赔款准备金。已发生未报案未决赔款准备金常用的评估方法为链梯法、案均法、准备金进展法、预算方法等，已发生已报案未决赔款准备金常用的评估方法为逐案估计法、案均赔款法、表定法等。

1）已发生未报案未决赔款准备金

（1）链梯法。链梯法是准备金评估模型中应用最为广泛的技术，通常被描述为由一系列比例链，如逐年链梯比率，组成一个梯子，便于从历史经验记录日预测到未来最终赔款。链梯法的基本假设为，如果没有外来因素干扰，则各事故年的赔款支出具有相同的发展模式，即在预测未决赔款时，各事故年使用的进展因子是一样的。计算逐年进展因子的方法包括简单算术平均法、原始加权平均法、几何平均法、近三年简单算术平均法、近三年原始加权平均法。链梯法既可以基于已付赔款数据，也可以基于已报案赔款数据。

第一，基于已付赔款数据的链梯模型。基于已付赔款数据的链梯模型是基于累积已付赔款流量三角形，如表 3-5 所示。表 3-5 中的 C_{ij} 表示事故年 i 进展年为 j 的累积已付赔款额，S_1 表示最终赔款。

表 3-5 累积已付赔款流量三角形

事故年	进展年							最终值 UL
	0	1	$\cdots$	j	$\cdots$	$n-2$	$n-1$	
1	$C_{1,0}$	$C_{1,1}$	$\cdots$	$C_{1,j}$	$\cdots$	$C_{1,n-2}$	$C_{1,n-1}$	
2	$C_{2,0}$	$C_{2,1}$	$\cdots$	$C_{2,j}$	$\cdots$	$C_{2,n-2}$		
$\vdots$	$\vdots$	$\vdots$	$\vdots$	$\vdots$	$\vdots$			S_1
i	$C_{i,0}$	$C_{i,1}$	$\cdots$	$C_{i,n-2}$				
$\vdots$	$\vdots$	$\vdots$	$\vdots$					
n	$C_{n,0}$							

第二，基于已报案赔款数据的链梯法。基于已报案赔款数据的链梯法与基于已付赔款数据的链梯法的计算过程完全一致，只是将基于已付赔款数据的链梯法中的累积已付赔款流量三角形替换为累积已报案赔款流量三角形而已，其中已报案赔款是已付赔款与已发生已报案未决赔款准备金之和。

（2）案均法。在链梯法中，可以基于已付赔款数据、已报案赔款数据来估计最终赔款，进而估计未决赔款准备金，但其只考虑了赔付额，忽略了赔付次数。在存在外部冲击而导致经济不稳定的情况下，采用链梯法必然歪曲最终赔款的估计，影响未决赔款准备金估计结果的准确性。为弥补这个问题，可以选取案均法。该方法同样基于已付赔款数据、已报案赔款数据，分别对应于已付赔款次数流量三角形、已报案赔款次数流量三角形。与链梯法不同，案均法假定案均赔款及相应的赔款次数流量三角形是平稳的，其计算原理与链梯法相似。

（3）准备金进展法。准备金进展法是一种考虑已付赔款和已报案未决赔款准备金之间关系的方法，旨在分析已报案未决赔款准备金的充足性，并估计最终赔款和未决赔款准备金。在准备金进展法中，利用准备金进展率来分析已报案未决赔款准备金在各进展年之间的流量模式，通过准备金支付率来分析已报案未决赔款准备金对已付赔款的充足率。已付赔款和已报案未决赔款准备金可以按报案年统计，也可以按事故年统计，相应地，准备金进展法也分为报案年准备金进展法和事故年准备金进展法。由于报案年准备金进展法只能检验已报案未决赔款准备金的充足性，并不能得到未决赔款准备金的估计值，本节只介绍对事故年准备金进展法。除非特别指明，准备金进展法均指事故年准备金进展法。按照事故年统计数据，随着时间的推移，新的数据不断进入统计范围，给准备金进展法的应用带来了一定的难度。因此，一般假定已发生未报案未决赔款准备金索赔和已报案赔款之间具有稳定的关系。对于很多报案较快的险种来说，在事故年的初期可以积累大量的赔案数据，这也为评估已发生未报案未决赔款准备金提供了一个稳定的基础。

2）已发生已报案未决赔款准备金评估

已发生已报案未决赔款准备金是未决赔款准备金的主要组成部分。在保险业务中，已发生已报案未决赔款准备金的计提主要由理赔人员负责。理赔人员需要熟悉保险业务的具体流程并具备一定的专业知识，及时了解法规变更、社会和经济因素变化对已报案赔款的影响。其主要评估方法有两种：逐案评估法、案均赔款法。在某些特殊情况下，也采用表定法等备用方法。

（1）逐案评估法。逐案评估法是指在保险事故发生后，由经验丰富的理赔人员对每个已报案未决赔款的赔付金额进行逐案估计。除了考虑赔案的自身特点外，还需要考虑经济环境、法律环境等的变化。一般而言，逐案评估法适用于赔款固定、历史赔付经验少、赔案数目较少的特别险种和赔款金额变动较大的短尾业务。例如，企业财产保险等商业险种，风险特征相对独特，风险同质性低，相似保单数量少，历史赔付经验少，评估此类险种的未决赔款准备金更多地依赖于逐案评估法。而对于类似于机动车保险等大部分个人保险业务，由于赔案数目较多，风险同质性较高，赔款额较小，不适用于逐案评估法。由于逐案评估法较多地依赖于理赔人员的主观判断，估计误差较大，特别不适用于长尾业务的险种。此外，在应用该方法评估未决赔款准备金时，还应注意，要避免逐案估计的主观性，并注重对逐案评估结果的更新，包括即时更新、定期更新、预付赔款更新、结案时更新，保险公司应优先选用前两种更新方式对估损金额进行更新。

（2）案均赔款法。案均赔款法是一种适用于大多数个人保险业务的方法。如果赔案数目较多，风险同质性较高，赔款额较小，不适用于逐案评估法，则可采用案均赔款法。该方法假定每件赔案的赔款金额相同，再乘以已报案赔款次数，乘积即为已报案未决赔款准备金。保险公司可以根据实际情况，对每个险种的案均赔款进行设定，也可以在每个险种内部根据赔案类型进行设定。案均赔款法适用于以下业务：①理赔金额小但能快速确定赔款的业务；②赔案数目多但赔付模式相对稳定的险种；③赔案同质性较高的险种；④近期已报案赔付信息不足，不能设置合理的已报案未决赔款准备金的业务。

（3）表定法。表定法是一种根据生命表、伤残表、伤愈率表等精算分析工具，对未来可能发生的赔款进行贴现计算来评估已报案未决赔款准备金的方法，适用于赔付金额确定但赔付时间不确定的赔案，如伤残给付、误工费用给付等。根据历史经验数据，可以按照伤残程度、性别、保险事故类型等因素预先设定赔款估算表。保险事故发生后，根据赔款估算表，综合考虑将来的通货膨胀以及个案的特殊性，逐案评估已发生已报案未决赔款准备金。例如，一位男性投保人在一次意外事故中受伤住院，根据赔款估算表和通货膨胀情况，该公司可以评估出该投保人未来可能获得的住院补贴金额，并据此计提相应的未决赔款准备金。

三、寿险责任准备金

（一）寿险责任准备金概述

人寿保险责任准备金是指从事寿险业务的保险人为了平衡未来将发生的债务而提存的款项，是保险人所欠被保险人的债务。人寿保险公司在营业年度届满时，应分别按保险的种类进行会计决算，为保持平衡关系提存各种责任准备金，记于特定会计目录。人寿保险采取均衡保费的缴费方式，在投保后的一定时期内，投保人缴纳的均衡纯保费大于自然保费，而在此后，所缴纳的均衡纯保费又小于自然保费。对于投保人早期缴纳的均衡纯保费中多于自然保费的部分，不能作为公司的业务盈余来处理，只能视为保险人对被保险人的负债。这部分负债需要逐年提存并妥善运用，以确保履行未来的保险金给付义务。保险公司将每年收取的均衡纯保费中的负债部分提取出来，并累积生息，其终值就是应提取的寿险责任准备金。鉴于前文寿险模型的划分，即全离散式寿险模型、全连续式寿险模型与半连续式寿险模型，本书介绍评估方法时也将从全离散式寿险模型责任准备金、全连续式寿险模型责任准备金与半连续式寿险模型责任准备金的评估进行简要介绍。

（二）寿险责任准备金的评估方法

1. 寿险责任准备金的计算原理

寿险责任准备金的常用计算方法分为过去法和未来法。过去法又称为追溯法或已缴保险费推算法，是指追溯过去缴费与给付在各保单年度末时结算的情形，其计算过程为：

$$t\text{时刻的寿险责任准备金} = \text{已缴纯保费在}t\text{时刻的精算积累值} -$$
$$\text{以往保险利益在}t\text{时刻的精算积累值}$$

其中，精算积累值除开年利率的计息积累外，还包括期望与其他因素。

采用过去法计算寿险准备金的方法便于理解，但计算过程十分复杂，需要依托具有高处理能力的计算设备。在实际业务中，采用过去法的相对较少，大多采用未来法。未来法即未缴保费推算法，采用将来应给付保险金在结算日的现值减将来可收取的纯保费在结算日的现值的方法来计算准备金，其计算公式为：

$$t\text{时刻的寿险责任准备金} = \text{未来保险利益在}t\text{时刻的精算现值} -$$
$$\text{未缴纯保费在}t\text{时刻的精算现值}$$

利用过去法和未来法所计算得到的寿险责任准备金的结果是一致的，二者具有等价关系，说明寿险责任准备金实际上是保险人在t时刻的未来损失期望值。在进行寿险责任金计算时，采用何种方法需要根据以下两个原则：①当持续时间超过缴费期时，倾向于使用未来法，将寿险责任准备金简化为未来应付保险金的精算现值。②当尚未发生保险金给付的缴费期内，倾向于使用过去式法，将寿险责任保险简化为过去纯保费的精算积累值。

2. 全离散式寿险模型责任准备金

1）过去法

x代表保险签单时被保险人的年龄；K表示自保单生效日起至计算寿险责任准备金时止，保单所经过的整年数；P表示保险金额为1个单位，在x岁签单时的年缴均衡纯保费；$_kV$表示保单第k个年度末的寿险责任准备金，即期末责任准备金。期末纯保费责任准备金计算公式为：

$$_kV = \frac{P \cdot a_{x:\,k}}{_kE_x} - \frac{A^1_{x:\,k}}{_kE_x}$$

$$= \frac{P(N_x - N_{x+k})}{D_{x+k}} - \frac{M_x - M_{x+k}}{D_{x+k}}$$

式中，$a_{x:\,k}$ 为期初付终身生存年金的精算现值；$A^1_{x:\,k}$ 为趸缴纯保费；$1/_kE_x$ 为精算积累因子。

2）未来法

在未来法中，期末责任准备金是保险人在时刻 k 时的未来损失的期望值，以保险金额为 1 单位的普通终身寿险为例，利用未来法计算 k 时刻的期末责任准备金。假定签发保单时，被保险人年龄为 x，其年龄为 $x+k$ 时未来寿命年数利用随机变量 J 表示，则其概率分布为：

$$jp_{x+k} \cdot q_{x+k+1} \quad (J = 0,\ 1,\ 2,\ \cdots)$$

保险人在 k 时刻的未来损失是：

$$_kL = v^{J+1} - P_x a_{J+1}$$

记 $_kV_k = E(_kL)$，则期末纯保费责任准备金计算公式为：

$$_kV_x = E(v^{J+1}) - P_x \cdot E(a_{J+1})$$

$$= A_{x+k} - P_x \cdot a_{x+k}$$

3. 全连续式寿险模型责任准备金

以终身责任寿险的责任准备金为例，介绍全连续式寿险模型纯保费准备金计算。仍考虑以保费金额为 1 个单位的全连续式寿险保单。记保单年缴纯保费为 $\overline{P}(\overline{A_x})$，在 t 年时的纯保费寿险责任准备金以 $_t\overline{V}(\overline{A_x})$ 表示，利用随机变量 U 表示年龄为 $x+t$ 岁的未来寿命，其概率密度函数为：

$$\mu p_{x+t} \cdot \mu_{x+t+u} \quad (\mu \geq 0)$$

从而在 t 时刻保险人的未来损失为：

$$_tL = v^U - \overline{P}(\overline{A_x})\,\overline{a}_v$$

则 t 时刻的纯保费寿险责任准备金为：

$$_t\overline{V}(\overline{A_x}) = E(_tL) = E(v^U) - \overline{P}(\overline{A_x})E(\overline{a}_v)$$

$$= \overline{A}_{x+t} - \overline{P}(\overline{A_x})\overline{a}_{x+t}$$

4. 半连续式寿险模型责任准备金

半连续式寿险模型结合了全离散式和全连续式两种寿险模型的特点。在这种模型中，责任准备金的缴付采用全离散方式，而保险金的给付则采用全连续的方式。这种寿险模型比较切合实际，具有较强的实用性和可操作性。它能够有效地平衡保费缴付和保险金给付之间的关系，为投保人和保险公司提供了更加灵活、合理的选择。

半连续式寿险模型和全离散式寿险模型在责任准备金的计算方法上存在区别：在半连续式寿险模型中，保费的缴付采用全离散方式，而保险金的给付则采用全连续的方式。这意味着，在计算责任准备金时，需要考虑保费缴付和保险金给付之间的关系。根据死亡年末给付与死亡即刻给付之间的关系，以及半连续保费与完全离散保费之间的关系，半连续责任准备金都可以转换为完全离散责任准备金的函数，即在计算半连续式寿险模型责任准备金时，需要先将其转换为完全离散责任准备金，再进行计算。相比之下，在全离散式寿险模型中，保费缴付和保险金给付都采用全离散的方式。这意味着，在计算责任准备金时，不需要考虑保费缴付和保险金给付之间的关系，可以直接进行计算。

案例

　　假设保险金额为 1 000 元，对 30 岁男性签发保单，假定根据保险公式相关数据计算，已知 $M_{30} = 105\ 192.9$、$N_{30} = 10\ 315\ 917$、$D_{45} = 254\ 759.9$、$M_{45} = 98\ 481.97$、$N_{45} = 5\ 365\ 541$。在年利率 $i = 2.5\%$ 的情况下，试计算普通终身寿险保单第 15 个保单年度末的期末准备金。

$$P_{30} = \frac{M_{30}}{N_{30}} = 0.010\ 794\ 7$$

　　因此，可知期末纯保费责任准备金：

$$_{15}V_{30} = \frac{P_{30}(N_{30} - N_{45})}{D_{45}} - \frac{M_{30} - M_{45}}{D_{45}} = 0.177\ 66$$

　　故该保单在第 15 个年度的期末责任准备金为：

$$1\ 000 \cdot {}_{15}V_{30} = 1\ 000 \times 0.177\ 66 = 177.66$$

　　该保单在第 15 个年度的期末责任准备金为 177.66 元。

本章小结

　　保险的数理基础不仅有助于掌握科学识别与评估风险的方法，更能使大家深入了解保险业务的运作方式，对于认识保险学具有重要意义。保险费率是指保险人收取的保险费与保险人承担的保险责任最大给付金额的百分比。保险费率通常由纯费率与附加费率两部分构成。保险费率厘定的目标是在期望理赔金额和理赔次数的基础上确定充分费率的过程，即计算出投保人能够去支付预期损失和费用，并产生合理回报的费率。权利与义务对等是设计保险产品的基本要求，保险费率厘定应当遵守充分、公平、合理、稳定灵活以及促进防损等基本原则。保险费率的计算方法主要为分类法、观察法和增减法。

　　在财产保险费率计算中，危险单位是保险费率厘定的基本单位，保险费率也常由每个危险单位的保费表示。危险单位通常是指保险标的发生一次灾害事故可能造成的最大损失范围，每张保单的总危险单位称为此保单的危险量。财产保险费率厘定的两种基本方法为纯保费法和损失率法。财产保险费率厘定的步骤为：先确定纯费率，再确定附加费率，最后利用纯费率与附加费率得到财产保险毛费率。

　　人寿保险的保费是由多种因素决定的，包括保险人的年龄、健康状况，保险类型和保额。在人寿保险的费率厘定中，毛保费和均衡纯保费为更加常见的概念。人寿保险保费厘定的实质是在不同缴费方式下的保险费匹配不同保险事故对应的保险面值和各项经营费用。人寿保险费的费率厘定要求保险双方当事人满足权利与义务对等。人寿保险保费由纯保费与附加保费构成。根据保费厘定方法，可将人寿保险保费分为自然纯保费、趸缴纯保费、均衡纯保费。生命周期表、生存年金是计算人寿保险保费的根本依据。

保险责任准备金是保险公司根据保险法律相关规定为在保险合同有效期内履行赔偿或给付保险金义务而从保险费中提存的各种资金准备。责任准备金通常分为未到期责任准备金、未决赔款准备金和总准备金。非寿险责任准备金是指经营非寿险业务的保险公司对其所承保的有效保单未了责任评估后的资金准备，通常采用比例法、分布法评估未到期责任准备金，采用链梯法、案均法等评估未决赔款准备金。人寿保险责任准备金是指从事寿险业务的保险人为了平衡未来将发生的债务而提存的款项，是保险人所欠被保险人的债务。人寿保险责任准备金包括离散式寿险模型责任准备金、全连续式寿险模型责任准备金与半连续式寿险模型责任准备金。寿险责任准备金的常用计算方法有过去法和未来法。

本章关键词

保险费率　纯费率　附加费率　危险单位　最大可能损失　充分性原则　公平性原则
自然纯保费　趸缴纯保费　均衡纯保费　生存年金　保险责任准备金
未到期责任准备金　未决赔款准备金　非寿险责任准备金　寿险责任准备金

复习思考题

1. 论述保险费率的构成。
2. 论述厘定保险费率的目标与原则。
3. 论述厘定保险费率的一般方法。
4. 论述财产保险费率厘定中的纯费率法与损失率法的关系。
5. 论述人寿保险的保费厘定原则。
6. 比较未到期责任准备金与未决赔款准备金的异同。

第四章 保险经营

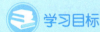 学习目标

1. 掌握保险经营的特点与原则。
2. 了解保险营销的渠道与营销策略。
3. 了解核保的过程；掌握保险理赔的原则与理赔程序。
4. 了解保险投资的原则与投资方式。

第一节　保险经营的特点与原则

一、保险经营的特点

保险经营（Insurance Operation）是指保险公司面对外部环境的不确定性，根据自身的情况选择技术路线、市场策略、价格策略、商业模式等，实现预期的盈利目标。从经营内容、会计核算、经营模式方面来看，保险公司的经营有以下几个特点。

（一）经营内容的特殊性

从保险商品的形态、需求等方面可知，保险公司经营内容有其特殊性。从保险商品的形态来看，保险是一种"无形"的商品。根据保险的相关定义，保险人对合同约定的可能发生的事故承担赔偿保险金责任，或者当被保险人死亡、伤残、疾病或者达到合同约定的年龄、期限等条件时承担给付保险金责任。可见，只有特定条件下，保险公司才会履行赔付或给付保险金的责任。然而，对于消费者而言，只有当保险人履行赔偿或给付保险责任后，才能真切地感受到保险商品的存在。从保险商品的需求来看，保险是一种"非渴求"的商品。非渴求商品，指消费者一般不会主动去购买的商品。无论是保障型保险产品，还是长期储蓄型保险产品，均具有需求疲弱的特点。如对于保障型保险产品，尽管风险厌恶会带来一定的保险需求，但考虑到个人的风险判断偏差，即大部分人会低估承保风险，造

成保险的实际需求整体上较为疲弱。① 因此，保险公司在做好保险产品供给的同时，必须重视保险营销策略，充分挖掘居民保险需求，以此推动保险产品的销售。

（二）保险公司会计核算的特殊性

出于权责发生制的考虑，保险公司当期的保费资金流入，无法在当期全部确认为收入，而需要将其中一部分提取作为保险责任准备金。从财务报表的角度看，保险责任准备金构成了保险公司的负债，且一般来说负债规模远超所有者权益，使得保险公司成为典型的高负债率公司。根据相关监管规定，保险公司应提取的保险责任准备金有未到期责任准备金、寿险责任准备金、未决赔款准备金等。不同的保险责任准备金的提取方法，直接造成当期提取的准备金数额不同。由于"提取保险责任准备金"属于损益类科目，该科目的发生额直接影响公司当年的利润，用合适的方法准确计提保险责任准备金非常重要。从另一角度看，保险公司的成本发生与收入补偿顺序与一般企业相反。对于一般企业而言，是根据成本的发生金额进行产品定价；而对于保险公司而言，是以精算来的预估数据进行产品定价，并在后续产生赔付等成本支出。

（三）经营模式的特殊性

保险公司的经营模式可分为三类：负债驱动资产经营模式、资产驱动负债经营模式②，以及资产负债双轮驱动模式。③ 无论何种经营模式，都强调了保险公司的经营策略：负债端做大保险业务，资产端运用好保险资金。这种经营模式在保险公司的利润表上也有所反映。从利润表来看，保险公司有两大利润来源，分别是"已赚保费"与"投资收益"。"已赚保费"即在评估期内保险公司承保的保险责任已结束部分所对应的保险费，该部分收入属于保险业务相关的收入。"投资收益"指保险公司通过保险资金的运营获取的收益。④ 保险公司向客户收取的保险费，绝大部分以准备金的形式构成了保险公司的负债，成为保险资金运用的重要来源。保险资金的负债性、长期性以及不定性，为保险公司提供了有利的投资条件。实际上，保险公司已经成长为资本市场上重要的机构投资者。保险公司既要设计好适应市场需要的保险产品，做大负债端；也要做好保险资金的运用工作，从而做强资产端。如何提升保险公司的资产负债管理水平，是保险公司经营管理中的重要课题。

二、保险经营的原则

（一）保险公司经营的一般原则

在市场经济体制下，经济核算原则、随行就市原则、薄利多销原则是商品经营的一般原则，保险公司也不例外。经济核算是指经济单位对生产经营活动过程中的劳动消耗与劳动成果进行比较、计算、分析研究的活动。保险公司作为自主经营、自负盈亏的市场主体，必须重视投入产出效益，以在市场竞争中占据有利地位。随行就市是指商品生产者应以市场需要为导向，通过调整商品结构与商品价格水平，积极适应市场的需要。保险公司

---

① 郭振华. 为何有必要对保险销售理论进行系统研究？[J]. 上海保险，2023（2）：19–21.
② 历史上的安邦保险公司是属于典型的"资产驱动负债"发展模式。
③ 王园梦. 寿险公司经营模式的选择对经营状况的影响[D]. 上海：上海财经大学. 2021.
④ 根据原保监会《保险资金运用管理办法》（保监会令〔2018〕1号）的相关规定，保险资金指保险集团（控股）公司、保险公司以本外币计价的资本金、公积金、未分配利润、各项准备金以及其他资金。

作为保险商品市场的供给方，应精准把握市场脉搏，积极开发适应人民需要的保险产品。近年来，网络电商、第三方支付平台等新业态已经走进寻常百姓家，保险公司通过开发"运费险""支付账户安全险"等新型保险产品，不断完善险种结构，满足了消费者的保险保障需要。薄利多销是指商品生产者以价格优势扩大销量、占领市场。对于保险公司而言，薄利多销符合保险公司"大数法则"的基本原理。保险公司应尽量集中风险单位，让保险事故的发生概率尽量接近期望值，保证保险经营的稳定。

（二）保险公司经营的特殊原则

除了经济核算原则、随行就市原则、薄利多销原则等一般性原则，保险经营还应遵循风险大量原则、风险选择原则以及风险分散原则。

1. 风险大量原则

风险大量原则是指保险人在可保风险的范围内，应根据自己的承保能力尽可能多地承保风险标的。风险大量原则是保险公司经营的首要原则。一方面，根据大数法则的基本原理，保险公司承保的独立同分布的风险标的越多，损失出现的频率越接近期望值，有利于保险公司经营的稳定；另一方面，承保大量的风险标的，可以帮助保险公司建立雄厚的保险基金，而保险基金既是保单赔付的资金保障，也是资金运用的重要来源。

2. 风险选择原则

风险选择原则是指保险公司应根据被保险标的的风险种类、风险程度、保险金额等因素作出充分的评估，并作出承保或拒保的选择。保险市场属于典型的信息不对称市场，保险公司对被保险人信息的掌握程度相对有限。在信息不对称的环境下，一些客户希望以较低的保险费率获得较高的保险保障，甚至伪造保险事故的发生而骗取保险金。因此，保险公司进行风险选择尤为重要。风险选择的要义在于识别投保人的真实投保动机，且使被保险标的的风险状况与保险费率相匹配。保险公司风险选择的方式有事先风险选择、事后风险选择。

事先风险选择是指在保险合同订立前的要约阶段，保险公司决定是否接受承保。核保，是保险公司进行事先风险选择的重要手段。人身保险的核保，应重点对投保人是否对被保险人具有保险利益、被保险人的体格与职业等情况进行审核。[①] 例如，在投保重疾险时，投保人应当对被保险人的健康状况进行健康告知，确认是否存在某些健康异常。财产保险的核保，应对被保险人的资金来源、信誉程度、标的状况等进行审核。例如，给机动车辆、船舶等运输工具投保时，应了解运输工具是否"超龄"、用途、运输区域等信息，便于保险公司全面判断标的的风险状况。

事后风险选择是指保险公司对保险标的风险状况超出核保标准的保险合同作出淘汰性选择。事后风险选择主要有以下两种方式：第一，保险合同期满后，有条件续保或不再续保。若保险公司发现被保险人在保险期间的出险频次显著高于预期，保险公司一般会要求提高保险费率进行续保或不再续保。第二，保险合同履行期间，若保险公司发现被保险人有明显误告或欺诈行为，保险公司有权解除保险合同。

---

① 根据《保险法》（2015年修正版）第二章第十二条的规定："人身保险的投保人在保险合同订立时，对被保险人应当具有保险利益"。

3. 风险分散原则

风险分散原则是指保险公司在时空层面尽可能使自身承保的风险多元化，以维护保险公司的经营稳定。保险公司在承保了大量的风险后，如果所承保的风险在某段时期或某个区域内过于集中，一旦发生保险事故，可能导致保险公司偿付能力不足，影响保险责任的履行。因此，保险公司在遵循风险大量原则、风险选择原则的基础上，还应尽可能地对自身承保的风险进行分散。保险公司常见的风险分散手段如下。

（1）扩大经营地理范围。每一区域都有自身的风险特点，扩大保险经营的地理范围，可有效地实现保险风险在地理层面的分散。

（2）使用共同保险、再保险等技术手段。例如，共同保险，多家保险公司对同一保险标的在同一保险期间的风险进行承保，实现了保险风险在不同保险人之间的分散。

拓展阅读

2021年10月，中国银保监会与上海市人民政府联合公布《关于推进上海国际再保险中心建设的指导意见》，提出推进上海国际再保险中心建设，要当好国内国际双循环的战略链接，构建风险分散和风险治理体系的要素链接、市场链接、规则链接的优势通道，提升全球再保险领域的定价权和话语权。

第二节　保险营销

一、保险营销的必要性

保险营销是指保险公司为了满足保险市场存在的保险需求进行的总体性活动，包括保险市场的调查与预测、保险市场营销环境分析、投保人行为研究、新险种开发、保险费率厘定、保险营销渠道选择、保险商品推销以及售后服务等一系列活动[1]，在满足消费者保险需求的同时，实现保险公司价值最大化的交换过程。

保险营销活动的必要性，可从保险产品的需求侧、供给侧分别进行分析。

从需求侧来看，保险产品实际上是一种"弱需求"商品。由于保险产品是一种"无形商品"，除非获得预期的保险金给付，否则保险产品的使用价值、心理价值十分有限。[2] 传统的保险需求理论认为，风险厌恶创造保险需求。然而现实的情况是，无论是保障型保险产品，还是长期储蓄型保险产品，保险需求整体疲弱。对于保障型保险产品而言，少量有风险经验的人高估风险，形成真实的保险需求；大量没有风险经验的人低估风险，且仅愿意支付远低于保险定价的保费，无法形成真实的保险需求。[3] 对于长期储蓄型产品而言，由于客户可领取保险金的时间滞后，资金流动性差，在产品收益率没有明显优势时，此类保险产品的需求相对不高。

---

① 魏巧琴. 保险公司经营管理 [M]. 6版. 上海：上海财经大学出版社，2021.

② 郭振华. 行为保险学系列（九）：保险营销的价值创造 [J]. 上海保险，2017（11）：28-31.

③ 郭振华. 行为保险学需求第一定律的提出及原因分析 [J]. 上海保险，2022（2）：20-22.

从供给侧来看，保险产品具有专业性，需要在售前进行充分的讲解。保险合同的基本条款有保险标的、保险金额、保险责任、除外责任、保险期间、保险金赔偿方法、违约责任与争议处理等基本内容。对于人身险类的保险产品，还包括年龄误告条款、宽限期条款、保险费自动垫缴条款、复效条款、不丧失价值任选条款、保单贷款条款等专业内容。如果没有专业的销售人员对保险产品的条款内容进行讲解，客户很难认识到保险的重要性并购买产品。

二、保险营销渠道

保险产品的销售渠道有哪些？无论是人寿保险公司，还是财产保险公司，其保险产品的销售都可划分为直接营销渠道和间接营销渠道。直接营销渠道是指保险公司利用支付薪金的员工或利用网络、电话等传媒实现保险产品销售的渠道。近年来，电话营销与网络直销发展迅速，成为保险直销的重要方式。网络直销，指保险公司利用互联网技术，通过专门搭建的网络平台进行保险产品销售的方式。国内的大型保险集团都在其官方门户网站上搭建了"保险商城""保险超市"等。间接营销渠道是指保险公司通过保险代理人、保险兼业代理机构、保险专业代理机构、保险经纪机构等保险中介进行保险产品销售。间接营销渠道，在当今的保险公司中占据重要地位。保险营销渠道如图4-1所示。

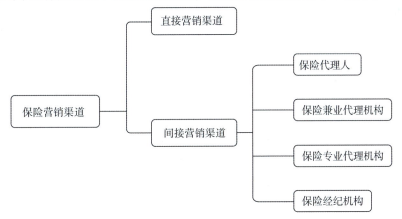

图4-1 保险营销渠道

人寿保险公司、财产保险公司在营销渠道上有一定的区别。人寿保险公司主要的营销渠道有代理人渠道、银保渠道、团体渠道、互联网渠道等；财产保险公司的主要营销渠道有代理渠道、车商渠道、电话及网络渠道等。[①] 下文以寿险公司为例，对代理人渠道、银保渠道、团体渠道、互联网渠道等进行进一步介绍。

1. 代理人渠道

代理人渠道指通过个人保险代理人进行保险营销的展业渠道。个人保险代理人，指与保险公司签订委托代理合同，从事保险代理业务的人员。保险代理人一般通过缘故法、介绍法、陌拜法等方式寻找准客户，挖掘客户保险需求，推动保险产品销售。早在1792年，英

---

① 关于人寿保险公司、财产保险公司营销渠道的区别，建议大家通过查阅上市保险公司的年度财务报告、保险公司架构等进一步分析。

国威斯敏斯特（Westminster）寿险公司已开始通过保险代理人渠道进行产品销售。[1] 1992年，友邦保险在我国率先实施代理人制度，使该种展业模式在我国迅速生根发芽。保险公司以"保险代理人基本管理办法"（简称"基本法"）为管理保险代理人队伍的基本纲要，明确了代理人的入职要求、岗位职责、培养体系、薪酬激励、考核标准、福利安排以及合规管理机制。[2] 在基本法的管理框架下，保险公司一手抓产品营销，一手抓团队管理，有效地推动了我国保险代理人队伍的壮大，促进了保险公司保费收入快速增长。然而，代理人渠道蓬勃发展的同时，自互保件套利、退保黑产、销售误导等问题日益突出，要求我国保险公司必须尽快推动代理人体制改革，将保险业由过去的粗放式发展推向高质量发展。

> **拓展阅读**
>
> 基于中国人情社会和亲缘关系的特色，各保险公司曾采用大进大出的人海战术，通过代理人关系网扩大销售、增加保险市场占有率。然而，随着过去粗放发展模式的逐步显现，保险公司销售端的人海战术已经难以为继，代理人队伍转型发展迫在眉睫。2020—2022年，全国存量保险代理人持续走低，2020年年底为842.8万元，2022年上半年已经降至521.7万人。在销售队伍持续脱落的背景下，中国平安、中国人寿、中国太保等头部保险公司提出"绩优代理人"概念，加强精英团队建设力度，提高留存代理人产能，帮助保险公司进行渠道转型，实现保险业务的正增长。
>
> ——《2023年中国保险代理人职业发展趋势报告》

2. 银保渠道

银保渠道，指保险公司通过商业银行销售保险产品。在我国，银保渠道属于保险兼业代理渠道。有别于传统的保险营销方式，银行保险是利用银行所有的资源，包括网点资源、技术资源、客户资源、产品资源来销售特定保险产品。[3] 对于保险公司来说，银保渠道最大的意义是通过银行所掌握的信息与客户，实现银行客户向保险客户的转化。当前，我国常见的银保业务模式有两种。第一种为协议合作模式，指保险公司与银行通过签订协议的方式进行合作。在该种合作模式下，保险公司通过银行销售保险产品，银行按照协议的约定定期向保险公司汇入所收保费，保险公司按照实收保费向银行支付代理手续费。随着市场的发展，"银保通"渐渐成为银行与保险公司之间业务处理的主要方式。通过"银保通"系统，投保人可在银行柜面直接进行投保、撤单等常见操作。第二种为银行以参股甚至控股保险公司的形式开展银保业务。此类知名的保险公司有工银安盛人寿、招商信诺人寿、交银人寿、建信人寿等。

3. 团体渠道

团体保险，指以一张保险单为众多被保险人提供保障的保险。[4] 以团体保险方式签单的保险业务，为团体渠道保险业务。根据国内上市保险公司年报数据，团体渠道保险业务

---

[1] Schwentker F J. The Life Insurance Agency System [J]. The Journal of Insurance，1958，25（1）：50-60.

[2] 许闲，罗婧文，魏洁. 寿险业高质量发展与保险代理人管理——基于寿险业"基本法"视角的分析 [J]. 保险研究. 2023（2）：34-44+89.

[3] 辛立秋. 中国银保合作的研究 [D]. 哈尔滨：东北农业大学，2004.

[4] 张怡. 中国团体保险运营精益管理 [D]. 上海：上海财经大学，2020.

仍占据着一定的地位。当前国内常见的团体渠道业务主要有两类：第一类为雇主为雇员投保人身保险，此类保险业务投保人为机关、团体、企事业单位，被保险人为前述单位中的雇员。投保单位出于提升本单位员工福利的考虑，会向保险公司购买"员工福利保障计划"，主要的保险产品有意外伤害保险、健康保险等。第二类为政保业务，如城市定制型商业保险、长期护理保险等。城市定制型商业保险，也称"惠民保"，是地方政府为解决医保与商保之间保障断层的问题，由地方政府与保险公司合作推出的商业医疗保险项目。此类项目由于被保险人数众多，单个项目所涉及的保险金额总量巨大，往往为多家保险公司共保。

4. 互联网渠道

互联网渠道，即投保人通过互联网完成保险签单的保险渠道。互联网渠道的保险业务是近些年新兴的保险渠道业务。保险公司的互联网渠道业务可分为两类：一类是直接营销渠道的互联网保险业务，指保险公司通过自行搭建网络平台出售保险产品。国内头部保险公司在其官方门户网站，均有类似的网络平台。另一类是间接营销渠道的互联网保险业务，指保险公司通过具有保险代理资质或保险经纪资质的第三方网络平台出售保险产品。随着移动互联网的日益普及，保险公司以流量丰富的应用平台或者特定消费场景的应用平台为切入点，推广适应大众需要的保险产品，构建保险公司与客户之间新的触点。例如，出行服务的互联网公司通过控股保险代理公司，与保险公司合作并在其 App 上线意外伤害保险、航班延误险等保险产品，以满足客户出行过程中的保险保障需要。

三、保险营销策略

保险营销过程中，保险公司绕不过的三个话题是：如何选择目标市场？如何构建适当的产品组合来满足目标市场的需求？如何战胜竞争对手？对应前述三个话题，应关注目标市场策略、营销组合策略、竞争策略。

1. 目标市场策略

目标市场策略，指保险公司根据自身情况、市场情况确定细分市场作为自身的目标市场，提供保险服务以满足特定保险消费者的需要。确定保险细分市场，是目标市场策略的重要一步。保险公司应根据保险消费者的需求特点、投保行为的差异性确定保险细分市场。就需求特点而言，每个保险消费者都会因居住地区、经济状况、生活习惯、家庭结构等情况的不同而影响保险需求。例如，幼儿园、中小学学生对校园内意外伤害、重大疾病等风险有较高的保障需求，针对该部分客户群体的保险保障，不少保险公司开发有"学平险"，满足家长的投保需要。此外，保险公司在选择目标市场时，还应考虑目标市场的规模与潜力、目标市场的吸引力、保险企业的目标和资源等。

2. 营销组合策略

营销组合策略指满足目标市场内保险消费者需求的综合营销手段，是保险公司进行产品营销的"组合拳"。一般来说，营销组合策略包括险种策略、费率策略、促销策略等。

险种策略，主要有险种组合策略、险种生命周期策略、新险种开发策略等。其中，险种组合策略，指保险公司根据市场需求、公司经营能力，对险种组合的广度、深度进行有效选择。例如，保险公司可针对客户的居住、出游、医疗等场景设计保险产品，增加险种组合的广度；在某一场景下，针对不同风险需求增加险种数量，优化险种组合深度。

费率策略，主要有低价策略、高价策略、优惠价策略、差异价策略。其中，低价策略，指保险公司以低于原价格的水平确定保险费的策略。保险公司运用低价策略可以实现快速占领市场的目标，实现保险资金的迅速积累。但是，保险公司应该审慎使用低价策略，一方面，过度使用低价策略可能影响保险公司的偿付能力；另一方面，非理性的低价策略可能扰乱保险市场的正常秩序，存在监管风险。

促销策略，主要广告促销策略、公共关系促销策略。广告促销策略，指保险公司通过大众媒介向客户传递保险公司品牌信息与保险商品信息。保险公司通过适当的广告宣传，可以在公众间建立良好的品牌形象，进而有效推广保险服务。公共关系促销策略，指保险公司通过新闻宣传、事件创造、公益活动等手段进行公共关系维护。例如，保险公司针对特定的人群赠送保险产品，既达到了推广保险服务的目的，又起到了一定的品牌宣传效果，有利于在公众间树立良好的公司形象。

3. 竞争策略

保险公司必须采取合适的竞争策略以在市场中保持竞争优势，赢得市场地位。对于增强保险公司竞争力，应从以下三方面着手准备。

第一，加强宏观分析，保持长期竞争优势。保险市场的成长与社会经济发展水平密切相关。一方面，保险公司应从社会经济发展趋势中洞悉保险发展方向，确定目标市场的方向与保险产品开发的方向。例如，针对我国老龄化的人口结构，保险公司应认真研究未来老龄人口的保险保障需求，做好相对应的保险产品以及延伸服务的开发；另一方面，保险资金的运用是保险公司经营的重要部分，保险公司应做好宏观经济研究，确定保险资金的投资方向，保证保险资金的保值增值。

第二，捕捉市场需求，强化渠道产品开发。保险公司应敏锐捕捉市场变化过程中新的保险需求或保险营销机会。科技的不断进步、社会经济的发展，也催生着新的保险保障需求。例如，癌症医疗技术的突破，激发了群众对于高端医疗技术的保障需求，保险公司相对应地开发相关医疗技术的保险产品。电商平台的兴起刺激了群众购物相关的保险保障需要，"运费险"等保险产品应运而生。

第三，稳健审慎经营，引领公司高质量发展。保险公司在经营过程中，应注意提升保单业务质量，增强合规经营意识，推动公司高质量发展。一方面，保险公司应注重业务规模与风险敞口相匹配，不可一味追求业务规模而忽视业务质量；另一方面，对于风险状况不明朗的新业务领域审慎经营，强化前端风险控制，提升保单业务质量。近年来，由于保险公司经营策略激进而发生风险事件的情况屡见不鲜，例如，P2P 金融业态在国内发展时，一些保险公司大力发展 P2P 产品的履约保证保险。由于缺少对借款履约人必要的信用审查，随着大规模的 P2P 产品违约，个别保险公司在巨额的赔付下出现经营困难状况，承受了巨额的经营损失。

第三节　保险承保

一、保险承保的概念

承保是保险经营中的必要环节，承保质量的高低直接影响到保险企业经营的稳定性和经济效益的好坏。承保是指保险合同的签订过程，即投保人和保险人双方通过协商，对保险合同的内容取得意见一致的过程。广义的承保包括接洽、协商、投保、核保、签单、收费、出具保险合同等全过程，狭义的承保可以理解为签单、出具保险合同的行为。承保的程序包括制定承保方针、获取和评价承保信息、审核检验、接受业务、缮制单证、续保等步骤。保险承保工作的内容主要包括核保选择和承保控制两大方面，做好承保工作有利于合理分散风险、确定公正的保险费率和促进被保险人防灾防损。

（一）核保选择

核保选择表现在两个方面：一是尽量选择同质风险的标的承保，以期风险的平均分散；二是淘汰那些超出可保风险条件的保险标的，提高承保质量。它具体包括以下内容。

1. 审核投保人的资格

根据《保险法》的规定，投保人必须同时满足两个条件：一是具备相应的民事行为能力；二是对保险标的具有法律上承认的利益，即保险利益。因此在选择投保人时，需要审核其是否具备民事行为能力以及对保险标的是否具有保险利益。而审核投保人资格的主要目的是了解投保人是否具有保险利益，以避免道德风险。一般来说，在财产保险合同中，投保人的保险利益来源于其对保险标的的所有权、管理权、使用权、抵押权、保管权等合法权益。例如，对于一辆汽车的财产保险，投保人可能是车辆的合法所有者，因此拥有对该车辆的保险利益。而在人身保险合同中，保险利益的确定是根据限制家庭成员关系范围，并结合被保险人的同意来确定的。例如，对于一份寿险保险合同，投保人可能是被保险人的法定监护人或亲属；或者虽无亲缘、雇佣与债权债务关系，但被保险人同意其为自己投保的情况下，投保人才能购买保险。保险公司加强对投保人资格的审核，有利于保证保险合同的合法性和有效性，这不仅能减少保险欺诈等不良行为的发生，对保险公司具有重要意义，也为投保人和被保险人的合法权益提供了保障。

2. 审核保险标的

保险标的自身的性质、状态与所面临的风险大小、损失程度密切相关，因此保险公司要对照投保单或其他资料，选择合理的保险标的，为投保人提供适当的保险保障。在财产保险中，审核保险标的的使用性质、结构性能、环境情况、防灾设施和安全管理等因素非常重要。例如，保险公司承保企业财产时，需要了解厂房的结构、占用性质、建造时间、建筑材料、使用年限以及是否属于危险建筑等情况。在核实这些信息后，保险公司可能还会进行现场查验，确保保险标的符合要求才会予以承保。

而在人身保险中，保险标的是被保险人的寿命和身体状况，保险公司与投保人之间较大的信息不对称使得逆选择现象频发，因此保险公司通常会通过风险评估来防止逆选择发生。风险评估包括两方面：一是以被保险人身体的风险因素为中心的医务审查。保险公司会重点关注被保险人的年龄、性别、体质以及个人病史和家庭病史等因素，通过了解被保险人的健康状况和潜在风险，从而确定保险费率和保险金额。二是以被保险人的道德和职业风险因素为中心的事务审查。例如，在个人寿险中，保险公司会考虑被保险人的职业、生活习惯和嗜好、经济状况等因素，这些因素可以反映出被保险人的生活方式和潜在的风险行为，例如，是否吸烟、从事危险职业或者从事高风险运动等。对于团体保险，保险公司会考察团体的性质、投保人数、保险金额以及职业风险等因素，以评估团体的整体风险水平，并确定适当的保险费率和保险政策。

3. 审核保险费率

厘定保险费率的关键在于测算损失率，一般的保险标的可能遭遇相同的风险，因此可以根据不同标准对风险分类，从而确定不同的费率等级。此外，保险公司还会根据市场需求和竞争情况，不断调整和优化费率等级的设置。通过综合考虑风险和市场因素，保险公司能够平衡保险费率的合理性和市场竞争力，为客户提供更具吸引力的保险产品和服务。例如，财产保险中承保建筑物的火灾保险，确定费率时要考虑的因素有：①房屋的建筑类别，是砖结构还是木结构；②房屋的占用或使用性质，是商用还是民用；③周围房屋的状况；④房屋所在区域所能提供的火灾防护设施；⑤与房屋相关的任何安全保护设施，如是否安装自动洒水灭火装置或警报器等。保险人承保时只需按风险程度将建筑物划分为不同的等级，套用不同的费率即可。虽然一般的财产和人身可能遭遇相同的风险，但对于某些保险业务，风险情况是不固定的。例如，海上保险涉及航程、运输工具、气候等诸多变量，因此，每笔具体业务都需要根据以往经验和风险特性确定单独的保险费率。在人寿保险费率厘定时，首先要考虑死亡率、利息率和费用率三个基本要素，此外还要考虑保单退保率、分红率、残废率等因素，以全面评估风险和确定合理的保险费率。有时，保险公司还需要考虑风险管理和再保险等因素，这些因素也会对保险费率的厘定产生影响。总之，保险公司需要将每一笔业务的实际情况与它所适用的保险费率条件进行核查，以保证保险费率的合理性和市场竞争力。

（二）承保控制

承保控制是指保险人在承保时，依据自身的条件和能力控制保险责任，尽量防止和避免道德风险和心理风险。承保控制常用的手段包括控制保险责任、控制保险金额、控制赔偿程度、规定免赔额（率）、实行共保或分保等。

二、核保

（一）核保的内涵与实质

核保是指保险公司对可保风险进行评判与分类，进而决定是否承保、以什么样的条件与费率承保的过程。核保的实质是审核某一风险单位的风险是否与现行费率相匹配。核保也即风险选择的过程，旨在通过评估和判断客户风险程度，将保险公司实际风险事故发生率控制在精算预期范围以内，从而实现公司的稳健经营。核保是保险承保工作的核心，严格规范核保工作是降低赔付率、增加保险公司盈利的关键，也是衡量保险公司经营管理水平的重要指标。

（二）核保的过程

核保决定是在每份投保单、续订保单和附加条款的基础上做出的。核保过程主要包括信息的搜集与整理、风险的识别与分析、承保的抉择与实施等步骤。

1. 信息的搜集与整理

核保员综合各种信息，并结合个人判断作出有关核保决定。核保信息的来源主要如下。

（1）中介人。中介人包括保险代理人、保险经纪人等。他们在核保过程中发挥着重要作用，通常能够提供一些并不包括在申请表上的信息。例如，他们可能了解申请者的个人评价，包括其信用状况、投保历史、赔付记录等。这些额外的信息对于核保员作出准确的决策至关重要。如果投保人有良好的信用记录和偿付能力，核保员可能更倾向于接受其投保申请。

（2）消费者调查报告。一些独立的消费者服务机构能够调查掌握潜在的被保险人的背景材料和信息等数据。这些调查报告可能包括被保险人的个人背景、职业状况、健康状况、家庭状况等。核保员可以通过仔细研究这些报告，评估被保险人的风险水平和保险需求。

（3）体检报告。体检报告主要用于人寿保险与健康保险。报告内容包括身高、体重、腰围、胸围、血型、心肺和神经系统等指标。一般来说，投保金额越大，体检的项目就越详细。

（4）地区销售经理。保险公司通常设有地区销售经理，他们与保险代理人或保险经纪人长期合作，密切关注市场状况和客户需求，因此，地区销售经理通常也能够提供与投保人相关的有用信息，例如，投保人的投保历史、家庭背景等。了解投保人的过往保险经历，可以帮助核保员评估投保人保险需求和风险承受能力。如果投保人之前购买过多个保险产品并保持良好的理赔记录，核保员可能更有信心接受其投保申请。

（5）中介人的经营业绩。核保员高度关注保险代理人和保险经纪人的经营业绩，如果保险经纪人或保险代理人一直保持杰出的业绩，那么即使他们提交的保险投保人的投保申请未能完全满足所有核保条件，核保员也可能接受投保。这是因为优秀的保险代理人和保险经纪人往往能够提供有关投保人的额外信息和背景，这有助于核保员更全面地评估风险。而且优秀的业绩代表着保险中介在市场上的影响力和口碑，也反映了他们的专业能力和销售技巧。如果一个保险代理人或保险经纪人能够持续保持出色的业绩，这表明他们具备了吸引客户和满足客户需求的能力。

（6）相关单据。保险公司还可以从投保人或被保险人保存的一些文件或单据中获取额外的信息，如果投保人拥有珠宝或其他贵重物品，提供珠宝鉴定报告的复印件可以帮助核保员评估其价值和风险。购买货物的账单可以证明被保险人拥有某些具体财产，并提供相关的购买和价值信息。此外，当投保人为一家企业时，其年度报告和财务报表也可以提供许多有价值的信息，用于说明公司的经营状况和未来计划。

2. 风险的识别与分析

核保员获得所需的信息后，需要识别和分析投保人可能面临的风险因素，如投保人的健康状况、职业风险、财务状况以及所投保的财产和责任，从而为保险公司制定合适的保险方案。也就是说，核保员必须确定哪些事件和条件会增加事故发生的不确定性和损失的严重性。例如，船舶本身不具备适航能力或者船舶机件磨损严重，显然会增加它在航行中发生危险事故和损失的概率。此外，核保员还需要对投保人的整体情况进行综合评估，以确定这些风险因素是否共同增加了风险造成的损失程度，从而使保险公司无法接受这种风险。风险因素的识别和分析主要包括有形风险、道德风险和行为风险、法律风险等。

（1）有形风险。有形风险因素是提高损失发生的可能性和严重性的个人、财产和经营的物质方面的特征。例如，在审查是否接受一个车辆损失保险的投保人的申请的时候，核保人必须考虑他的车辆的市场价值、性能配置、驾驶用途、安全装备、地理位置等条件。如果有一辆车，其刹车系统灵敏、车上安全气囊等安全装备齐全；而另一辆车的刹车系统反应迟钝、缺少配套的安全装备，显然前一辆车的风险因素要比后一辆车小得多，保险人更乐意接受前一辆车车主的投保申请。

（2）道德风险和行为风险。这两种风险都属于一种无形风险。道德风险即人们以不诚实、不良企图或欺诈行为故意促使保险事故发生，或扩大已发生的风险事故所造成的损失，以便从中获利。例如，一位车主在车辆损失保险中报告车辆被盗，但实际上是自己故意将车辆隐藏起来，以获取保险公司支付的赔偿。行为风险（也称心理风险）则是指由于人们行为上的粗心大意和漠不关心，以致增加了风险事故发生的机会或扩大了损失的程度。例如，驾驶员在驾驶过程中始终不注意行车安全、不按规定行驶或不遵守交通法规，从而增加了发生事故的风险。与有形风险不同，无形风险往往较难识别。但核保员仍可以通过一些信息和迹象观察到无形风险的存在。例如，可以审查投保人或投保单位的财务状况，以确定其是否存在违约或欺诈的可能性。此外，投保人的生活习惯和个性也可能提供一些线索，如是否有较高的冒险倾向或不负责任的行为。

（3）法律风险。保险人在经营保险业务时可能面临诸多与法律相关的风险和挑战。首先，主管当局可能会强制保险人使用过低的保费标准，导致保险人所收取的保费无法覆盖潜在的风险，面临盈利困难或无法为客户提供充分的保障的问题。其次，主管当局有时会要求保险人提供补偿范围广泛的保险。这意味着保险公司需要为更广泛的风险提供保险保障，从而增加了保险公司的风险暴露和理赔责任。例如，某个地区要求保险公司在汽车保险保单中包含更多的附加保险条款，如自然灾害保障或车辆损失保障，这将增加保险公司理赔的负担。再次，主管当局有时会限制保险人使用撤销保单和不续保的权利，使保险公司不得不承担非必要的风险，无法有效管理风险组合。例如，某地区法律规定保险公司无法撤销或不续保某些高风险驾驶员的汽车保险，即使这些驾驶员有多次违反交通规则的记录。最后，法院的判决也可能对保险公司造成法律风险。法院的判决会对保险合同的解释、责任范围或索赔程序产生重大影响。例如，一项法院裁决可能要求保险公司对某种特定类型的损失提供更广泛的赔偿，或者要求保险公司对某些索赔进行更严格的审查，这将对保险公司的理赔流程和财务状况产生直接影响。

3. 承保的抉择与实施

一般而言，核保员可能因为投保人在申请保险时不完全符合承保条件而拒绝投保人的投保，但是通过一些变通，如投保人同意采取一些措施来预防和控制损失的发生，核保员也可能接受其投保。核保抉择的作用体现在两方面：第一，避免投保人的逆选择。核保员评估风险后避免那些高风险投保人的加入，从而降低公司的损失风险；第二，为保险公司扩大业务量的同时规避特大灾难，最大限度地获取利润。保险公司可以根据市场需求和风险分布情况，在不同地区和不同类型的业务中进行选择。这种分散业务的方式可以帮助保险公司降低特大灾难带来的风险，并使其保险产品在更广泛的市场范围内销售。

　　S女士于2017年为其配偶L先生投保了一份医疗保险，保额为5 000元，每年均正常缴费。2021年，L先生因大肠多发息肉住院，并办理了理赔手续。根据监管要求，该险种在2022年续保时需要投保人进行续保确认，待同意后才能正常续保。销售人员与S女士联系后协助客户完成了续保确认，因被保人L先生有理赔记录，在本次续保时进入人工核保流程，相关人员给出了核保意见：肠息肉列为除外责任。销售人员与S女士沟通后，她拒绝签署条件承保通知书，拒绝续保。

2022 年，被保险人 L 先生因脑动脉供血不足等疾病住院治疗，后至保险公司理赔时发现无有效保单，保险公司拒绝赔付。为此投保人 S 女士提出质疑。核赔人员在查询了该单的续保情况后，发现投保人 S 女士确实于保单生效日前完成了续保确认，但是因涉及核保，核保结论为条件承保，客户拒绝签署条件承保通知书，导致核保未完成，从而导致保单未能续保。

三、承保控制

承保控制是指保险人对投保风险作出合理的承保选择后，对承保标的的具体风险状况，运用保险技术手段，控制自身的责任和风险，以合适的承保条件予以承保。承保控制要求保险人在承保时，依据自身的承保能力控制保险责任，尽量防止与避免道德风险和心理风险。因此，保险人通常从以下三个方面进行承保控制。

1. 控制保险责任

控制保险责任是保险人在承保控制中的一项重要措施，旨在确保所支付的保险赔偿金额与其预期损失金额相近。这个过程涉及对保险合同中的条款、条件等进行精确管理和控制，需要保险人在风险评估、合同设计和风险管理方面具备专业能力，并不断完善和调整保险责任，以适应不断变化的风险环境。

首先，控制保险责任涉及保险合同的基本条款的制定。保险公司会根据不同的保险产品和风险类型，制定相应的基本条款。这些基本条款通常适用于常规风险，为保险公司提供一种标准的承保框架。而对于特殊风险，保险公司需要与投保人进行充分协商后进行特约承保，以扩展或限制保险责任的范围，因此，控制保险责任还包括对附加条款的管理。附加条款是对基本条款的补充，用于适应特定风险和客户需求的保险保障。保险公司可以根据客户的特殊需求，增加附加条款来扩展保险责任，或者通过限制附加条款来限制保险责任的范围。

其次，控制保险责任还涉及确定保险合同中的免赔额和责任免除条款。免赔额是指在保险赔偿中由被保险人自行承担的一部分损失，而责任免除条款是限制保险公司在某些特定情况下不承担赔偿责任。通过合理设定免赔额和责任免除条款，保险公司可以控制保险赔偿金额的范围，确保其与预期损失金额相匹配。

案例

刘某驾驶货车从事货物运输工作，于 2020 年 6 月发生交通事故而死亡。此前，刘某在当地某保险公司投保了一年期的"平安驾乘意外伤害保险"，保单中规定意外伤害身故和残疾保险金额为每人 500 000 元。该事故发生在保险期内。事发后，其家属及时向保险公司报告了保险事故并多次协商赔付，保险公司以事故不属于保险责任范围为由拒绝赔付，其家属遂诉至法院。

法院经审理查明，事发当日，刘某将车停靠路边欲到马路对面就餐而由西向东横穿道路时，遭到由南向北行驶的时某驾驶的小型普通客车碰撞，发生车辆损坏是刘某当场死亡的交通事故。根据相关部门作出的道路交通事故认定书，保险公司认定刘某、时某承担事故的同等责任。刘某投保的该份保险保单特别约定部分载明：本保险合同的被保险人为保险单中载明车辆上的驾乘人员，每车限承保2人；本保险承保被保险人在乘坐或驾驶指定机动车辆行驶过程中或为维护车辆继续运行（包括加油、加水、故障修理、换胎）的临时停放过程中遭受意外伤害事故，导致身故、伤残或医疗费用支出的，保险人按条款约定给付保险金。

法院生效裁判认为：根据涉讼保险单的约定，刘某在涉讼意外事故发生时为被保险车辆的驾驶人，属于合同约定的被保险人。该保险单中记载的特别约定事项已明确约定，保险人仅承担被保险人在乘坐或驾驶被保险车辆在行驶或为维护车辆继续运行包括加油、加水、故障修理和换胎的临时停放过程中遭受意外伤害事故，导致身故、伤残或医疗费用支出的情形。此项约定属于合同当事人对保险责任范围的确定，且已在保险单中以特别约定的方式列明，对当事人具有法律约束力。在本案中，刘某将其驾驶的涉讼车辆予以临时停放并下车的目的是就餐，并非为维护车辆继续运行而对车辆实施的行为，其在此过程中遭受意外伤害并不符合保险合同约定的责任承担条件，不属于保险人的保险责任范围。因此，原告主张被告给付意外伤害身故保险金的诉讼请求缺乏事实根据和法律依据，依法不予支持。法院最终驳回了原告的诉讼申请。

2. 控制道德风险

（1）控制保险金额，避免高额保险。保险金额是保险人对被保险人承担保险损失赔偿或保险金给付的最高限额。通过控制保险金额，保险公司可以限制被保险人得到超保额赔偿，以防止被保险人从保险中获利，从而减少道德风险的发生。对于高保额或高风险的保险标的，为了确保保险人的承保能力和避免巨额赔付，通常也需要对保险金额进行控制，使赔偿和给付金额在可承受的范围内。

在人寿保险中，由于保险标的具有不可估价性，投保人通常根据自己的保险需求和保费的交付能力来确定保险金额，因此，高额人寿保险易引发道德风险，保险人一般不轻易接受过高保险金额的保险业务。财产保险的保险金额根据保险标的的实际价值或由投保人和保险人双方通过协商决定。如果是投保人为牟取不正当利益蓄意超额投保，则保单无效。责任保险按照投保人对事故所负的法律责任来履行其经济赔偿责任，由于承保标的都是非实体的民事法律风险，责任保险保单中没有保险金额的规定，而是采用赔偿限额的方式来确定赔偿给付金额。

（2）控制赔偿程度。根据保险补偿原则，当保险事故发生时，被保险人可以获得充分全面的补偿，但是被保险人所获得的赔偿仅限于其实际损失或者将保险标的的物恢复到原有的状态，被保险人不能因保险而额外获利。因此，损失补偿通常有三个限额：一是以保险金额为限，二是在保额的限度内以实际损失为限，三是以保险利益为限。财产保险和人身保险中的医疗费用保险必须严格遵守保险的补偿原则。对于不定值保险，保险公司在保险条款中明确规定，按财产发生的实际损失赔偿，不得超过保险金额。对于定值保险，发生全损时，不论受损标的的市价如何，均按双方约定的保额赔付；发生部分损失时，按损失程度赔付。

某商场商户在保险公司投保财产综合险，主要投保财产为存货（家具），保险金额为4万元。2020年，该客户向保险公司报案称，暴雨造成家具受损。接到报案后，保险公司的查勘人员立即与客户联系了解情况，并按约定时间赶到事故现场。经过现场查勘发现商场内存货（家具）有过水受损情况。在结合客户提供账目清点货品后，确认客户受损存货实际价值达40万元，远超投保的保险金额，该保单的保险金额仅为存货保险价值的10%。查勘人员向客户解释保险法中规定"当保险金额低于保险价值的，除合同另有约定外，保险人按照保险金额与保险价值的比例承担赔偿保险金的责任"。故本案保险公司只赔付损失的10%，即4 000元。

3. 控制心理风险

（1）规定免赔额。免赔额作为保险中一种常见的规定，是指在保险事故发生时，被保险人需要自行承担的一定金额，而保险公司只对超过免赔额的损失进行赔偿。免赔额的规定可以促使被保险人更加谨慎和慎重地开展日常行为，降低保险公司的赔付风险。当被保险人面临超过免赔额的损失时，他们需要承担一部分经济责任。这激励被保险人采取预防措施，加强风险管理和安全措施，以减少保险事故的发生。例如，在汽车保险中，设定较高的免赔额可能促使驾驶人更加谨慎驾驶，并注意遵守交通规则，以避免发生事故。

（2）实行限额承保。保险人对于某些风险，采用低额或不足额的保险方式，规定需由被保险人自己承担一部分风险。此外，为了应对容易产生心理风险或具有较高损失发生概率的保险标的，保险人还通常会在保单中引入共同保险条款，如在医疗费用保险中规定病人与保险人按比例各自支付部分医疗费用。这样做的目的是让被保险人自行承担一部分保险损失，以遏制其心理风险，并减轻保险公司在高风险承保方面的赔偿责任。

（3）保险合同中的保证条款。保证条款是保险人和投保人在保险合同中约定，投保人或被保险人在保险期限内担保或承诺特定事项的作为和不作为，以投保人履行保证条款中的义务作为未来保险人赔付的前提条件。在保险经营中，保证的事项均属重要事项，一旦被保险人违反保证，保险人拒绝赔偿损失或给付保险金。因此，保证条款的规定不仅对保险人承担责任有了一定的限制，而且因为被保险人的作为和不作为，可以消除被保险人的心理风险，减少保险事故的发生。这样的规定不仅保护了保险公司的利益，也促使被保险人更加谨慎和遵守合同约定，确保保险业务的稳定和可持续发展。

（4）续保优惠。针对未发生赔款的保险客户，保险人通常会以优惠费率为其续保。以汽车保险为例，如果被保险人在上一个保险年度没有发生任何赔款，那么在续保时便可以享受保险费率的折扣。保险人以此鼓励被保险人遵守交通规则，减少交通事故的发生概率。

案例

王先生是一名驾龄达到两年的私家车主，最近车险到期准备续保。他最近一年总共只产生了1 000多元的理赔，但保险公司却称续保保费要上浮20%，王先生百思不得其解，在咨询了保险公司工作人员之后，王先生才了解到其中的原委：原来，自己第一年开车上路，由于驾驶技术不够熟练，发生了4次小的交通事故，4次加起来的理赔金额不过1 000多元，本以为自己上全险的保额有五六千元，这点小钱对于保险公司来说不算什么，自己续保时可以享受低折扣。哪曾想，在车险续保时，赔付率和出险次数均是保险公司的参考依据，必须两者都达标，才能享受折扣。虽然目前官方在车险续保方面没有明确的定价依据，在计算的细节上，各家保险公司也不尽相同，但都会遵循"行业自律公约"，即续保费用与赔付率和出险次数双项挂钩。王先生虽然每次事故保险公司赔付的金额较低，但由于出险次数达到了 4 次，已经达到涨价的标准，所以保险公司提高了王先生的保费。

第四节　保险理赔

一、理赔应遵循的原则

（一）基本原则

1. 重合同、守信用

保险合同是保险人与投保人或被保险人之间权利义务关系的具体体现，双方都有责任遵守合同的规定，以确保合同的顺利履行。保险人的义务包括确定损失赔偿责任，在订立合同时解释说明合同中的保险责任、责任免除等条款事项，向投保人提供防灾防损服务，保险事故发生后查勘定损，履行经济赔偿与给付，对投保人及被保险人的个人隐私等情况保密等。投保人的基本义务有如实告知重要事实，按期如数缴纳保险费，及时通知保险人保险标的危险增加、保单过户、保险事故发生等事项，贯彻做好防灾防损工作避免损失扩大，理赔时提供有关单证，协助保险人向第三方追偿等。

保险理赔是保险人对保险合同履行义务的具体体现。保险公司在理赔过程中的严谨性和公正性对于维护保险市场的稳定和信誉至关重要。保险人应严格按照合同条款的规定，受理赔案、审核责任、确定损失，并及时进行赔付。同时，监管机构也会对保险公司的理赔行为进行监督和评估，以确保其合规性和合法性。

在理算赔偿金额时，保险人应提供充足的证据以支持其决策。这些证据可能包括被保险人的申报资料、事故报告、医疗记录、财产估值等。通过收集、核实和评估这些证据，保险人能够更准确地确定损失的程度，并据此计算赔偿金额。然而，在某些情况下，保险人可能会拒绝理赔。这可能是因为被保险人不满足保险合同中的某些条款所规定的赔付条件，或者被保险人提供的证据不足以支持其赔偿请求。在拒赔时，保险人需要提供充足的证据和合理的解释；被保险人也有权利对拒赔决定提出异议，并根据合同约定或法律程序寻求帮助。

2. 实事求是

保险合同条款对赔偿责任进行了原则性规定，但实际情况错综复杂、千差万别。因此，保险人必须以实事求是的态度，具体问题具体分析，灵活合理地处理赔案。保险人在处理赔案时应秉持公正、公平、透明的行动宗旨，既要坚守原则，又要具备一定的灵活性，确保赔付的公正性和合法性。对于通融赔付的案例，保险公司需要进行严格的审核和评估，确保其符合相关的法律法规和行业标准。只有在确保风险可控的前提下，才能考虑通融赔付，以避免对保险行业的不良影响。也只有那些有利于保险业务的稳定和发展、有利于维护保险公司信誉和提高市场竞争能力、有利于社会安定团结的案例才考虑通融赔付，而不能盲目地随意进行赔付。

3. 主动、迅速、准确、合理

这是保险理赔工作的核心准则，也是评估理赔质量的重要标准。落实好这个"八字方针"能够提升保险服务水平，争取到更多业务。所谓"主动、迅速"，是指要求理赔人员在处理赔案时主动积极，及时到达现场，深入了解受损情况，快速赔偿损失。所谓"准确、合理"，要求理赔人员在审查赔案时明确责任，合理评估损失，准确核定赔款，确保公正而合理的赔付。对于不属于保险责任的案件，保险人应及时向被保险人发出拒赔通知书，并详细说明不予赔付的原因。对此，《保险法》第二十三条和第二十五条都做出了明确规定。

> 📖 **拓展阅读**
>
> 为加强民生服务保障，实现全民救助，共享普惠，山东省启动了灾害民生综合保险。2018年8月19日，受"温比亚"台风大范围强降雨天气影响，山东省境内潍坊、东营、济宁、菏泽等多地不同程度受灾，潍坊地区尤为严重。针对此次大规模的台风灾害，人保财险山东省分公司立即启动大灾预案，成立大灾救援应急小组，累计投入3 975人次，历时45天，及时完成对受灾的165个乡镇、2 978个行政村农房的查勘、定损工作。截至2019年2月1日，共为2.96万户居民的房屋及财产赔款1.17亿元。在理赔过程中，保险公司遵守重合同、守信用，实事求是，根据"主动、迅速、准确、合理"的原则处理保险事故，赢得了保户、政府及社会各界的好评，获得了较好的社会效益。

（二）特殊原则

1. 实际损失补偿原则

对于财产保险和医疗费用保险，保险事故发生时，保险人在保险金额的限度内按实际损失赔偿，实际损失多少就赔付多少，被保险人不能因保险而额外获利。

2. 重复保险的分摊原则

《保险法》第五十六条规定："重复保险的各保险人赔偿保险金的总和不得超过保险价值。除合同另有约定外，各保险人按照其保险金额与保险金额总和的比例承担赔偿保险金的责任。……重复保险是指投保人对同一保险标的、同一保险利益、同一保险事故分别与两个以上保险人订立保险合同，且保险金额总和超过保险价值的保险。"由于人身保险的标的是人的生命或健康，无法直接用货币进行估价或补偿，重复保险分摊原则只适用于财产保险、医疗费用保险等补偿性保险，不适用于给付性的人身保险。

3. 代位追偿原则

在财产保险和医疗费用保险中，对于第三者的过错导致保险标的的损失，保险人有两种处理方式。第一，若第三者责任方已经赔付，保险人将不再进行赔付。第二，如果保险人先按保险合同规定进行了赔付，保险人有权代替被保险人向有责任的第三者追偿，以确保被保险人获得的赔偿不超过实际损失。代位追偿原则同样只适用于补偿性保险，在人身保险中，若被保险人的死亡或残废是由第三者的过错造成的，保险人给付后将不会行使代位追偿权。

4. 通融赔付原则

通融赔付原则是指保险公司在考虑经营业务的得失后，根据保险条款和相关法律规定，对无责任赔付给被保险人的损失进行放宽赔偿责任并支付赔款的一种理赔行为。通融赔付原则具有灵活性，能在一定程度上提高保险公司的声誉与市场竞争力，但也容易导致滥赔、乱赔和过度人情赔款的问题。因此，为了减少滥用通融赔付的情况发生，应该对通融赔付进行多层审批，严格把关，以尽量避免对不应赔偿的情况给予通融赔付。

 拓展阅读

通融赔付

通融赔付是保险实践中习惯做法，是指当保险标的发生风险事故后，保险公司按照合同的约定，不应承担或部分承担赔偿责任，但为了吸引长期客户，对被保险人的经济损失仍全部或部分赔付的行为。通融赔付是对保险损失补偿原则的灵活运用，但通融赔付应掌握一定的原则，即通融赔付应有利于保险业务的稳定与发展，有利于维护保险公司的信誉和在市场竞争中的地位，有利于增强保险公司影响力，有利于社会稳定。通融赔付是出于经营理念作出的自愿商业行为，并不意味着保险合同的成立，要注意防止企业和个人的依赖心理和侥幸心理。进行通融赔付还要注意：第一，保险人必须保证对保险责任范围内的正常损失的偿付能力，保证积累一定的准备金。第二，规范通融赔付程序，严格限制通融赔付适用情形、对象、授权、审批流程等，防止以通融赔付输送不正当利益。通常各个保险公司都规定，所有符合通融赔付案件必须上报省级分公司和总公司批准。第三，通融赔付案件应当由被保险人书面提出索赔请求。保险事故必须是真实发生的，且被保险人不存在故意制造事故，或故意扩大保险标的的损失的行为，不存在道德风险。第四，被保险人应当具有相当的市场和社会地位，并是与保险公司长期合作的优质客户、大客户，其以往几年业务量大、赔付率低、诚信度高，可以考虑给予通融赔付。

二、理赔的程序

保险理赔的程序包括损失通知、确定理赔责任、进行损失调查、赔偿给付保险金、损余处理及代位求偿等步骤。

（一）损失通知

《保险法》明确了出险后的通知义务，即保险事故发生后，投保人、被保险人或受益人应将事故发生的时间、地点、原因等相关情况尽快通知保险人，并提出索赔请求。若因故意或者重大过失未及时通知，使保险人难以确定保险事故性质、原因、损失程度的，保险人可以不承担赔偿或者给付保险金的责任。《保险法》第二十六条规定："人寿保险以外的其他保险的被保险人或者受益人，向保险人请求赔偿或者给付保险金的诉讼时效期间为二年，自其知道或者应当知道保险事故发生之日起计算。人寿保险的被保险人或者受益人向保险人请求给付保险金的诉讼时效期间为五年，自其知道或者应当知道保险事故发生之日起计算。"

对损失通知作出时限要求，主要是为了确保保险人尽早了解事故情况，展开相关调查和核实工作，降低道德风险对理赔工作的影响，从而加快理赔处理的速度，减少索赔过程中的延误和纠纷。及时发出损失通知让保险人得以及时采集和保留现场证据，以及与事故相关的文件和记录。这对于后续的理赔调查和评估非常重要，有助于保障理赔过程的公正性和准确性。另外，及时通知损失还能防止损失扩大，保险人在了解被保险人的损失情况后可以采取必要的措施来减少进一步的损失。例如，在交通事故中，及时通知保险人能够帮助启动车辆维修和救援服务，防止车辆在事故后受到更多的损坏。

被保险人可以通过口头或函电等方式向保险人发出损失通知，随后应及时提供正式的书面通知，并提交必要的索赔单证，例如，保险单、账册、发票、被保险人身份证明、损失鉴定书、损失清单、检验报告、权益转让书等。《保险法》第二十二条规定："保险人按照合同的约定，认为有关的证明和材料不完整的，应当及时一次性通知投保人、被保险人或者受益人补充提供。"这规定一是为了避免保险人以此为由拖延理赔，损害保险金赔偿请求权人的合法权益，二是可以有效减轻投保人被保险人或者受益人的负担，同时体现了效率原则。保险人在收到保险索赔请求后应立即详细核对保险单与索赔内容，安排现场查勘等事项，然后将受理案件登记编号，正式立案。

（二）确定理赔责任

当保险人收到出险通知以后，应当先研究以下问题，以便确定理赔责任。

（1）保单是否仍有效力。

（2）被保险人提供的单证是否齐全和真实。

（3）损失是否由所保风险所引起。

（4）已遭损毁的财产，是否为所承保的财产。

（5）保险事故发生的地点，是否在承保范围之内。

（6）保险事故发生的结果，是否构成要求赔偿的要件。

（7）请求赔偿的人，是否有权提出赔偿请求。

（8）损失发生时，投保人或被保险人是否对保险标的具有保险利益。

在人身保险的场合，保险人除了需要考虑以上有关问题，还要特别调查清楚以下问题，以确定是否给付保险金。

（1）索赔是否有欺诈或误告。

（2）死亡的原因是什么，是属于正常死亡，还是自杀，抑或是意外事故。

（3）被保险人的年龄或性别是否有误述。

（4）如果被保险人失踪了，能否确定失踪地点。

（5）领取死亡津贴的受益人是否为指定的受益人。

（6）索赔人的伤残是否真正符合合同规定的要求。

（7）医生是否提供了超额费用的账单。

（8）伤残开始的确切日期是哪一天。

此外，需要强调财产保险和人身保险中保险利益的不同。在财产保险中，保险利益涉及谁可以成为投保人以及谁有权获得赔偿。没有保险利益的人无法获得保险人的赔偿，即使存在保险利益，赔偿金额也不能超过投保人或被保险人的保险利益。因此，财产保险合同通常要求在保险事故发生时，被保险人必须对保险标的具有保险利益。

人身保险合同与财产保险合同有两个重要区别：首先，人身保险的保险标的（人的生命和健康）无法用货币价值衡量，保险事故造成的损失也就无法以货币来衡量，因此人身保险合同的保险金额主要基于投保人（被保险人）的经济状况和身体条件等来确定；而财产保险合同中，根据保险标的的实际价值来确定保险金额。其次，从原则上讲，人身保险合同可以自由转让，不需要保险人的同意；而财产保险合同在未经保险人同意的情况下不得随意转让。由于这两个原因，人身保险中只需要保证投保人在签订合同时对被保险人存在保险利益，此后即使保险事故发生时丧失保险利益，原保险合同依旧具有效力。因此，在人身保险中，财产保险中的损失赔偿原则并不适用。

案例

　　李某于 2008 年以妻子为被保险人投保了人寿保险，每年按期交付保费。2012 年，双方离婚。此后，李某继续交付保费，也未变更受益人。2015 年，被保险人因保险事故死亡，此前经其妻同意，李某为其受益人。请问，李某作为受益人能否向保险公司请求保险金给付？

　　分析： 李某能够向保险公司请求保险金给付。因为人身保险的保险利益只要求在保险合同订立时存在，而不要求在保险事故发生时存在。在本案例中，李某于 2008 年投保时，与被保险人（其妻子）存在保险利益关系，虽然在被保险人因保险事故死亡时已不存在保险利益，但是不影响其获得保险金，故李某可以以受益人的身份索赔。

（三）进行损失调查

保险人审核保险责任后，应派人到出险现场进行实际勘查，了解事故情况，以便分析损失原因，确定损失程度，订定求偿权利。

1. 分析损失原因

分析损失原因对于确定保险人的责任范围至关重要，而在保险事故中，导致损失的原因通常是多方面的，涉及各种因素和因果关系，这使得对损失原因进行准确分析和评估变得非常复杂。例如，汽车发生交通事故可能是由于驾驶员的错误操作、道路状况不佳、其他车辆的违规行为、自然灾害等多种因素导致的。实践中遵循近因原则来确定损失原因，以更好地保障被保险人的利益，明确保险人的赔偿范围。

案例

　　2019 年 9 月 11 日，某面粉厂向保险公司报案，告知出险。该面粉厂于同年 2 月 3 日向保险公司投保企业财产险，保险期限一年。9 月 7 日夜里，天上下起了瓢泼大雨，当夜风力很大，某车间厂房的一角被破坏，雨水由破口淌进厂房。当时，车间中的一部分职工正在上夜班，由于噪声大，又为了赶任务，一时并没有注意到厂房进水，结果雨水淋入了正在高速运转的三台电机内部，导致电机绕组烧坏，使生产被迫中断。经保险公司的理赔人员验险，最后定损为：维修费用为 8 510 元。该车间的电机属该厂投保的固定资产中的一项。根据当天的气象部门测定，出险当晚降雨近一小时，降雨量为 12 毫米，最大风力为 7 级。这次保险财产损失是否构成保险责任？

　　分析：这次事故造成的保险财产损失不构成保险责任。根据近因原则的要求，当保险标的发生损失时，应找出引起保险事故发生的近因，以正确确定保险责任。在本案中，是由于下雨及刮风导致厂房漏雨，又由于漏雨导致电机损坏，下雨起着较为主要的作用，是近因，而这场雨的降水量达不到暴雨的限定标准（24 小时降雨量为 50 毫米以上）。因此，整个事件构不成暴雨责任，保险人不必承担赔偿责任。

2. 确定损失程度

　　当保险事故发生后，保险人需将实际损失情况对照被保险人提供的损失清单进行详细查证和评估。假设某人投保了家庭财产保险，其房屋在一场严重的风暴中受损，他在索赔时需要列出受损的房屋部分及相关财产，如房屋的结构、家具、电器等。保险公司随即派遣理赔人员进行现场勘察，记录损坏的程度和范围，如检查屋顶是否受损、墙壁是否有裂缝、家具是否受潮。同时保险人会参考原始文件和证据来评估损失程度，这可能包括房屋购买合同、维修记录、照片等。例如，房屋在风暴前刚刚进行了维修，保险人在确定损失程度的同时会考虑维修的质量、使用的材料以及维修对房屋价值的提升程度。对于一些特殊情况，如难以确定标的损失的具体数量，或受损标的加工后能够复原保值等情况，保险人听取专业评估师的意见后综合评估保险标的的价值、损坏部分的维修成本及其他贬值因素，估算出合理的贬值率。

3. 认定求偿权利

　　保险合同规定了被保险人的义务，这些义务是保险人承担赔偿责任的前提。如果被保险人没有履行这些义务，保险人有权拒绝赔偿。例如，当保险标的的风险增加时，被保险人是否通知了保险人；发生保险事故后，被保险人是否采取了必要且合理的抢救措施以防止进一步损害等。这些问题足以剥夺被保险人的索赔权利。

（四）赔偿给付保险金

　　经过审核保险责任并估算理赔金额后，保险人有责任立即履行赔偿责任。《保险法》第二十三条规定了保险人履行保险责任的核定赔偿义务，如果保险人未及时赔付或者给付保险金，其行为便构成违约，应当承担赔偿被保险人或受益人因此而受到的保险金以外的损失。《保险法》第二十五条还对保险人提出了先行赔付的要求："保险人自收到赔偿或者给付保险金的请求和有关证明、资料之日起六十日内，对其赔偿或者给付保险金的数额不能确定的，应当根据已有证明和资料可以确定的数额先予支付；保险人最终确定赔偿或者给付保险金的数额后，应当支付相应的差额。"保险人在收到被保险人的索赔请求时，应根据保险合同和相关法律的规定进行办理。在通常情况下，赔偿以货币形式为主，但保险人也可以与被保险人协商约定其他方式，如在财产保险中经常采取恢复原状、修理或重置等方式赔偿。

（五）损余处理

　　一般来说，在财产保险中，受损的财产会有一定的残值。如果保险人按全部损失赔偿，其残值应归保险人所有，或是从赔偿金额中扣除残值部分；如果按部分损失赔偿，保险人可将损余财产折价给被保险人以充抵赔偿金额。

（六）代位求偿

保险代位求偿权是指财产保险的保险人在赔偿被保险人损失后所取得的向负有责任的第三方请求赔偿的权利。代位求偿权的存在主要是为了保护保险人的利益，避免被保险人在获得赔偿后自行向致害人进行追偿，从而造成保险人的利益受损。如果被保险人已从第三者责任方那里获得了赔偿，保险人只承担不足部分的赔偿责任。代位求偿权只适用于补偿性保险合同，因此在人身保险中，如果被保险人的死亡或残废是由第三者的过错造成的，保险人给付后不能行使代位追偿权。关于代位求偿的问题，《保险法》第四十六条和第六十条中都有详细规定。

第五节　保险防灾防损

一、保险防灾防损的概念

保险防灾防损是指保险人与被保险人对所承保的保险标的采取措施，减少或消除风险发生的因素，防止或减少灾害事故所造成的损失，从而降低保险成本、增加经济效益的一种经营活动。防灾防损是贯穿人们日常生活的社会性活动，其中保险防灾与社会防灾都是处理风险的必要手段，能够有效减少社会财富损失，以达到维护人民安全、保障社会安定的目的。但保险防灾作为社会防灾工作的一部分，二者有明显的区别，主要表现在以下四个方面。

第一，主体不同。保险防灾的主体是保险企业，社会防灾的主体则是社会专门防灾部门或机构。

第二，对象不同。保险防灾的对象是保险企业所承保的保险标的，即社会中某些特定的群体或事物；社会防灾的对象则涵盖全社会的所有个人与团体组织，其覆盖面比保险防灾更广。

第三，依据不同。我国保险企业大多是商业性保险公司，它们遵循保险经营的特点，依据保险合同关于权利和义务对等关系的规定从事防灾工作；社会防灾部门是各级政府设立的主管防灾工作行政或事业单位，它主要根据国家法令和有关规定，要求防灾对象开展防灾活动，并对防灾工作进行督促和检查。

第四，手段不同。保险企业是在承保前或保险合同中向投保人与被保险人提出防灾建议与防范风险的措施，以被保险人践行防灾防损要求作为承保或赔付的前提条件；社会防灾部门可以运用行政手段促使有关单位和个人采取措施消除危险隐患，对不执行或违反规定的可以给予一定的行政或经济处罚，具有强制性。

二、保险防灾防损的方法

保险防灾防损需要保险企业加强同各防灾部门的联系与合作，进行防灾宣传和检查工作，及时处理不安全因素和事故隐患；同时，保险企业要每年提取防灾费用，建立防灾基金，并积累灾情资料，提供防灾技术服务。在保险防灾防损过程中，主要用到以下几个方法。

（一）法律方法

法律方法具有普遍约束力和严格的强制性，它是指通过国家颁布有关的法律来实施保险防灾管理。例如，某些国家的法律规定，如果投保人未采取必要的防灾措施，保险人不仅不承担赔偿责任，还可能追究其法律责任。《保险法》第五十一条规定："被保险人应当遵守国家有关消防、安全、生产操作、劳动保护等方面的规定，维护保险标的的安全。……投保人、被保险人未按照约定履行其对保险标的的安全应尽的责任的，保险人有权要求增加保险费或者解除合同。"

（二）经济方法

经济方法在保险防灾中的应用广泛，相对于法律方法，更具灵活性和针对性。它是指在承保过程中，保险费率的高低与投保人采取的防灾措施情况直接挂钩，也即保险人通过调整保费来促进投保人积极从事防灾活动。对于那些拥有完备防灾设施的投保人，保险人会采用优惠费率，即降低保费，鼓励投保人继续做好防灾工作；相反，如果投保人忽视防灾、缺乏必要的防灾设施，保险人会采用较高费率，即增加保费，以促使其加强防灾措施。

（三）技术方法

保险防灾的技术方法可以从两个角度来理解：一是通过制定保险条款和保险责任等技术来体现保险防灾精神；二是运用科学技术成果从事保险防灾活动。

第一个角度着重在保险合同设计与保险理赔的过程中规范被保险人的权利与义务，具体包括三个方面：首先，保险条款中应明确规定被保险人的防灾防损义务。例如，我国现行的许多险种的保险条款要求被保险人必须确保保险财产的安全。其次，在确定保险责任时，应包含防止道德风险的相关条款。现行保险条款中普遍规定，对于投保方故意行为造成的损失，保险人将不承担赔偿责任。如《保险法》第四十三条规定："投保人故意造成被保险人死亡、伤残或者疾病的，保险人不承担给付保险金的责任。"最后，在理赔过程中，要求被保险人履行防止或减少损失的义务，采取抢救和保护受灾财产的措施。《保险法》第五十七条对财产保险合同明确规定："保险事故发生时，被保险人应当尽力采取必要的措施，防止或者减少损失。"对于因未履行这一义务而导致的额外损失，保险人将不负赔偿责任。

第二个角度通常指保险公司设立专门的防灾技术研究部门，进行与防灾相关的技术研究。这些防灾部门运用先进的技术和设备对承保风险进行预测和分析，通过监测保险标的物，及时掌握潜在的风险因素。为了提高防灾水平，保险公司还积极研制各种防灾技术和设备，并制定相关的安全技术标准。这些防灾活动不仅使保险公司能够更好地评估风险和制定保险策略，进而获得良好的经济效益，也可以帮助其树立良好的声誉。此外，这些保险防灾技术领先于社会防灾技术，而其他相关机构也受益于这些技术的发展，进一步推动了社会防灾技术的进步。

第六节　保险投资

保险投资也叫保险资金运用，是指保险公司在组织损失补偿或经济给付的过程中，利用保险资金收支的时间差，将积聚的保险资金部分投资于资本市场，使保险资金保值增值的活动。保险投资不仅有利于稳定保险公司业务经营，而且有利于资本市场的发展。一方面，保险投资是保险公司增加利润，扩大积累，增强自身偿付能力的必然要求；另一方面，保险公司将聚集的巨额保险资金，投资到资本市场，成为重要的机构投资者，对整个资本市场的成熟和国民经济的持续发展都起到重要的推动作用。

从保险资金的性质来看，保险资金具有负债性和稳定性。保险公司负债经营的特点和保险资金运动的规律，决定了保险公司内部必然沉淀相当数量的闲置资金。在保险公司经营中，由于风险发生的不确定性和损失程度的波动性，在某一时点上，保险费收入与支出之间必然存在时间差和数量差，即保险公司收取的保险费不会立即并全额用于赔偿或给付。这种时间差和数量差的存在，使得一部分资金沉淀下来，这部分闲置资金就构成了可运用保险资金的主要来源。保险资金的稳定性是指可运用的保险资金能在数量上持续保持一定的规模，为保险投资活动提供稳定的资金来源。保险资金的来源主要有资本金以及准备金，其来源决定了保险资金必然具有稳定性。这就为保险资金的运用提供了可能。

一、保险投资的资金来源

保险投资的资金来源主要是资本金和各项责任准备金，除此之外，还有其他可使用的资金。

（一）资本金

资本金是保险公司开业的最低资本保证。资本金属于保险人的自有资金，主要是为了满足开业之初的正常营业需要而准备。在通常情况下，保险公司的资本金扣除必须交存的保证金外，其余部分均处于闲置状态，是保险投资的稳定资金来源。

（二）各种责任准备金

责任准备金是指保险公司按照一定比例从保险费中提留的资金准备，用以履行经济赔偿或保险金给付义务。保险公司用于投资的准备金包括财产保险中的未到期责任准备金、未决赔款准备金和总准备金，以及人身保险中的各种准备金。

（三）其他可运用的资金

除了资本金和各种责任准备金外，结算中形成的短期负债、应付税款、未分配利润、公益金、企业债券等，可根据期限进行相应的投资。

二、保险投资的原则

保险资金的性质决定了保险资金运用应遵循安全性、收益性、流动性的原则。

（一）安全性原则

安全性原则是指保险资金的运用必须以安全返还为条件。保证保险资金在投资过程中免遭损失，到期按时收回投资的本金、利息及利润。安全性原则是保险资金运用首要的原则和基本原则。保险资金主要是由各项准备金构成的，具有负债性质，从其运行的过程来看，最终都要以赔偿或给付的方式实现对被保险人的返还。如果出现投资失败，就可能导致保险公司偿付能力不足，从而影响保险公司经济补偿职能的实现。按照安全性原则，保险公司在投资过程中要保证资金安全，就应尽量避免投资风险高的项目，而应选择安全性较强的投资工具和方式，所谓"不要把鸡蛋放在同一个篮子里"，即通过构建投资组合分散风险。

（二）收益性原则

保险资金运用的直接目的是获取投资收益。较高的投资收益一方面可以提高保险公司的经济效益；另一方面也可以带来良好的社会效益。但保险资金投资收益率越高，风险越大，保险资金安全性也就越差。收益性作为保险资金运用的直接目标，往往与流动性原则、安全性原则相互矛盾。由于保险公司首要的职能是经济补偿，保险资金的运用必须首先满足安全性和流动性，并在此基础上追求投资收益以获取利润。特别是对传统的长期寿险产品，在产品定价之初，资金增值的因素已包含在产品的价格里。如果预定的收益率低于实际的收益率，保险公司在保险期限届满时将会出现偿付能力缺口，缺乏足够的资金来履行给付义务。这就要求保险公司在以资金安全为前提的条件下追求收益最大化。随着寿险业务从传统的保障型向投资型发展，以及寿险产品预定利率下调，保险公司将投资型寿险业务中面临的利率风险转移给了被保险人。与之相应的是，保险公司对该类业务的保险资金制定投资策略时，往往把收益性作为优先考虑的因素。

（三）流动性原则

流动性原则是指保险投资资产应有随时变现的能力，以保证赔偿或给付保险金的需要。流动性原则并不是要求每一个投资项目都能随时变现，而是要求保险公司根据保险资金的来源，实现投资收益的投资结构的合理化，将一部分资金投向变现能力强的项目，同时，将另一部分投向收益较高而变现能力较差的项目，只要在总体上保证保险资金的流动性即可。财产保险和人身保险业务性质的差别决定了二者对投资资产的流动性要求也有所不同。对于财产保险而言，因其具有保险期限短、风险事故发生随机性大的特点，对保险资产的流动性要求较高，必须保证有足够的流动性资产以满足随时可能发生的保险赔付的需要。一般来说，财产保险中的短期性投资在总投资额中比重较高。而人身保险业务特别是人寿保险业务，一般期限都较长，风险事故的发生具有一定程度的稳定性，每年保费收入与各项给付都能得到较为准确的预测和估算，因此寿险投资对流动性的要求相对要低。相应地，在整个投资结构中流动性较高的投资资产所占的比例也较低，中长期投资项目在整个资金运用的结构中所占的比重较大。

三、保险投资的工具

理论上，保险资金可以运用于各种投资形式。但实践中保险公司必须选择那些与自身业务要求相适应、符合保险投资原则的保险投资工具。从国际经验来看，保险投资工具主要有债券、股票、证券投资基金、贷款、不动产投资、存款等。

（一）债券

债券是表明债权债务关系的凭证。债券是一种借款凭证，或者说是负债凭证。债券按发行主体可分为政府债券、金融债券和企业债券。政府债券又称国债，它以国家信用为支撑，几乎不存在违约风险，收益水平也较低。金融债券是由信用度较高的金融机构发行的金融工具，其风险较国债高，比企业债券低，相应的收益率也介于两者之间。企业债券是企业为筹集资金而发行的债务凭证。企业债券的风险比国债和金融债券要大，但收益率较高。

（二）股票

股票是股份公司发给股东的股权证书，也是一种有价证券。持有股票就享有分享公司收益的权利，同时也要承担风险责任。股票是一种高风险高收益的投资手段，不具有返还性，风险高于债券。

（三）证券投资基金

证券投资基金是由投资基金发起人向社会公众公开发行，证明持有人按其所持有份额享有资产所有权、资产收益权和剩余资产分配权的有价证券，它是股票、债券及其他金融产品的某些权益组合的产物。[①] 证券投资基金具有专家经营、组合投资、分散风险、流动性高、品种多等优点，其投资收益水平一般高于债券投资，而风险水平比直接投资股票要低。

（四）贷款

贷款是保险人将保险资金贷放给单位或个人，并按期收回本金、获取利息的投资活动。保险贷款一般分为抵押贷款和保单贷款。抵押贷款是保险公司作为非银行金融机构向社会提供的贷款。按担保的形式可分为不动产抵押贷款、有价证券抵押贷款和信用贷款等。保单贷款是指保险公司以保险合同为依据向保单持有人发放的贷款，也称作保单质押贷款。贷款比存款的收益率高，但风险相对也较高，流动性较低。

（五）不动产投资

不动产投资包括购买房地产或其他建筑物等。国外保险公司不动产投资主要是房地产投资。不动产投资具有流动性差、风险大的特点，其收益性在一定程度上也会受宏观经济环境变化的影响。

（六）存款

存款是指保险公司将暂时闲置的资金存放于银行等金融机构。银行存款具有良好的安全性和流动性，但收益率最低。因此，国外保险公司一般根据现金流量估算出日常赔款或给付支出，存放于银行，作为支付准备，而不将存款作为获取投资收益的工具。

> **拓展阅读**
>
> 我国 2018 年 4 月 1 日实施的《保险资金运用管理办法》第二章"资金运用形式"第六条规定，保险资金运用限于下列形式：
> （一）银行存款；
> （二）买卖债券、股票、证券投资基金份额等有价证券；
> （三）投资不动产；
> （四）投资股权；
> （五）国务院规定的其他资金运用形式。
> 保险资金从事境外投资的，应当符合中国保险监督管理委员会、中国人民银行和国家外汇管理局的相关规定。

---

① 周升业，王广谦. 金融市场学［M］. 北京：中国财政经济出版社，2004.

本章小结

　　保险经营是指保险公司面对外部环境的不确定性，根据自身的情况选择技术路线、市场策略、价格策略、商业模式等，实现预期的盈利目标。保险公司的经营具有以下特点：经营内容特殊；保险公司会计核算特殊；经营模式特殊。保险公司经营的一般原则与市场经济体制下一般商品经营的原则一样，都包括经济核算原则、随行就市原则、薄利多销原则。此外，保险经营还应遵循风险大量原则、风险选择原则及风险分散原则等特殊经营原则。

　　保险营销是指保险公司为了满足保险市场存在的保险需求进行的总体性活动，包括保险市场的调查与预测、保险市场营销环境分析、投保人行为研究、新险种开发、保险费率厘定、保险营销渠道选择、保险商品推销以及售后服务等一系列活动，在满足消费者保险需求的同时，实现保险公司价值最大化的交换过程。保险营销渠道可分为直接营销渠道、间接营销渠道。保险营销策略包括目标市场策略、营销组合策略及竞争策略。

　　承保是指保险合同的签订过程，即投保人和保险人双方通过协商，对保险合同的内容取得意见一致的过程。保险承保工作的内容主要包括核保选择和承保控制两大方面。做好承保工作有利于合理分散风险、确定公正的保险费率和促进被保险人防灾防损。

　　核保选择包括审核投保人的资格、审核保险标的、审核保险费率。

　　承保控制要求保险人在承保时，依据自身的条件和能力控制保险责任，尽量防止和避免道德风险和心理风险。保险人通常从以下三个方面进行承保控制：控制保险责任、控制道德风险及控制心理风险。

　　理赔应遵循的基本原则有重合同、守信用；实事求是；主动、迅速、准确、合理。理赔应遵循的特殊原则包括实际损失补偿原则；重复保险的分摊原则；代位追偿原则；通融赔付原则。保险理赔的程序包括损失通知、确定理赔责任、进行损失调查、赔偿给付保险金、损余处理及代位求偿等步骤。

　　保险防灾防损是指保险人与被保险人对所承保的保险标的采取措施，减少或消除风险发生的因素，防止或减少灾害事故所造成的损失，从而降低保险成本、增加经济效益的一种经营活动。保险防灾防损的主要方法有法律方法、经济方法、技术方法。

　　保险投资也叫保险资金运用，是指保险公司在组织损失补偿或经济给付的过程中，利用保险资金收支的时间差，将积聚的保险资金部分投资于资本市场，使保险资金保值增值的活动。保险投资的资金来源主要是资本金和各项责任准备金。保险资金的性质决定了保险资金运用应遵循安全性、收益性、流动性原则。保险投资工具主要有债券、股票、证券投资基金、贷款、不动产投资、存款等。

本章关键词

　　保险经营　保险经营原则　保险营销　保险营销渠道　保险营销策略　保险承保
核保　承保控制　理赔的程序　保险防灾防损　保险投资　保险投资的原则
安全性原则　收益性原则　流动性原则　保险投资工具

复习思考题

1. 保险公司的经营具有哪些特点？
2. 谈谈保险公司经营的特殊原则。
3. 试述保险营销的策略。
4. 简述核保工作的内涵。
5. 保险人如何进行承保控制？
6. 保险理赔应遵循哪些原则？
7. 保险投资应遵循哪些原则？

第五章 财产保险

学习目标

1. 掌握财产保险的概念、特征及分类。
2. 了解我国火灾保险的主要类型，运输工具保险、运输货物保险的主要类型。
3. 了解工程保险的特征及其种类。
4. 了解农业保险的特点及主要险种。
5. 掌握责任保险的特征与分类。
6. 了解信用保险与保证保险的特征与主要业务类型，掌握信用保险与保证保险的区别与联系。

在隋朝时期，政府设立了"常平仓"和"官仓"等制度，用来储存粮食，以防止灾荒时期粮食短缺，体现着古代人财产损失预防的思想。此外，在古代民间也有一些类似财产保险的做法，如镖局制度。镖局是一种类似保险的民间安全保卫组织，负责护送货物和财物。托镖人将货物委托给镖局运送，并向镖局支付一定的费用，若货物在运送途中丢失或损坏，镖局需要按照实际价值进行赔偿。这些做法都体现了风险分摊和风险转移的思想，与现代财产保险有相似之处。本章将详细介绍财产保险，包括财产保险的概念与特征、财产保险分类，并将详细介绍各类财产保险的职能，以便读者清晰理解财产保险在社会经济发展过程中的作用。

第一节 财产保险概述

一、财产保险的概念与特征

（一）财产保险的概念

1. 财产保险的定义

从理论概念上讲，财产保险（Property Insurance）是以各种物质财产及与其相关的利益为保险标的，并以补偿被保险人经济损失为基本目的的经济补偿制度。不同于其他形式的保险，财产保险是为具体的物质财产和经济利益提供风险保障的一种保险。从实务概念上讲，财产保险是指投保人根据保险合同约定向保险人交付保费，保险人根据合同约定对投保人所投保的财产及有关利益因自然灾害或意外事故或合同约定内事项造成的损失承担赔偿责任的保险。

财产保险在概念上可分为狭义财产保险与广义财产保险。从狭义概念上看，财产保险是指以物质财产为保险标的的保险。这里的物质财产是指用货币直接衡量的物品，例如，居民的房屋、汽车，企业的厂房与生产资料，是能够用货币直接衡量其价值，并计算其损失金额的物质。狭义财产保险又称作财产损失保险。从广义概念上看，财产保险是指以财产及其有关的经济利益和责任为保险标的的保险。广义的财产保险不仅包括财产损失保险，还包括责任保险、信用保险与保证保险等。

值得注意的是，财产保险标的应是能够以货币衡量或标定价值的财产或利益，若无法用货币衡量或标定其实际经济价值的财产或利益，则不可成为财产保险的标的，如国有矿藏、江河、空气和国有土地等。

2. 财产保险的起源与发展

财产保险起源于意大利的海上保险。1347 年 10 月 23 日，意大利商人乔治·勒克维伦出立第一份海上保险单，承保热那亚至马乔卡的船舶航程保险。随着海上保险单不断发展，合同逐渐明确保单中的保险标的与保险责任。1384 年，一份承保法国南部阿尔兹至意大利比萨的海上保险单的出立，标志着世界上第一份具有现代意义的保险单正式诞生。15—16 世纪时，海上保险在欧洲国家得到普遍发展。16 世纪以后，在其他西欧国家迅速发展起来，当时买卖保险契约行为已相当普遍。随着海上贸易中心的转移，17 世纪英国伦敦成为世界最主要的海上保险市场。

财产保险的发展大体经历了四个阶段：①财产保险萌芽阶段，共同分摊海损制度确立；②近代财产保险阶段，海上保险出现确立了近代保险制度；③现代财产保险阶段，火灾保险产生，工业保险、汽车保险等业务产生与发展；④财产保险全面发展的新阶段，20世纪以来，科技发展催生的法律责任、信用、科技保险等新内容的财产保险。

 拓展阅读

世界上第一份海上保险的保单

14 世纪中叶，意大利商船圣·克勒拉号运送一批贵重物资，航线经由热那亚至马乔卡，尽管路程并不远，但这段航程充满飓风和暗礁。船长焦头烂额之际经人介绍与财大气粗且具有冒险精神的意大利商人勒克维伦达成协议，船长先将一笔钱存在勒科维伦处，若6 个月后平安抵港，这笔钱归勒科维伦所有，否则勒科维伦将承担船上货物损失。

 拓展阅读

共同分摊海损制度

公元前 916 年，在地中海的罗得岛上，国王为保证海上贸易运行，制定了《罗地安海商法》，规定某货主遭受损失，由包括船主、所有该船货物的货主在内的受益人共同分担，即共同分摊海损制度。共同分摊海损制度确定了财产保险的两大原理：①具有同质风险的认构成一个共同的风险集合体，这是财产保险经营的风险结构基础；②风险损失可以在具有同质风险的人群中进行分摊。"一人为众，众人为一"的思想构成了财产保险的基本理念。

（二）财产保险的特征

作为一种风险管理工具，一般将保险划分为财产保险与人身保险。财产保险发展较早，相比于人身保险有独特的职能与特色，具体包括以下几个方面。

1. 承保范围广泛

财产保险业务的承保范围覆盖除自然人的身体和生命以外的一切风险。根据《保险法》第九十五条规定，财产保险业务包括财产损失保险、责任保险、信用保险、保证保险等保险业务。可承保的财产包括物质形态和非物质形态的财产及其有关利益。以物质形态的财产及其相关利益作为保险标的的，通常称为财产损失保险。例如，汽车、厂房、设备以及家庭财产保险等。以非物质形态的财产及其相关利益作为保险标的的，通常是指各种责任保险、信用保险等。例如，公众责任、产品责任、雇主责任、职业责任、出口信用保险、投资风险保险等。但是，并非所有的财产及其相关利益都可以作为财产保险的保险标的。只有根据法律规定，符合财产保险合同要求的财产及其相关利益，才能成为财产保险的保险标的。因此，财产保险标的不仅包括各种有形的物质财产，还包括与物质财产相关的利益、责任。人身保险的保险标的是人的身体和生命，包括以被保险人的生死为给付条件的寿险，以被保险人伤、病风险为给付条件的健康保险，以被保险人遭受意外伤害后果为给付条件的人身意外伤害险。相比于人身保险，财产保险的承保范围更广泛，保险标的更复杂。

2. 保险金额确定与费率厘定的依据不同

财产保险的保险金额是根据保险价值确定的，财产保险纯费率厘定的依据是各种风险的损失概率。而人身保险的保险标的是被保险人的生命和身体，由于人身保险的保险价值难以确定，其保险金额是在保险合同当事人双方约定的基础上依照投保人缴纳保险费的能力确定的。人身保险的费率主要依据生命表和利率水平厘定。

3. 保险期限与承保过程复杂

人身保险，除意外伤害保险和短期健康保险外，保险期限均在一年以上，保险期限较长。财产保险多为短期，保险期限一般为一年及一年以内。财产保险标的的复杂性决定财产保险的承保过程比人身保险更为复杂。在财产保险中，承保前需要对保险标的进行风险检查，承保时要严格核保，承保后的保险期间内要注意防灾防损。如果发生保险事故，还需要进行理赔查勘，整个过程包含多个程序和环节。

4. 经营技术复杂

财产保险的风险事故的发生既不规则又缺乏稳定性，损失概率相对缺乏规律性。因此，财产保险承保的过程中，不仅要求保险人进行风险检查、严格核保，还要求保险人重视保险期间的防灾防损和保险事故发生后的理赔查勘等，这就要求保险人熟悉各种类型保险标的的知识，例如汽车保险要熟悉汽车方面的专业知识等。人身保险中的人寿保险，对死亡率的计算较为精密，其风险事故也较规则和稳定。财产保险标的广泛且复杂，因此，财产保险业务的经营者不仅要具备保险专业知识，还要熟悉与各类型保险标的相关的技术知识，经营技术更为复杂。

5. 风险管理不同

财产保险的重点在于对物质财产及其相关利益的管理。保险人需要对每一笔业务进行风险评估、风险限制或风险选择。随着现代财产保险标的价值不断增高,保险对象的风险集中程度也越来越高,保险人通常采取再保险的方式进一步分散风险,以保证业务经营和财务状况的稳定。相比之下,人身保险主要关注被保险人的身体健康,每个被保险人的保险金额相对较小,对保险人业务经营与财务稳定的影响在可控范围内。

二、财产保险分类

随着社会经济和保险业的发展,财产保险业务领域不断扩大,险种日益增多。按照一定的标准对财产保险业务进行归类,能够为保险公司确定业务范围、业务重点和产品结构提供依据,而且也对监管部门核定业务范围、对产品定价等监督管理具有重要意义,帮助公众更清晰地认识和了解财产保险商品。常见的财产保险分类方法有以下几种。

(一)按保险标的的内容分类

按保险标的的内容进行分类,是最常见、最普遍的一种分类方法,可以将财产保险分为物质财产保险、经济利益保险和责任保险。

1. 物质财产保险

物质财产保险是以各类具体的、有形的商品和物资作为保险标的的保险,包括家庭财产保险、运输工具保险、工程保险与农业保险等。

2. 经济利益保险

经济利益保险是以各类物质财产损失所派生的利益损失为保险标的,或以具有担保保证性质的行为所出现的经济利益损失为保障对象的保险,如保证保险与信用保险等。

3. 责任保险

责任保险是以被保险人对第三者依法应承担的经济赔偿责任为保险标的的保险。如产品责任保险、职业责任保险与机动车辆第三者责任保险等。

(二)按保险价值的确定方式进行的分类

按保险价值的确定方式,可以将财产保险分为定值保险和不定值保险。

1. 定值保险

定值保险是指保险人与投保人事先约定保险标的的价值作为保险金额并在合同中载明,保险事故发生时根据载明的保险金额进行赔偿。定值保险主要适用于保险标的价值变化幅度较大或保险价值难以准确确定的财产,如古玩、艺术品、船舶及运输中的货物等。

2. 不定值保险

不定值保险是指投保人与保险人按照财产的实际价值确定保险金额并在保险合同中载明,作为赔偿的最高限额。发生保险责任范围的损失时,保险人按照保险金额与保险标的实际价值的比例承担赔偿责任。在不定值保险中,被保险人只有按照保险标的实际价值足额投保才能获得足额保障,不足额保险则只能按照保障程度获得赔偿。财产保险大多采用不定值保险;尤其是火灾保险,都采用不定值保险的形式。

(三)按实施方式不同分类

按实施方式的不同,可以将财产保险分为自愿保险和强制保险。

1. 自愿保险

自愿保险是保险人和投保人在自愿原则基础上,通过签订保险合同而建立保险关系的保险。自愿保险完全是由投保人根据自己的意愿自由选择是否投保，以及投保何种保险、保险金额高低、期限长短等，除另有规定外，被保险人还可以中途退保。而保险人可以根据情况决定是否承保。自愿保险的保险费和保险金额则由投保人自行选择确定。

2. 强制保险

强制保险又称法定保险，是依照国家有关法律、行政法规而建立保险关系的一种保险。强制保险具有强制性和全面性，凡在法律规定范围内的保险对象，不论被保险人是否愿意，都必须投保，如机动车辆道路交通事故责任强制保险。强制保险的保险费和保险金额一般按国家统一标准确定。

（四）按经营目标不同进行的分类

按经营目标的不同，可以将财产保险分为营利性财产保险和非营利性财产保险。

1. 营利性财产保险

营利性财产保险又称为商业财产保险，是以营利为主要经营目的的财产保险。营利性财产保险较为常见，商业保险公司经营的保险业务均属于营利性财产保险业务。

2. 非营利性财产保险

非营利性财产保险是不以营利为主要经营目的的财产保险业务，如中国出口信用保险公司经营的业务即为非营利性的业务。出口信用保险在鼓励出口方面发挥着较大的作用，得到了政府的支持。非营利性财产保险按照经营主体与实施方式不同主要包括政策性保险、相互保险、合作保险。

（1）政策性保险。政策性保险是政府为了实施某项经济政策而实施的一种非营利性的自愿保险，如政策性农业保险与出口信用保险等。

（2）相互保险。相互保险是参加保险的成员之间相互提供保险的制度。其组织形式有相互保险公司和相互保险社。

（3）合作保险。合作保险是指参加保险的人以资金入股的方式积聚保险基金，为入股成员提供经济保障的制度。其组织形式是保险合作社。①

（五）按保险性质不同进行的分类

按保险性质的不同，财产保险可以分为政策性财产保险和商业财产保险。

1. 政策性财产保险

政策性财产保险简称政策性保险，通常由政府运用法律、行政、财政、税收、金融、政策等非市场化的手段来推动业务的发展，是政府为了实施某项经济政策，运用普通保险技术开办的保险，如出口信用保险与海外投资保险等。政策性财产保险经营的目的是贯彻政府的某些特定的经济政策，不以营利为目的。政策性财产保险的经营机构通常是政府或政府委托的机构。

2. 商业财产保险

商业财产保险是投保人根据财产保险合同的约定，向保险人支付保险费，保险人对合

---

① 相互保险和合作保险具有相同法律性质、相同保险人、相同决策机关以及相同权益与义务归属，即均为非营利性的法人，投保人即为社员，决策机关均为社员大会或社员代表大会，权利和义务归属社员。

同约定的保险事故发生所造成的财产损失承担赔偿保险金责任的保险，如机动车辆保险、货物运输保险与工程保险等。商业性财产保险业务的经营机构一般是商业保险公司。

（六）按业务体系不同分类

财产保险业务体系庞大，按主流财产保险业务体系标准，可将财产保险大致划分为五类，即财产损失保险、农业保险、责任保险、信用与保证保险、巨灾保险。

1. 财产损失保险

财产损失保险包括火灾保险、运输保险与工程保险，是以承保保险客户的财产损失风险为内容的各自保险业务统称。财产损失保险是财产保险中的重要内容，也是财产保险中最传统、最主要的业务。

2. 农业保险

农业保险属于财产损失保险范围，但因其保险标的是有生命的特殊财产，业务经营、风险类别均具有特殊性，因此，常被作为单独财产保险业务经营。农业保险包括种植业保险与养殖业保险。

3. 责任保险

责任保险包括公众责任保险、产品责任保险、雇主责任保险、职业责任保险以及其他责任保险。责任保险承保的是保险客户的各种民事法律风险，从而是一种随着法律制度的完善而不断发展的保险业务。

4. 信用与保证保险

信用与保证保险包括出口信用保险、个人信用保险、产品保证保险，承保的是保险客户的各种商业信用风险。

5. 巨灾保险

巨灾保险包括地震保险、洪水保险与其他巨灾保险，承保的是因地震、洪水以及飓风等自然灾害，可能造成巨大财产损失和严重人员伤亡的风险。

除以上分类以外，根据保险风险数量不同，也可以将财产保险分为单一风险财产保险与综合风险财产保险。其中，单一风险财产保险只对某一种风险造成的损失承担保险责任，综合风险财产保险对多种风险造成的损失承担保险责任，如企业财产保险的保险责任就包括火灾、爆炸、冰雹、雷击、洪水等多种风险造成的损失。此外，还可以根据保险风险具体内容的不同，将财产保险分为火灾保险、产品责任保险、信用与保证保险等，财产保险业务体系如图5-1所示。

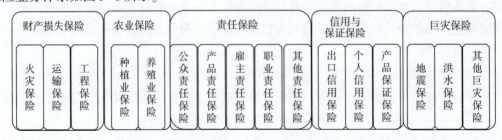

图 5-1　财产保险业务体系

第二节　火灾保险

火灾是人类面临的主要灾种之一，引起了人们的高度重视，不仅成立了专门用于救火的消防部门，而且成立了为灾后救助设立的火灾救助协会，并最终发展为商业性的火灾保险。然而，值得注意的是，火灾保险并不是只承保火灾的保险。本节将对火灾保险及其主要险种进行详细介绍。

一、火灾保险概述

（一）火灾保险概念

火灾保险（Fire Insurance），简称火险，是指以存放在固定场所并处于相对静止状态的财产物资为保险标的，由保险人承担保险财产遭受保险事故损失的经济赔偿责任的一种财产保险。最初，火灾保险只承保陆上财产的火灾风险，随后为满足保险消费者的风险转嫁需求，火灾保险在原有基础上逐渐拓展其承保责任范围，当前的火灾保险除承担火灾以外，还承保各种自然灾害和意外事故所致的损失。

（二）火灾保险标的与承保的主要风险

1. 火灾保险的标的

火灾保险的标的主要为各类动产与不动产。其中，不动产指的是不能移动或移动后会因其性质、形状改变的财产，包括土地及土地附着物。由于土地不属于财产保险承保范畴，因此，火灾保险承保标的的不动产主要指土地附着物，如房屋、建筑物等。动产指的是能够自由移动且不改变其性质、形态的财产。相比于不动产，火灾保险承保标的的动产包含范围较广，涵盖了各种生活资料、生产资料与其他商品。其中，生活资料包括家用电器、家具与服装等；生产资料则包括生产所需的原材料、机械设备以及其他产品等。

2. 火灾保险承保的主要风险

火灾保险承保的风险分为基本风险与其他自然灾害风险。基本风险为火灾、雷击、爆炸、飞行物体及其他空中运行物体坠落。其中，火灾是指时间或空间上失去控制的燃烧所造成的灾害，火灾责任需满足有燃烧现象、偶尔或意外发生的燃烧、燃烧失去控制并有蔓延扩大的趋势。雷击是指雷电造成的灾害，承保雷击责任的破坏形式包括直接雷击损害与感应雷击损害。爆炸风险的承保范畴包括物理学性爆炸与化学性爆炸。飞行物体及其他空中运行物体坠落，是指空中飞行或运行物体的坠落，如陨石、人造卫星、飞行器坠落，或吊车等运行时发生物体坠落。

火灾承保的其他自然灾害风险包括暴雨、洪水、台风、暴风、龙卷风、雪灾、雹灾、冰凌、泥石流、崖崩、突发性滑坡、地面突然坍塌。每类风险均有其规定，如暴雨是指每小时降雨量达到 16 毫米以上，或连续 12 小时降雨量达到 30 毫米以上，或连续 24 小时连续降雨量达到 50 毫米以上。

（三）火灾保险承保的主要险种

火灾保险的险种因划分标准不同有着不同的分类，本节介绍两类险种分类。

1. 根据承保风险强度不同的分类

火灾保险因承保风险强度不同，分为火灾保险基本险、火灾保险综合险与火灾保险一切险。火灾保险基本险，仅保障因火灾、爆炸、雷击、飞行物及其他空中运行物体坠落造成的对财产标的的损失。火灾保险综合险的保障范围相比于基本险广泛，除基本险保障责任外，还承保由于暴雨、洪水、台风、暴风、龙卷风、雪灾、雹灾、冰凌、泥石流、崖崩、突发性滑坡、地面突然坍塌等自然灾害导致的对保险标的的损失。火灾保险一切险的保障范围最广，除免责范围内的情况以外，其余自然灾害或意外事故导致的对保险标的的损失，均可进行赔付。

2. 根据投保对象不同的分类

火灾保险因投保对象不同，可划分为企业财产保险与家庭财产保险。企业财产保险投保人是企事业单位或社会团体组织，家庭财产保险投保人为个人或家庭。企业财产保险的保险责任范围窄于家庭财产保险，但企业财产保险的保险标的范围可以大于家庭财产保险的保险标的。

二、企业财产保险

（一）企业财产保险的概念与特征

1. 企业财产保险的概念

企业财产保险，又可称为团体火灾保险，是以法人团体的财产物资及有关利益等为保险标的，由保险人承担火灾及有关自然灾害、意外事故赔偿责任的财产损失保险。

2. 企业财产保险的特征

第一，企业财产保险标的是处于相对静止状态的财产，即与处于水上和空中的标的（水险标的、航空保险标的）不同，也与处于运动状态的标的（货物运输和运输工具险标的）不同。第二，企业财产保险标的承保财产地址不得随意变动，强调保险标的必须存放在保险合同中列明的固定处所，保险期间一般不能随意变动保险标的的存放地。第三，企业财产保险的投保单位为法人团体。

（二）企业财产保险的基本内容

1. 保险标的

企业财产保险的保险标的分为可保财产、特约可保财产以及不保财产。可保财产为保险人可以承保的财产，包括属于被保险人所有或与他人共有或有由被保险人负责的财产、由被保险人经营管理或替他人保管的财产、其他具有法律上承认的与被保险人有经济利益关系的财产。特约可保财产是指经过保险双方当事人特别约定，并在保险单上载明才能成为保险标的的财产，主要包括市场价格变化较大、保险金额难以确定的财产，如金银珠宝、古玩古书、艺术品等；价值高、风险较特别的财产，如水闸、桥梁、铁路、码头等。不保财产是保险人不予承保的财产，包括不能用货币衡量价值的财产或利益，如森林、土地等；承保后与法律法规及政策规定相抵触的财产，如违章建筑、非法财产等；不属于团体火灾保险的承保范畴，应投保其他险种的财产。

2. 保险赔偿

在企业财产保险中，保险标的发生保险责任范围内的损失，保险人可按照被保险财产的不同种类及其投保时确定保险金额的方法不同而采用不同的赔偿计算方式，根据被保险财产是固定资产或流动资产区别计算其赔付金额。

固定资产的赔偿金额计算需分项而定。如果发生保险责任范围内的损失属于全部损失，即无论被保险人以何种方式投保，都按保险金额予以赔偿。如果固定资产是部分损失，其赔偿方式为：凡按重置重建价值投保的财产，均按照实际损失计算赔偿价值；按照账面原值投保的财产，根据受损财产保险金额与重置重建价值衡量而定。

流动资产的赔偿金额计算也需分项而定。当流动资产全部损失时，如果受损财产的保险金额高于或等于出险时账面余额的，其赔偿金额以不超过出险时账面余额为限；反之，其赔款不得超过该项财产的保险金额。当流动资产为部分损失，若受损保险标的的保险金额高于或等于账面余额，按实际损失计算赔偿金；反之，则根据实际损失或恢复原状所需修复费用，按保险金额占出险时账面余额的比例计算赔付金额。

2023年6月，某市服装厂参加了企业财产保险，其固定资产、定额流动资产以及租用厂房合计保险金额为168万元。同年8月，由于该厂电线老化发生火灾，烧毁厂房及全厂的原材料、机器设备、产品、半成品以及全部的会计账册。出险后，该服装厂向保险公司报告了险情，并提出全额索赔。

保险公司接到报险后，立刻查勘现场并核实该厂的固定资产及租用厂房部分的损失。但是其会计账册被毁，材料、产品都为易燃的布料且全损，在核定其定额流动资产时出现了较大争议。主要有两种观点：第一，主张保多少，赔多少，即保险公司应赔偿该厂损失168万元。理由是：该厂是足额投保，有权获得足额补偿；该厂财产已在火灾中全部毁损，保险公司应承担全部赔偿责任。第二，主张固定资产的全损应全赔，流动资产只能按实际资金占用赔。理由如下：一是流动资产数额是变化的，定额流动资产与非定额流动资产也是随时变换的；二是材料、产品、半成品三项定额流动资产的资金占用也是在随时变动的；三是应分清楚发生火灾时的各项流动资产的资金占用情况，若按保险金额赔，可能会与该厂流动资产的实际损失不符。因此，应先调查核实该厂流动资产的实际资金占用数。

显然，第二种观点更为合理，接下来保险公司先以全部资金来源减去固定资产等非流动资金占用，取得流动资金占用数。接着，在流动资金占用数中，取得定额流动资产实际损失数。然后，将根据这种倒推法得出的损失数与厂方提供的定额流动资产总额情况与损失的明细情况相核对，合理确定定额流动资产的数额。最终，保险公司调查核实的事实表明，该厂定额流动资产的实际损失数比投保的保险金额要少10余万元。

三、家庭财产保险

（一）家庭财产保险的概念与特征

1. 家庭财产保险的概念

家庭财产保险，又称家财险，是面向城乡居民家庭并以其住宅及存放在固定场所的物质财产为保险对象的保险，强调保险标的的实体性和保险地址的固定性。家庭需要风险管理，并需要利用保险的方式来转嫁自己的各种风险。利用家财险对遭遇灾害事故损失的家庭进行财产损失补偿，可以达到维护城乡居民生活安定的目的。同时，对于保险人而言，家财险的开展和普及，能够带动其他财产保险业务的发展。

2. 家庭财产保险的特征

家庭财产保险与企业财产保险在保险标的、承保地址、保险责任等方面有相似之处，但存在业务分散、潜力巨大、数额小、数量大、经营成本高的特点。家庭财产保险的风险结构有所不同，除火灾外，失窃是其面临的主要风险。此外，家庭财产保险赔付方式一般采用第一危险赔偿方式来处理，即将被保险人的财产价值分为两个部分，即保险金额部分与被保险人自行承担部分。保险金额部分为投保人的投保部分，也是保险人应当负责的第一损失部分，但超过这一部分的损失须由被保险人承担。相比于其他财产保险业务中，无论全损还是部分损失，均按照保险金额占财产实际价值的比例分摊损失的做法，家财险的第一危险赔付方式显然有利于被保险人。

（二）家庭财产保险的基本内容

1. 适用范围

家庭财产保险适用于我国城乡个体居民、居民家庭、外国驻华人员及其家庭。城乡居民家庭、外国驻华人员及其家庭的所属财产、代他人保管财产或共有财产，均可以投保家庭财产保险。

2. 保险标的

家庭财产保险的保险标的分为可保财产与不保财产。其中，可保财产定义为坐落在保险单所载明的固定地点，属于被保险人自有或代保管或负有安全管理责任的财产，包括房屋及其附属设备、生活资料、生产资料，与他人共有的前述财产以及代保管财产。

不保财产包括个体工商户和合作经营组织的营业器具、工具和原材料等；正处于危险状态的财产；价值观、物品小，出险后难以核实的财产或无法鉴定价值的财产；生长期的农作物及家禽；机动车辆与运输中的货物等。它们不属于家庭财产保险范畴，应在其他险种投保的财产。

3. 责任范围

家庭财产保险主要承保火灾、爆炸、雷击等其他各种自然灾害，空中运行物体坠落，外来建筑物和其他固定物体倒塌，以及发生上述灾害事故时为防止灾害蔓延采取的必要措施所造成的被保险财产损失及施救过程中支付普遍的合理费用等。从广义上来看，家庭财产保险责任范围还包括盗窃风险与家庭责任风险，家庭责任风险是指家庭成员由于过错，违反法律规定的义务，以其作为或不作为的方式对他人的身体及财物造成损害并依法应负的经济赔偿责任风险。

2022 年 12 月，齐某投保了家庭财产保险附加盗窃风险。齐某在清明节因外出扫墓忘记关好门窗，致使家中财物失窃。经相关部门核实，共计损失财产约 12 万元。齐某第一时间向保险公司报案，索赔 12 万元。保险公司查验现场及参考警方资料后认为，齐某家门锁完好，没有明显的盗窃痕迹，其失窃的主因是齐某自身防范不严、忘记关好窗户。盗窃险的保险责任是指在正常安全状态下，留有明显现场痕迹的盗窃行为致使保险财产产生的损失。最终，保险公司对齐某的索赔请求予以拒绝，家庭财产保险损失由齐某自行承担。

在本案例中，导致投保人财产损失的原因是自身防范不严，并非自然灾害或意外事故等外界原因，不符合家庭财产保险的责任范围，因此，最终损失由齐某自己承担。

2022 年 12 月，高女士为自己房屋购买了房屋及室内财产保险。春节期间，高女士外出旅行，回家后发现，由于邻居小孩放花炮造成火灾，自己家中的家具全部被毁。火灾后，保险公司对高女士家中财产进行损失评估，最终高女士获得保险公司 20 万元的全额赔偿。高女士在取得全额保险赔偿后，将向邻居家的索赔权利全部转让给保险公司，最终，保险公司获取了本次事故的代位追偿权。

在本案例中，导致投保人财产损失的原因是由于邻居小孩的行为引发的火灾，属于客观上的意外事故，符合家庭财产保险的责任范围，因此，最终损失由保险公司承担。

第三节　运输保险

随着运输业的不断发展，我国运输保险赔付金额也逐年增加，自 2014 年以来，我国货物运输保险赔款及给付金额呈上升趋势，2019 年我国货物运输保险赔款及给付金额达 69.74 亿元，比 2018 年增加 2.16 亿元[①]。

与火灾保险的保险标的要求存放在固定场所和处于相对静止状态有所区别，运输保险（Transportation Insurance）是以处于流动状态下的财产为保险标的的一种保险，其特点为保险事故发生具有异地性，保险标的具有流动性，第三者责任具有广泛性。保险风险较大且复杂性较高。根据运输保险内容划分，可分为运输货物保险和运输工具保险。根据运输区域划分，可分为陆空保险与海上保险。由于陆空保险与运输工具内容重合处较多，故大部分教材将运输保险划分为运输工具保险、运输货物保险与海上保险，本书沿用这一分类标准，并进行详细介绍。

---

① 数据来源于智研咨询 2020 年发布的《2021—2027 年中国货物运输保险行业发展现状分析及投资战略规划报告》。

一、运输工具保险

(一) 运输工具保险的概念与特征

运输工具保险是以各种运输工具本身和运输工具所引起对第三者依法应负的赔偿责任为保险标的的保险，主要承保各类运输工具遭受自然灾害和意外事故而造成的损失，以及对第三者造成的财产直接损失和人身伤害依法应负的赔偿责任。运输工具保险具有很多类别，包括机动车辆保险、飞机保险、船舶保险以及其他运输工具保险，其中，机动车辆保险与飞机保险是最为重要的两类运输工具保险。

相比于其他财产保险，运输工具保险具有以下三方面特征：第一，承保的风险具有多样性。由于运输工具经常处于流动状态，这意味着其覆盖各种不同类型的风险。例如，运输工具保险可能承保运输工具遭受自然灾害（如台风、地震、洪水等）造成的损失。此外，还可能承保运输工具遭受意外事故（如碰撞、倾覆、坠落等）造成的损失。第二，保险事故的发生具有复杂性。运输工具保险事故的发生可能涉及多种因素和环节，例如，在汽车交通事故赔付中，从因素上来看，可能涉及道路状况、天气情况、驾驶员操作、车辆性能等多种因素。这些因素之间可能存在相互影响和相互制约的关系，分析和判断运输工具保险事故的发生原因比较复杂。从环节上来看，可能需要交警部门、保险公司、汽车维修厂等多个部门和机构参与处理，部门和机构之间可能存在协调和沟通的问题，因此处理环节可能也会较为复杂。第三，保险标的的范围的广泛性。运输工具保险可能覆盖各种不同类型的运输工具。例如，运输工具保险可以承保汽车、飞机、船舶、火车等各种运输工具，这些运输工具可能在物流、旅游与交通等行业或领域使用。此外，运输工具保险还可以承保运输工具所引起对第三者依法应负的赔偿责任。例如，一辆汽车在行驶过程中发生交通事故，造成对第三者的财产损失或人身伤害，由运输工具第三者责任保险承担赔偿责任。

(二) 机动车辆保险

1. 机动车辆保险的保险标的与特点

1) 机动车辆的保险标的

机动车辆保险是以机动车辆本身及其第三者责任等为保险标的的保险。国外称为汽车保险。保险客户主要是拥有各种机动交通工具的法人团体和个人，保险标的为经公安交通管理部门检验合格、具有其核发的有效行驶证和号牌的机动车辆，包括各种类型的汽车、专用车辆及摩托车等。在我国，机动车辆保险所承保的机动车辆是指汽车、电车、电瓶车、摩托车、拖拉机、各种专用机械车特种车。保险车辆必须有交通管理部门核发的行驶证和号牌，并经检验合格方为有效机动车辆保险，否则保险单无效。

2) 机动车辆的保险特点

机动车辆保险有以下特点：第一，机动车辆保险属于不定值保险。对车辆损失保险，一般采用不定值保险的方式；对于第三者责任险，一般采用责任限额内赔偿的方式。第二，机动车辆保险的赔偿方式主要采用修复方式。考虑到大部分车辆的损失属于部分损失，故保险人根据修复的金额进行赔偿。第三，机动车辆保险赔偿中采用绝对免赔方式。根据被保险人在交通事故中的责任轻重，规定相应的绝对免赔率。对负全责或单方肇事的免赔率最高，负次要责任的免赔率最低，无责的则无免赔。第四，机动车辆保险采用无赔款优待方式。在实务中，经常对在上一年未发生保险事故的续保车辆采用无赔款优待方式，以激励被保险人减少车险事故①。第五，对第三者应承担的责任部分采用强制责任保险的方式。为了保护第三方的基本权益，机动车辆对第三者的基本赔偿责任，常采用强制保险的方式。

 拓展阅读

第三者责任保险包括基本保障和特定保障。基本保障为社会平均水平下对受害者保障的权益。特定保障为对第三者应负赔偿责任中扣除基本保障以外的部分，属于机动车辆依法应负的赔偿责任。前者为机动车辆交通事故责任强制保险。后者为机动车辆第三者责任保险，简称商业三责险。

2. 机动车辆保险的保险责任

1）机动车辆损失险的保险责任

机动车辆损失险的保险责任包括：由于机动车辆遭受自然灾害或意外事故造成的直接损失，以及自然灾害或意外事故造成保险车辆的施救与保护费用，保险公司均负责赔偿。车辆损失险的保险职责包括意外事故或自然造成保险车辆的损失，合理施救、保护费用。例如，保险车辆在发生保险事故时，被保险人为了减少车辆损失，对保险车辆采取施救，保护措施所支出的合理费用，保险人负责赔偿，但此项费用的最高赔偿金额以保险车辆的保险金额为限。保护施救行为的费用是直接的和必要的，并符合国家有关政策规定。

2）机动车辆第三者责任保险

机动车辆第三者责任保险承保在保险期间，被保险人或其允许的合法驾驶人在使用保险机动车过程中发生意外事故，致使第三者遭受人身伤亡或财产直接损毁，依法应当由被保险人承担的民事损害赔偿责任。保险人依照第三者责任保险合同的约定，对于超过机动车交通事故责任强制保险各分项赔偿限额的部分负责赔偿，但因事故产生的善后工作，则由被保险人负责处理。

（三）飞机保险

飞机保险是指以飞机及其有关责任、利益为保险标的的保险。在较早时期，飞机保险称为航空保险，但随着航空事业的发展，航空器的种类不断出新，飞机保险与航空保险已不能作为一个险种称谓，目前飞机保险是航空保险中的一个分支。

飞机保险的保险责任通常包括飞机机身保险、飞机第三者责任保险以及飞机乘客意外伤害保险。其中，飞机机身保险指保险人承保飞机在飞行、滑行及地面停放时，不论任何原因（不包括除外责任）造成飞机及其附件的意外灭失或损坏，并负责因意外事故引起的飞机拆卸、重装和清除残骸的费用。飞机第三者责任保险是指保险人承担被保险人因使用飞机造成第三者人身伤亡或财产损失而依法应负的赔偿责任。飞机乘客意外伤害保险是指保险人承担被保险人在乘坐飞机过程中因意外事故造成人身伤亡或财产损失而依法应负的

---

① 无赔款优待是指对本年度无赔款的投保人，在保险责任期满后，由保险公司对投保人自缴保费部分给予部分或全额返还，或用于抵缴该投保人次年续保时自缴的部分保费。

赔偿责任。

二、运输货物保险

（一）运输货物保险概述

运输货物保险是指以运输途中的货物为保险标的，保险人对由自然灾害和意外事故造成的货物损失负赔偿责任的保险。根据货物运输方式，运输货物保险可分为海上货物运输保险、陆上货物运输保险、航空运输货物保险、邮包保险以及联运保险等，凡在货物运输中具有保险利益的人，如货主、发货人、托运人、承运人等均可投保。其中，利用船舶、火车和货车运输的水、陆路货物运输保险是国内货物运输保险的主要业务。承保航空、管道运输的货物是航空、管道等货物运输保险的业务，职责范围较特殊广泛，但业务量较小。

（二）运输货物保险的种类

根据运输工具划分，运输货物保险主要分为水路、陆路运输货物保险，航空货物运输保险，邮件保险，集装箱运输保险，以及其他运输货物保险。

水路、陆路运输货物保险是指以水路、陆路运输过程中的各类货物为保险对象，保障货物在运输过程中发生灾害事故造成损失时，由保险公司提供经济补偿的一种保险业务。水路及陆路运输目前是我国最主要的运输方式。

航空货物运输保险是指将航空运输过程中的各类货物作为保险对象，若在运输过程中发生事故造成损失，将由保险公司提供经济补偿的一种保险。凡是可以向民航部门托运货物的单位和个人，都可以将其空运货物向保险公司投保国内航空货物运输保险。

邮件保险，也可以称为包件保险是以在邮政机构办理邮寄业务的团体或个人作为被保险人，在保险标的受到保险责任范围内的损失时由保险人承担赔偿责任的保险。

集装箱运输保险是指集装箱所有人或租借人对因在集装箱运输管理中的各种风险而产生的集装箱箱体的灭失、损坏等进行的保险。中国保险行业协会提供的集装箱保险分为全损险和综合险两种。全损险仅对集装箱的全部损失负责，综合险则对集装箱的全部损失或部分损失负责。

其他运输货物保险包括管道货物运输保险、物流货物运输保险等。管道货物运输保险是将管道内运输的石油、天然气等气体和液体类货物作为保险标的的保险。物流货物运输保险是承保物流货物在运输、储存、加工包装、配送过程中因自然灾害或意外事故造成损失的保险。

三、海上保险

（一）海上保险概述

海上保险是指保险人和被保险人对海上标的所可能遭遇的风险进行约定，被保险人在交纳约定的保险费后，保险人承诺一旦上述风险在约定的时间内发生并对被保险人造成损失，保险人将按约定给予被保险人经济补偿的商务活动。海上保险的标的为海上的财产及其利益、责任；船舶、运输货物以及海上机械设备、运费以及保赔责任，均能成为其主要承保标的。

海上风险要远高于陆上风险，造成船舶和其他海上标的物的损失因素多且复杂。海上保险保险标的以海上运输工具（如船舶）、海上运输货物（如货物）为主，也包含国际贸易与其他对外经济交往活动。海上保险的流动性使其不可避免地涉及有关国际经济、法律方面事务，因此，与国际航运、国际贸易相似，海上保险同样具有国际性。

（二）海上运输货物保险

海上运输货物保险是指承保通过海轮运输的货物，在海上航行中遭遇自然灾害和意外事故所造成的损失时由保险人承担赔偿保险金责任的保险。

海上货物运输保险以运输中的货物为承保标的，最初，货物的概念仅为各种可供买卖的商品。随着国际贸易不断发展，承保标的中的货物概念扩展至除船舶、船上物料燃料、船员私人财产及旅客行李之外的一切有形动产。后来，托运人提供的用来装货物的集装箱、货盘，以及货物的外包装，也可成为保险标的。当前，若在保单中特别载明并加收保险费，甲板货和活牲畜也可成为承保标的。

（三）船舶保险

船舶保险是指以各种类型船舶为保险标的，承保其在海上航行或者在港内停泊时遭到因自然灾害和意外事故所造成的全部或部分损失及可能引起的责任赔偿。与海上货物运输保险可将责任扩展至内陆的某一仓库不同，船舶保险的保险责任仅限水上。

船舶保险承保从船舶建造下水开始，直到船舶营运、停泊到最后报废拆除整个过程的危险。船舶保险承保船壳、机器、设备、燃料、供给品和有关的利益、费用、责任。从风险性来看，船舶保险风险相对集中，且往往发生巨额赔款。船舶所有人的经营作风、管理水平和信誉对船舶的安全有直接影响。

第四节　工程保险

工程保险（Engineering Insurance）是指以工程项目在建设过程中因自然灾害和意外事故造成的物质财产损失，以及对第三者的财产损失和人身伤亡依法应承担的赔偿责任为保险标的的保险。工程保险属于综合性保险，既涵盖财产风险的保障，又包括责任风险的保障。工程保险包括建筑工程一切险与安装工程一切险、机器损坏险、船舶工程保险及科技工程保险，属于综合性保险。工程保险的保险标的为工程项目主体、工程用的机械设备以及第三者责任。工程保险起源于19世纪英国的锅炉爆炸保险。第二次世界大战后，各国大规模重建推动了工程保险的快速发展。本节将从特征与类型方面对工程保险进行详细介绍。

 拓展阅读

工程保险的起源

在19世纪的英国工业革命期间，由于经常发生爆炸造成严重的财产损失和生命损失，人们逐渐意识到有必要采取措施防范这种危险。1854年，曼彻斯特蒸汽用户协会成立，会员有权使用协会雇用的锅炉检查员的服务。尽管曼彻斯特蒸汽用户协会提供了宝贵的服务，但它并不是一家保险公司。在 1858 年，为了满足损失保障需求，第一家工程保险公司——蒸汽锅炉保险公司成立。此后，类似公司相继成立。起初只有锅炉被保险，后来，保险范围逐渐扩大到各种压力容器。1872 年，出现了发动机保险（机械故障保险），锅炉爆炸和发动机保险迅速传播到其他工业化国家。20 世纪初，第一份因机械故障造成利润损失的保险单发行。

一、工程保险的特征

（一）承保风险具有广泛性与集中性

工程保险大多险种为"一切险"。由于工程项目的周期相对较长，其风险范围就不仅局限于工程的进行过程，而且包括工程的验收期和使用的保证期所面临的风险。此外，现代工程项目大多采用先进的工艺、精密的设计和科学的施工方法，工程造价大幅上涨，造成工程项目本身就是高价值、高技术的集合体，使工程保险承保的风险大多为巨额风险。

（二）涉及多方利害关系人

以建筑工程保险为例，建筑工程保险的被保险人主要为以下各方：一是工程所有者，即建筑工程的最后所有者；二是工程承包人，即负责建筑工程项目施工的单位；三是技术顾问，即由工程所有人聘请的建筑师、设计师、工程师和其他专业技术顾问等。三方均能够对工程项目承担不同程度的风险，具备对该工程项目投保的资格，受保险合同及交叉责任条款约束。

> **拓展阅读**
>
> 我国从 1973 年开始经营建设工程保险业务，当时建设工程保险是作为涉外保险业务中的新险种出现的。从 1979 年中国人民保险公司开办工程保险至今，我国的工程保险已经发展成财产保险领域中的一个主要险种，发挥着巨大的风险保障作用。

（三）不同险种内容相互交叉

在工程保险中，建筑工程保险、安装工程保险和科技工程保险常常相互交叉。在某些情况下，一个工程项目可能需要投保多种不同类型的工程保险，以获得全面的风险保障。例如，某大型建筑项目包括建造一座大楼和安装大楼内的各种设备，项目负责人可能需要投保建筑工程保险来承保建筑过程中的风险；同时，还需要投保安装工程保险来承保设备安装过程中的风险。尽管险种具有差异，但相互独立，内容多有交叉，经营上具有相通性。

（四）承保风险为技术风险

现代工程项目往往技术含量较高、专业性较强，较多地涉及多种专业学科或尖端科学技术。例如，在有些建筑项目中，建筑写字楼中的各种设备，如果在安装中出现设备安装不当或材料选择不当，导致设备损坏或无法正常运行，这些损失可由安装工程一切险承保。因此，从承保的角度分析，工程保险对于保险的承保技术、承保手段和承保能力，比一般财产保险要求更高。

二、工程保险的种类

（一）建筑工程保险

1. 建筑工程保险的特点

建筑工程保险，又称为建工险，是承保各类土木建筑为主体的工程，在整个建设期间，由于保险责任范围内的风险造成保险工程项目的物质财产和列明费用损失。

建筑工程保险的特点可以概括为承包范围广、被保险人具有广泛性、保险期限长短不一。建筑工程保险除承保物质标的外，还承保责任标的，对于保险事故发生后的清理费用同样给予承保。建筑工程保险的被保险人通常包括业主、承包人、分承包人、技术顾问、设备供应商等其他关系方。建筑工程保险的保险期限不固定，一般按工期计算，即自工程开工至工程竣工为止。特别是大型工程，其中有的项目是分期施工并交付使用，因此，各个项目的期限长短不一，无法一概而论。

2. 建筑工程保险的保险标的

建筑工程保险的保险标的主要包括物质财产和第三者责任。建筑工程保险的物质损失主要分为七个方面：①建筑工程，包括临时性和永久性工程或工地上的物料，例如，存放于工地上的建筑材料、设备，建筑主体等；②工程所有人提供的物料和项目；③建筑用机器、装置及设备；④安装工程项目，未包括在承保工程合同金额内的机器设备安装项目，如写字楼内新风、空调等设备的安装工程；⑤工地内现成的建筑物；⑥清理残骸费用；⑦所有人或承包人在工地上的其他财产。

第三者责任是指被保险人在工程保险期因意外事故造成工地及附近第三者伤亡或财产损失依法应负的赔偿责任。第三者责任采用赔偿限额，赔偿限额由保险双方当事人根据工程责任风险的大小商定，并在保险单内列明。

3. 建筑工程保险的保险责任

建筑工程保险的保险责任同样分为物质部分保险责任与第三者责任部分的保险责任。从物质部分保险责任来看，建筑工程保险主要承保造成物质损失的自然灾害风险、意外事故风险以及人为风险。与其他保险中意外事故风险不同，建筑工程保险所承保的意外事故还包括原材料缺陷或工艺不善所引起的事故。原材料缺陷指的是所用建筑材料未达既定标准；工艺不善为原材料生产工艺不符合要求，存在安全隐患。

建筑工程保险第三者责任险的第三者，是指除所有被保险人及其与工程相关人员以外的自然人或法人。第三者责任部分的保险责任为被保险人在民法项下应对第三者承担的经济赔偿责任，不包括刑事责任和行政责任。

（二）安装工程保险

1. 安装工程保险的特点

安装工程保险，简称安工险，是指承保新建、扩建和改建的建筑物在整个安装、调试期间，由于责任免除以外的一切危险造成保险财产的物质损失，以及上述损失所产生的有关费用及安装期造成的第三者财产损失或人身伤亡而依法应由被保险人承担经济责任的保险。

相比于建工险，安工险主要以"安装项目"为承保对象。此外，安装工程在试车、考核和保证阶段的风险最大，建工险的保险风险责任贯穿于整个施工过程，但对于安装项目而言，未正式运行前，大多数风险不易发生，故安装工程试车、考核与保证阶段的风险最大。安工险承保风险主要为人为风险。各机器设备本身是技术产物，安装过程中的安装者技术水平、安装过程中施工方法均是导致风险的主要因素，故尽管保险人承保多项自然风险，但人为风险才是主要风险。

2. 安装工程保险的适用范围

安装工程保险的承保项目包括安装工程合同内要安装的机器、设备，装置，物料、基础工程以及为安装工程所需的各种临时设施。此外，安工险还包括承保附加项目，即完成安装工程而使用的机器、设备等，以及为工程服务的土木建筑工程、工地上的其他财物，保险事故后的场地清理费等。

安工险的被保险人可以为：①工程所有人；②工程承包人；③供货者；④制造商；⑤技术顾问；⑥其他关系方，如贷款银行或其他债权人等。

3. 安装工程保险的保险标的

与建工险相同，安工险的保险标的也分为物质财产与第三者责任，但值得注意的是，安工险中的物质财产包括以下项目：①安装项目；②土木建筑工程项目，这里特指新建、扩建的工程项目；③场地清理费；④承包人所属的安装工程施工机器设备；⑤所有人或承包人的其他财产。

（三）机器损坏险

1. 机器损坏险的特点

作为一种财产损失保险，机器损坏险承保已安装并投入运行的工厂、矿山等机器设备在运行过程中，因人为、意外或物理原因造成突发、不可预见的损失，将由保险人承担赔偿责任。需要注意的是，机器损坏险仅对事故造成的损失负责，不承担由自然灾害造成的损失。因此，事故发生往往与人为风险有关。

机器损坏险具有如下特点：①机器损坏险承保的损失以电气事故和人为事故为主。②若机器损坏险中的设备（如发电机、锅炉等）连续停工达到规定时间，保险人将退还一定比例保费。③机器损坏险的保险金额应为该机器设备的重置价值。

2. 机器损坏险的保险标的与保险责任

机器损坏险的保险标的为安装完毕并已转入运行的机器设备。这些设备在运行过程中可能会遇到各种风险，如设计不合理、制安装错误、原材料缺陷或因操作人员操作不当以及疏忽、过失行为等。机器损坏险在保险期限内，因上述风险造成的机器设备损失进行赔偿。

机器损坏险的保险责任包括：①设计或安装错误，铸造或原材料缺陷。②工人、技术人员操作失误、缺乏经验、技术不善、疏忽、过失、恶意行为。③离心力引起的断裂。④超负荷、超电压、漏电、短路等其他电气原因。⑤责任免除规定以外的其他原因。

（四）科技工程险

1. 科技工程险概述

科技工程险是以重大科技工程为保险标的的综合性财产保险，是随着现代高、新科学技术进步而逐渐发展起来的特殊工程险业务。科技工程险是工程保险中的具有自身特色的保险业务。

科技工程险是现代保险业中最高级的业务，需要由实力雄厚、技术精良的大型保险公司来承保。科技工程中受多种因素的影响与制约，无法完全避免科技工程事故的发生，且损失往往以数亿元乃至数百亿元计，甚至影响国家经济社会的稳定。因此，世界各国均将科技工程险作为转嫁风险损失的工具，这为财产保险业开辟了新兴市场，有助于提升财产保险在经济社会发展中的地位。

科技工程险标的往往价值巨大且技术含量高，不仅具有危险集中、价值高昂的特点，而且具有极高的技术因素，是财产、利益和法律责任等的集合体。其承保的风险具有综合性、人为性和不可测性，并且承保环节具有阶段性，例如，从勘探到工程建设，再到生产环节，有着显著阶段性特征。

2. 科技工程险的类型

目前，较为常见的科技工程险包括海洋石油开发保险、航天工程保险以及核能工程保险。海洋石油开发保险是以海洋石油工业从勘探到建成、生产整个开发过程中的风险为承保责任，以工程所有人或承包人为被保险人的保险。海洋石油开发经历普查勘探、钻探、建设与生产四个阶段，保险人根据海洋石油开发的不同阶段为投保人提供不同的保险服务，每个阶段风险不同，适用的险种也有所不同。

航天工程保险是为航天产品在发射前的制造、运输、安装，发射时与发射后的轨道运行以及使用寿命提供保障的一种综合性财产保险。其对于航天产品上述全过程中可能出现的风险造成的财产损失与人身伤亡给予保险保障。

核能工程保险是以核能工程项目的财产损失及其赔偿责任为保险标的的保险。其主要承保责任为核事故风险。由于其风险具有特殊性，核能工程保险往往需要国家支持与配合，因此更具政策性保险特征。

案例

2003 年 7 月 1 日，上海地铁 4 号线浦东南路站至南浦大桥站区间隧道连接上、下行线的安全联络通道建设时因大量的水和流沙涌入，引起隧道受损及周边地区地面沉降，直接经济损失 1.5 亿元。由于报警及时，隧道和地面建筑物内所有人员安全撤离，并未造成人员伤亡。上海地铁 4 号线工程项目由平安保险公司、中国人民保险公司、太平洋保险公司及大众保险公司 4 家保险公司共同承保建筑安装工程一切险及第三者责任险，总投保额为56.46 亿元，保险期限与建筑期相同，即从 2000 年 12 月 16 日至 2004 年底工程项目竣工验收之日止，同时保单还扩展部分附加条款。这一案例中的理赔部分该如何理解？

本案例为典型建筑工程保险，符合物质损失的保险责任范畴与第三者责任险的保险责任。经相关部门调查取证，本次事故是由于：①施工单位在发生事故、险情征兆出现、工程已经停工的情况下，没有及时采取有效措施。②现场管理人员违章指挥施工。③施工单位未按规定程序调整施工方案，且调整后的施工方案存在欠缺。符合建筑工程保险物质损失保险责任中的意外事故条件。由于事故发生仅为上海地铁 4 号线的某区间段隧道，并未造成全线损失，因此进行部分损失赔偿。最终经过保险公司专业人士核算，向投保单位赔付 5.8 亿元保险金。上海地铁 4 号线坍塌事件的发生再次强调了工程保险的重要性。

第五节　农业保险

农业保险（Agriculture Insurance），简称"农险"，是为农业生产者在从事种植业、林业、畜牧业和渔业生产过程中，对遭受自然灾害、意外事故、疫病、疾病等保险事故所造成的经济损失提供保障的一种保险。农业保险是分散农业生产经营风险的重要手段，能够帮助农民减轻自然灾害对农业生产的影响，稳定农民收入，促进现代农业和农村经济的发展。我国农业保险不断"扩面、增品、提标"，截至 2023 年 7 月，全国农业保险保费规模 1 078.63 亿元，同比增长 18.64%，为 1.25 亿户次农户提供风险保障 3.34 万亿元[①]。

> **拓展阅读**
>
> 我国农业保险发展历程可分为五个阶段：①农业保险起步阶段：1982—2003 年。自 1978 年全国开始实施家庭联产承包责任制，农业保险的需求逐渐显露，1982 年国家恢复农业保险经营，中国人民保险公司从畜禽保险开始试办农业保险。②农业保险起步阶段：2004—2006 年。"建立政策性农业保险制度"并试点运行，"龙头企业"补贴农业保险，鼓励商业保险公司开展农业保险业务。③农业保险试验阶段：2007—2012 年。进一步完善农业保险体系，并对农民参加农业保险给予保费支持。④农业保险发展规范阶段：2013—2019 年。国务院颁发《农业保险条例》，进一步细化相关政策。⑤高质量发展阶段：2019 年至今。高质量发展下农业保险要求适应农业农村现代化发展和乡村振兴的需要，适应农户需求，提高保障水平，并且可持续发展。

一、农业保险的特征

（一）农业保险具有明显的季节性

农业生产具有强烈的规律性和季节性，农业保险在承保过程也表现出明显的季节性。例如，农作物保险一般春季展业，秋季农作物收获后保险责任期限结束。农业保险的承保环节不仅应遵守经济规律，也应遵守农业生产规律，根据农业生产季节性开展农险业务与经营管理。

（二）农业保险具有较强的地域性

农业生产及农业风险的地域性决定了农业保险也具有较强的地域性，即农业保险在险种类别、标的种类、灾害种类及频率和强度、保险期限、保险责任、保险费率等方面，表现出在某一区域内的相似性和区域外明显的差异性。

（三）农业保险标的具有生命性

农业保险的标的通常是活的生物，其价值具有不确定性。在成熟或收获之前，保险标的处于价值孕育阶段，不具备独立的价值形态。因此，只有到了成熟或收获时，农业保险标的的价值才能最终确定。

---

① 数据来源于财政部公开信息。

（四）农业保险为政策性保险

在保险市场上，农业保险尤其是农作物保险由于缺乏有效需求与有效供给，因此，成交难度较大。另外，农业在空间上的分散性、易受外界条件影响的高风险性也决定了农业保险往往具有高费率的特点，以营利为主要目的的商业保险往往不会进入农业保险领域。因此，需要借助政府支持、立法推动等手段，以非商业化运作为主开展农业保险。政策性农业保险是指政府通过保费补贴等政策扶持，以保险公司市场化经营为依托，对种植业、养殖业因遭受自然灾害和意外事故造成的经济损失提供补偿的一种保险。

政策性农业保险一般由政府直接或政府专门机构经营，或在政府政策支持下，由商业性保险提供主体经营，商业性农业保险由商业性保险机构经营。与商业性农业保险经营的利润最大化原则相比，政策性农业保险制度是根据政府政策目标、政府规划建立的，经营不以营利为目标。政策性农业保险产品部分由政府公共财政给予价格补贴，商业性农业保险产品由投保人自行买单。商业性农业保险产品的保险责任较窄、保险标的损失概率较小、成本损失率较低，而政策性农业保险经营项目或产品保险责任较广泛且保险标的损失概率较大，成本损失率较高。

二、农业保险的主要险种

根据经营性质不同，可将农业保险划分为政策性农业保险与商业性农业保险。根据保险标的的不同，可将农业保险划分为种植业保险与养殖业保险。

（一）种植业保险

种植业保险是以国有或集体的农场、林场和农户为被保险人，以其生产经营的生长期、收获期、初加工期、储藏期的作物、林木、水果及果树为保险标的，以各种自然灾害和意外事故为承保风险的所有作物保险的总称。根据作物不同又可进一步划分为粮食作物保险、经济作物保险、其他作物保险、林木保险、水果和果树保险、制种保险等。

1. 粮食作物保险

在我国，粮食作物主要包括禾谷类（稻、麦、玉米等）、根茎类（红薯、马铃薯、山药等）和豆类（大豆、豌豆、绿豆等）作物。粮食作物保险是对粮食作物在从出苗到成熟收获期间因各种自然灾害和意外事故所造成的损失提供经济补偿的保险，其保险标的为预期收获量的价值。目前粮食作物保险的险种主要有生长期水稻保险、生长期小麦保险、生长期玉米保险、生长期，大豆保险，收获期小麦、水稻火灾保险等。

2. 经济作物保险

经济作物主要为工业原料的作物，包括糖料作物（甘蔗、甜菜等）、油料作物（油菜、花生等）、纤维作物（棉、麻等）、其他经济作物（烟草、茶树、咖啡、啤酒花等）。经济作物保险承保经济作物生产和初加工受到的灾害、事故损失的风险，主要险种有棉花种植保险、烟草保险、油菜保险、甜菜种植保险、甘蔗种植保险、烤烟保险等。

3. 林木保险

林木保险主要是以有经济价值的天然原始林和各类人工营造林为保险标的，对其在生长过程中，因约定的人力不可抗拒的自然灾害和意外事故造成的经济损失，保险人按照保险合同规定向被保险人提供经济补偿的一种保险。

4. 水果和果树保险

水果和果树保险承保水果生产过程中由于自然灾害和意外事故导致损失的风险，主要分为水果保险和果树保险。水果保险的保险期限相对较短，从水果生产季节的定果开始至成熟收获离枝为止。果树保险的保险期限一般为 1 年或 1 年以上，果树保险主要有苹果、蜜桃、柑橘树等的保险。

（二）养殖业保险

养殖业保险是指对被保险人在养殖业生产过程中因灾害事故或疾病造成保险标的的损失承担赔偿责任的一类保险。养殖业保险通常分为家畜养殖保险、家禽养殖保险、水产养殖保险以及特种养殖保险。

1. 家畜养殖保险

家畜养殖保险通常分为大家畜养殖保险与小家畜养殖保险。大家畜养殖保险的保险标的为无伤残、无疾病的牛、马、驴、骆驼等，小家畜养殖保险标的为无伤残、无疾病的羊、猪、兔等。

2. 家禽养殖保险

家禽养殖保险是指以符合卫生、防疫、科学饲养管理设施和技术条件的鸡、鸭、鹅等家禽为标的的保险。农户家庭散养、规模较小的家禽不适宜作为保险标的。

3. 水产养殖保险

水产养殖保险承保的是水产养殖过程中因自然灾害和意外事故造成经济损失的风险。水产养殖保险标的是在海洋水域、滩涂和内陆水域中的可养面积的鱼、虾、蟹、贝、藻类及其他水生经济动植物。水产养殖保险可分为淡水养殖保险和海水养殖保险。淡水养殖保险要求具有一定的养殖面积、水源充足且水域及附近无污染；海水养殖保险要求养殖区有良好无污染的水质，其险种包括贻贝及扇贝养殖保险、蛤蜊养殖保险、海带养殖保险和珍珠养殖保险、池塘养鱼保险、鳗鱼养殖保险、池塘养虾保险、网箱养鱼保险和海水养虾流失保险等。

第六节　责任保险

责任保险（Liability Insurance）是指以被保险人对第三者依法应负的赔偿责任为保险标的的保险。责任保险是基于财产保险的发展而产生的，属于广义财产保险范畴。在责任保险中，被保险人转嫁的是责任风险，责任风险不仅包括法律责任风险，还包括合同责任风险。责任保险的出现是法律制度走向完善、民事损害赔偿责任增加的结果，也是保险业直接参与社会发展进步的具体表现。

> **拓展阅读**
>
> 早在 1855 年，英国开办了铁路承运人责任保险。1880 年，英国政府颁布《雇主责任法》，随即便有专门的雇主责任保险公司成立，自此，责任保险成为一类独成体系的保险业务。20 世纪 70 年代，随着商品经济的发展，法律制度的不断完善，各类民事活动急剧增加，各类民事索赔事件层出不穷，使责任保险在工业化国家快速发展。

一、责任保险的特征

责任保险属于损害补偿性质的保险，尽管其经营原则与经营方式属于财产保险范畴，但与财产保险存在诸多差异，具体表现在以下方面。

（一）责任保险的产生与发展基础

随着社会经济的不断发展、社会成员水平的不断提高，社会生产力达到一定水平，法律制度完善健全，人们索赔意识逐渐增强，责任保险由此产生与快速发展。其中，法制的健全与完善是责任保险产生与发展的直接基础。责任保险的发展水平往往与其国家的民事法律制度有直接联系。

（二）责任保险补偿对象

责任保险承保的是被保险人依法应对第三者所负的赔偿责任，保险金由保险人支付给受害者，并归其所有。责任保险的直接补偿对象是与保险人签订保险合同的被保险人，间接补偿对象是受害人。一般财产保险与人身保险的补偿对象都是被保险人或其受益人，其赔款或保险金也完全归被保险人或受益人所有，均不会涉及第三者。而各种责任保险与此不同。由于被保险人的利益损失表现为因被保险人的行为导致第三方的利益损失，尽管责任保险中保险人的赔款是支付给被保险人的，但这种赔款实质上是对被保险人之外的受害人及第三者的补偿，从而直接保障被保险人利益，间接保障受害人的利益。这样，既替代了被保险人的赔偿责任，又保障了受害人应有的合法权利。对此，《保险法》第六十五条明确规定："保险人对责任保险的被保险人给第三者造成的损害，可以依照法律的规定或者合同的约定，直接向该第三者赔偿保险金。责任保险的被保险人给第三者造成损害，被保险人对第三者应负的赔偿责任确定的，根据被保险人的请求，保险人应当直接向该第三者赔偿保险金。被保险人怠于请求的，第三者有权就其应获赔偿部分直接向保险人请求赔偿保险金。"

（三）责任保险承保标的

与一般财产保险承保的实体标的有所不同，责任保险的保险标的为民事法律风险，并没有实体标的，保险人承担的责任只能采用赔偿限额的方式确定。

（四）责任保险承保方式

责任保险承保方式具有多样性，根据被保险人要求或业务种类不同，承保时可以采用独立承保、附加承保或与其他保险业务组合承保的方式。

（五）责任保险的赔偿处理

责任保险的赔偿处理有四项原则：第一，责任保险的承保以法律制度规范为基础；第二，责任保险理赔过程必然涉及受害的第三者；第三，保险人在责任保险理赔中不仅具有义务，而且具有参与处理责任事故的能力；第四，责任保险的赔偿金实质上归属受害人而非被保险人。

二、责任保险的共性规定

（一）保险责任范围

1. 保险责任

责任保险中的保险责任隶属民事法律范畴，主要包含两项：

①侵权责任与违约责任。民事法律责任关系如图 5-2 所示，责任保险的违约责任包含了过错责任与无过错责任以及合同约定的违约责任。

②因赔偿纠纷引起的由被保险人支付的诉讼、律师及其他经保险人同意支付的费用。

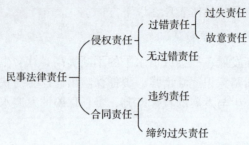

图 5-2　民事法律责任关系

2. 责任免除

责任保险的责任免除包括七项内容。

①由战争或类似战争行为直接或间接引起的任何后果导致的责任。

②由罢工或其他群体性事件直接或间接引起的任何后果导致的责任。

③由核风险直接或间接引起的任何后果导致的责任（核保险责任除外）。

④罚款、罚金等惩罚性赔款。

⑤被保险人故意行为。

⑥被保险人亲属、雇员的人身伤害或财物损失（雇员责任保险除外）。

⑦保险单其他规定。

（二）保险费与保险费率

由于责任保险的保险标的并非实物，其保险费率厘定主要参照六条原则。

①业务性质、种类及其产生民事损害赔偿责任概率。

②承保区域的大小。

③保险人业务水平和酬劳。

④权衡赔偿限额和免赔额的高低。

⑤同类业务的历史数据。

⑥当地法律对损害赔偿的规定。

（三）赔偿限额

责任保险不确定固定的保险金额，而是确定赔偿限额作为保险人承担赔偿责任的最高额度。赔偿限额由保险人与被保险人协商订立保险合同。赔偿限额有两种形式：

①事故赔偿限额，即每次责任事故的赔偿限额。

②累计赔偿限额，即保险期内累计的赔偿限额。

三、责任保险的分类

责任保险可以按不同的标准进行分类，主要分类方式有：按照实施方式不同，可将责任保险分为强制责任保险和自愿责任保险。按照责任性质进行分类，可以分为侵权责任保险和合同责任保险。按照承担责任的主体不同，可以分为自然人责任保险和法人团体责任保险。按照承保方式进行分类，可以分为独立责任保险、附加责任保险和混合责任保险。按照责任保险业务险别不同，可将责任保险分为公众责任保险、产品责任保险、雇主责任保险和职业责任保险；这是责任保险最常见的分类方法，也是责任保险经营的基本依据。

（一）公众责任保险

1. 公众责任保险概述

公众责任保险，简称公责险，又称普通责任保险或综合责任保险。它以被保险人的公众责任为承保对象，是责任保险中独立的、适用范围最为广泛的保险类别。公众责任保险是指被保险人在保险单列明的区域范围内，因在其经营业务范围内的经营行为发生意外事故，造成第三者的人身伤亡和财产损失，对于依法应由被保险人承担的经济赔偿责任，由保险公司代为赔偿。

公众责任保险承保公共责任风险。公共责任风险普遍存在于医院、商场等公共场所，且在生产、营业过程中可能发生意外事故，造成他人损失。分散、转嫁公共责任风险是各类公众责任保险发展的基础。

2. 公众责任保险基本内容

1）公众责任保险种类

公众责任保险包括综合责任保险、场所责任保险、承包人责任保险、承运人责任保险、个人责任保险以及环境责任保险。其中，综合责任保险承保被保险人在任何地点，因疏忽或过失造成他人伤亡或财产损失而依法应付的经济赔偿责任。场所责任保险承保公共场所因经营不善或在经营过程中因过失造成他人伤亡或财产损失而依法应付的经济赔偿责任。承包人责任保险与建工险有交叉内容，是承保被保险人在合同项下的工程作业时造成他人民事损害的赔偿责任。承运人责任保险承保的是客、货运输过程中产生的损害赔偿责任。个人责任保险主要为个人、家庭提供承保。环境责任保险承保被保险人由于非故意原因造成环境污染，对第三者人身、财产或严重环境破坏依法应承担的赔偿责任。

2）公众责任保险的赔偿处理

从理赔程序上来看，当保险人接到出险通知或索赔要求时，首先，应立即到现场查勘核实出险原因，根据现场查勘，写好查勘报告，作为判定责任与计算赔款的依据。然后，进行责任审核。在受害人提出诉讼时，根据事故情况选择对策，做好抗诉准备。最后，根据法院判决，在保单规定的责任限额内根据裁决金额向第三者支付赔款。

案例

黑龙江某温泉度假村向某保险公司投保公众责任保险，约定每次事故赔偿限额 50 万元，每次事故每人伤亡赔偿限额 20 万元，累计赔偿限额 300 万元，保险期间 1 年。2015 年 11 月，顾客张某夫妇携带 7 岁女儿张小某前往温泉度假村游玩，在参与室内游乐设施彩虹桥项目中，张小某意外摔伤。经调查，事故原因为一个未启用的滑道未设置护栏也未设置警示标志且无人看管。张小某受伤后送医治疗，经诊断为左脚骨折，治疗后张小某的伤情构成 9 级伤残。

在这个案例中，温泉度假村存在安全隐患，未尽到对游客的安全保障义务。因此，张某夫妇向温泉度假村提出索赔，要求温泉度假村赔偿张小某的医疗费、护理费及残疾赔偿金等共计15万元。由于温泉度假村购买了公众责任保险，保险公司经勘察现场并核定损失后，向张某夫妇赔偿14万元。

从这个案例中可以看出，公众责任保险能够有效地保护消费者的合法权益，并为消费者提供及时、有效的赔偿。同时，这也为企业提供了一种有效的风险管理工具，帮助企业承担因过失造成第三者损害而应承担的经济赔偿责任。

（二）产品责任保险

1. 产品责任保险概述

产品责任保险是以产品制造者、销售者、维修者等的产品责任为承保风险的一种责任保险。产品责任保险覆盖范围较广，从各种日用品、轻纺到石油、电子工业产品以至于船舶、核电站、航天产品等均可获得产品责任保险的保障，武器、弹药以及残次品等除外。

产品责任保险一般分国内产品责任保险与出口产品责任保险。国内产品责任保险承保国内的被保险人产品因存在缺陷，造成消费者或其他任何人的人身伤害或财产损失，依法承担的经济赔偿责任。出口产品责任保险以外资企业或外贸出口企业单位为被保险人，承保被保险人所生产、出售的产品或商品在境外承保区域内发生事故，造成消费者或其他人的人身伤害、或财产损失的赔偿责任。

2. 产品责任保险责任范围

产品责任保险承保的是产品造成的对消费者及其他任何人的财产损失、人身伤亡所导致的经济赔偿责任，以及相关法律费用等。保险人承担的上述责任需满足条件：①造成事故的产品必须是供给他人使用，即用于销售的商品。②事故发生必须是在制造、销售该产品的场所范围之外，否则保险人不可承保。

产品责任保险的责任免除包括：①被保险人所有、照管或控制的财产的损失。②根据合同或协议应由被保险人承担的责任。③根据法律规定或雇佣合同等说明应由被保险人承担的损害赔偿责任。④产品仍在制造或销售场所，其所有权仍未转移至消费者处的责任事故。⑤因故意违法生产、出售或分配的产品造成的损害事故。⑥被保险产品本身的损失。⑦违规安装、使用，或非正常状态下使用时造成损害事故等。

（三）雇主责任保险

1. 雇主责任保险概述

雇主责任保险是以被保险人即雇主的雇员在受雇期间从事业务时因直接受意外导致伤残、死亡或患有与职业有关的职业性疾病而依法或根据雇佣合同应由被保险人承担的经济赔偿责任为承保风险的一种责任保险。雇主责任保险能够有效地减少雇主因用工风险带来的经济压力。

雇主责任保险人能够承保雇主对雇员的责任，包括雇主过失行为乃至无过失行为所致的雇员人身伤害赔偿责任，雇主的故意行为列为保险人责任免除。此外，构成雇主责任的前提条件是雇主与雇员之间存在直接的雇佣合同关系。

2. 雇主责任保险基本内容

雇主责任保险的保险责任包括在责任事故中雇主对雇员依法应负的经济赔偿责任和有关法律费用等，导致这种赔偿的原因主要是各种意外的工伤事故和职业病。

雇主责任保险的责任免除包括以下几项：①被保险人的合同项下的责任。②被保险人的故意行为或重大过失。③被保险人的雇员因自己的故意行为导致的伤害。④被保险人对其承包人的雇员所负的经济赔偿责任。⑤战争、暴动、罢工、核风险等引起雇员的人身伤害。⑥被保险人的雇员由于疾病、传染病、分娩、流产以及由此而施行的内、外科手术所致的伤害等。

李某在中午将手机以"直充"方式充电，两小时后发现手机已自动关机且装电池处发烫。李某将电池从手机中取出时，电池突然爆炸，李某拿电池的右手被炸伤，爆炸弹出的电池碎片同时击伤李某的右脸和右眼，李某右眼因此致残，相关部门鉴定为7级伤残。这块发生爆炸的手机电池是李某一个月前在一家手机配件店购买的，但李某在购买时并未索取发票，而其他购买凭证又被李某丢失。事后，李某向销售商、厂家和保险公司提出赔偿要求，但均被拒绝。

根据本节所学以及上述内容，我们可知，李某有权要求生产商或销售商进行赔偿。本案中，手机电池爆炸致李某伤残与精神损失，且并非由李某操作不当导致，故李某有权要求赔偿。此外，因缺陷产品造成消费者伤害，生产商应承担赔偿责任。销售商也应承担赔偿责任，李某向保险公司索赔符合法律规定。

最终李某将三方告上法院，法院判被告赔偿医疗费用与精神损失费86万元。这个案例也说明责任保险在保护消费者权益方面的重要作用。如果消费者在使用产品过程中遇到问题，可以通过法律途径维护自己的合法权益。

（四）职业责任保险

1. 职业责任保险概述

职业责任保险也称为"职业赔偿保险"，是一种承保各种专业技术人员因工作上的疏忽或过失，对第三者造成损失或伤害而产生的经济赔偿责任。

职业责任保险是对职业责任的风险保障，职业责任风险不仅与人为因素有关，同时也与技术水平、知识水平及原材料等的欠缺有关，与自然灾害等风险相似，均具有存在的客观性和发生的偶然性，并属于技术性较强的专业工作者在从事本职工作中出现的责任事故。在现实生活中，人们在从事专业技术工作时，职业责任事故无法完全避免。因此，人们对于职业责任风险除了采取各种预防措施外，也常常通过职业责任保险转嫁、分散和控制风险，减少各种职业责任所引起的矛盾和纠纷。

2. 职业责任保险范围

职业责任保险的承保对象包括医生、会计师、建筑师、工程师、律师、保险经纪人、交易所经纪人以及其他专业技术人员。一般由承保对象从事专业技术服务的单位投保。从覆盖范围来看，职业责任保险仅对专业人员因从事本职工作时的疏忽或失职造成的赔偿责任负责，而对与本职工作无关时的活动的赔偿责任不负责。保单除负责被保险人本人外，还可包括其雇员，以及被保险人的业务前任和从事该业务的雇员的前任在工作中的疏忽行为造成的赔偿责任。从索赔制原则来看，职业责任保险一般采用期内索赔制原则。

职业责任保险的责任免除一般包括以下几项：①被保险人、雇员以及其前任或其雇员前任的不诚实、犯罪或恶意行为所引起的损失。②因职业文件灭失或损失引起的索赔。③被保人承保前没有履行诚实告知义务所发生的任何索赔。④被保险人对他人的诽谤或恶意中伤行为的索赔。⑤战争、罢工、核风险（核责任险除外）。⑥被保险人的家属、雇员的人身伤害或财物损失。⑦被保险人所有或由其保管、控制的财产的损失。

第七节　信用保险与保证保险

随着商业信用、银行信用的逐渐普及与发展，人们对信用保险与保证保险的需求也迅速提高。信用保险与保证保险能够为企业和个人提供信用担保，帮助他们获得融资，解决资金缺口问题。相较于国外，我国信用保险与保证保险发展较晚，在改革开放之后由涉外保险所产生的出口信用保险、出口货物运输保证保险、远洋船舶保险的刚性需求衍生而来。随着政府对信用市场的持续关注和政策支持，信用保险与保证保险得到了快速发展。本节将对信用保险与保证保险的概念与特征、联系与区别、主要业务类型进行介绍。

一、信用保险与保证保险的概念与特征

（一）信用保险与保证保险的概念

1. 信用保险

信用保险是保险人根据权利人要求担保被保证人信用的行为，即信用保险以商品赊销或信用放款中的被保证人（债务人）信用为保险标的，在债务人未能如约履行债务清偿而使债权人受到损失时，由保证人（保险人）向权利人（债权人）提供风险保障与经济补偿的一种保险。在借贷过程中，常常出现赊销方或贷款方赊销产品或放款后，无法得到赊购方或借款方的偿付或偿还的情况，即商品活动中出现使用价值的让渡与价值实现的分离，从而出现了信用危机，信用保险正是能够弥补债权人、赊销方、贷款方所遭受损失的经济补偿制度，通过发挥信用制度促进商品活动的发生。[①]

首先，信用保险的出现有利于企业生产经营活动的稳定发展。投保信用保险后，企业能够降低违约风险损失，企业应收账款可以从信用保险机构得到补偿，稳定收入流、维持资金周转。其次，信用保险有利于商品交易的健康发展。在商品交易过程中，涉及多环节多因素，商品交易与生产者、批发商、零售商以及消费者有关。某个环节出现危机将引起

---

① 为方便读者理解，本文在此统一本节中说法，保证人为保险合约中的承保人（即保险人），权利人为被保险人、受益人或债权人，被保证人为债务人、义务人。

连锁反应，制约经济发展。信用保险能够对交易过程中各环节的信用危机提供风险保障，使商品交易更加流畅。最后，信用保险有利于促进出口产业发展。出口产业领域往往关系着国家发展、鼓励领域，出口过程中面临较高风险，出口信用保险对于出口产品遭遇风险损失时维持盈亏平衡具有重要作用。

2. 保证保险

保证是一种由第三者提供的担保行为。保险公司经营的保证业务是由保险人以保证人的身份为被保证人向权利人提供的信用担保行为。如果由被保证人的行为导致权利人遭受经济损失，在被保证人不能补偿权利人经济损失的情况下，由保证人代替被保证人赔偿权利人的经济损失，并拥有向被保证人进行追偿的权利。所以，保险公司开办的保证业务不能简单地等同于一般财产保险业务，保险人履行担保义务的前提条件必须是被保证人无法补偿权利人遭受的经济损失，并非以被保证人对权利人造成经济损失的行为为前提。

保证保险是随着商业道德危险的频繁发生而发展起来的。保证保险的出现，是保险传统的经济补偿功能向现代的资金融通功能的扩展，对拉动消费、促进经济增长发挥了积极的作用。

（二）信用保险与保证保险的特征

1. 信用保险的特征

首先，信用保险承保的是一种信用风险，而不是由自然灾害和意外事故造成的风险损失。因此，投保前保险人须严格审查被保证人的资信情况。其次，在信用保险实务中，当合约中的事故发生致使权利人遭受损失时，保证人仅在被保证人无法补偿损失时，才代为赔偿。最后，信用保险实行代位追偿制，保证人拥有代位追偿权，保证人在向权利人赔偿后，再替代权利人的地位向被保证人追偿。

2. 保证保险的特征

第一，在保证保险中，保险关系是建立在"没有损失"的预期基础之上的，而一般商业保险均为预期发生损失、能够精算损失。第二，保证保险涉及三方当事人关系，即保证人、权利人、被保证人，而一般商业保险仅包含两方。第三，保证保险合同为三方协商签订，与一般保险合同仅涉及投保人与保险人协商约定不同，保证保险中需要保证人、权利人、被保证人三方协商合约内容，包括变更和终止民事权利义务关系的协议。

二、信用保险与保证保险的联系与区别

（一）信用保险与保证保险的联系

第一，信用保险与保证保险均是对信用风险的承保，而非自然灾害和意外事故风险的承保。因此，被保证人的资信情况是保证人考虑是否承保的关键因素。第二，当出现合约中的事故致使权利人遭受损失时，二者均仅在被保证人无法补偿损失时，才代为赔偿。第三，二者均作为直接责任者承担责任，与一般保险不同，保证人并非从抵押财物中得到补偿，而是行使追偿权追回赔款。第四，与常用的大数法则为基础的保险费率厘定方法不同，信用保险与保证保险一般以信用风险的等级为基础，进行保险费率厘定。

（二）信用保险与保证保险的区别

第一，信用保险是填写保险单来承保的，其内容同其他财产险并无大的差别，而保证保险是出立保证书来承保的，该内容通常很简单。第二，信用保险的被保险人是权利人，承保的是被保证人（义务人）的信用风险。而在保证保险中，义务人是应被保证人的要求投保自己的信用风险，被保证人是由保证人（保险公司）出立担保书担保。第三，在信用保险中，被保险人缴纳费用是为了把可能因义务人不履行义务而使自己受到损失的风险转嫁给承担风险的保证人，保证人可以向被保证人追偿，但成功率低，保证人承担着较大风险。而保证保险中，保证人出立保证书，保证人仅凭借其信用资格收取被保证人的保费，风险仍主要由被保证人承担。对于保证人来说，经营保证保险风险更小。

三、信用保险与保证保险的主要业务类型

（一）信用保险的主要业务类型

1. 出口信用保险

出口信用保险是承保出口商在经营出口业务的过程中因进口商方面的商业风险或进口国方面的政治风险而遭受损失的一种特殊保险。投保人交纳保险费，保险人将赔偿其投保标的经济损失，由于出口信用保险承保巨大的风险，很难测算损失概率，因此，出口信用保险大多数是靠政府支持而存在的。

出口信用保险不以营利为目的，主要为鼓励和扩大出口，保证出口商以及与之融通资金的银行因出口所致的各种损失得到经济保障，其业务方针体现着国家的产业政策和国际贸易政策。出口信用保险经营机构，往往带有明显的政府主导下的非企业化经营的特征，其经营更侧重于社会效益，故经营机构大多为政府机构或由国家财政直接投资设立的公司或国家委托独家代办的商业保险机构。在出口信用保险的厘定费率方面，主要考虑出口相关的信息，包括保险机构以往的赔付记录、出口商资信、规模和经营出口贸易的历史情况，以及买方国家的政治经济和外汇收支状况、国际市场的发展趋势等。

2. 投资保险

投资保险，又称政治风险保险，承保被保险人因投资引进国政治局势动荡或政府法令变动所引起的投资损失的保险。投资保险的政治风险是指东道国政府没收或征用外国投资者的财产，实行外汇管制，撤销进出口许可证，以及内战、绑架等风险而使投资者遭受投资损失的风险。其承保对象一般是海外投资者。

投资保险的保险责任主要为：①因投资东道国发生的内战、恐怖行为、叛乱、罢工以及其他类似战争行为所造成的直接或间接经济损失。值得注意的是，现金、证券不在保险财产的范畴。②承保政府违约风险，即由于投资所在国政府非法地或者不合理地取消、违反、不履行或者拒绝承认其出具、签订的与投资相关的特定担保、保证或特许权协议等所造成投资者的损失由保险公司负责赔偿。③承保征用风险或国有化风险，即由于投资东道国政府实行征用、没收或国有化措施，致使海外直接投资者的投资及利润全部或部分地归于丧失的风险。④承保外汇风险，即投资者因东道国的突发事变而导致其在投资国与投资国有关的款项无法兑换货币转移的风险。

拓展阅读

我国信用保险的发展始于 20 世纪 80 年代初期。1983 年年初，中国人民保险公司上海市分公司与中国银行上海分行达成协议，试办了我国第一笔中、长期出口信用保险业务；1986 年试办了短期出口信用保险。1988 年，国务院正式决定由中国人民保险公司试办出口信用保险业务，人保公司设立了信用保险部办理此项业务。1994 年，新成立的中国进出口银行也经办各种出口信用保险业务。2001 年 12 月 18 日，中国出口信用保险公司成立，这是我国唯一专门经营出口信用保险业务的政策性保险公司。2016 年 1 月 11 日，我国首家专业信用保证保险公司——阳光渝融信用保证保险股份有限公司在重庆成立，这是国内迄今为止唯一按照市场化运营的专业信用保证保险公司。该公司是基于大数据和互联网的平台型专业信用保证保险公司，对丰富我国保险市场经营主体、完善保险市场体系具有重要意义。

（二）保证保险的主要业务类型

1. 产品保证保险

产品保证保险，又称产品质量保险、产品信誉保险，承保以被保险人因制造或销售的产品丧失或不能达到合同规定的效能而应对买主承担赔偿责任的风险。产品保证保险的出现能够增强消费者购买或使用产品的安全感，有利于维护消费者权益。同时，有利于企业广开产品销路，促进企业质量管理提升。

与产品责任保险不同，产品保证保险属于保证保险的范畴，承保产品事故中产品本身的损失，而非产品责任事故造成他人财产损失或人身伤害依法应负的赔偿责任，其责任范围是产品自身的损失及其有关费用。

产品保证保险的责任范围为：①赔偿用户因产品质量不符合使用标准而丧失使用价值的损失及由此引起的额外费。②赔偿用户更换或整修不合格或有质量缺陷产品的损失和费用。③被保险人根据法院判决或有关行政当局的命令，收回、更换或修理已投放市场的质量有严重缺陷产品造成用户的损失及费用。

2. 合同保证保险

合同保证保险是承保因被保证人不履行各种合同义务而造成权利人的经济损失风险的保险，是针对建筑工程投资人要求承包人如期完工的风险而逐渐发展起来保险业务。在建筑行业中，合同保证保险包括建筑保证保险、完工保证保险与供给保证保险。在金融行业中，合同保证保险还包括存款保证保险与贷款保证保险。

以合同保证保险在建筑行业的业务为例，保险人在承保时，一般需要核实投资项目，检查工程施工力量、设备材料等是否落实，严格审查承包人的信誉、经营承包能力和财务状况。若本项目本身已投工程保险，保险人在承保前应对各方面情况进行调查研究，确定可靠后才能承保，并在施工期间经常了解工程进度及存在的问题。

从合同保证保险的责任范围来看，保险人只承担工程合同中规定的因承包人方面的原因造成的工期延误的损失，不负责其他方面的原因造成的工期延误损失。此外，保险人赔偿的数额以工程合同中规定的承包人应赔偿数额为限，一般不超过工程总造价的80%。

 案例

　　2015年8月，A保险公司向B物资公司签发国内贸易信用保险单，保险单约定：保险公司向物资公司承保因包括C公司在内的买方拖欠、破产或无力偿还等风险引起的物资公司损失，赔偿比例为80%，不计免赔额，保单有效期为2015年7月至2016年7月。2016年6月，C公司向B物资公司购买乙二醇850吨，但C公司接收货物后没有按照合同约定付款，至今拖欠货款336万元，已构成上述保险单约定的拖欠风险。B物资公司认为，按照上述保险单约定，A保险公司应按C公司所拖欠货款336万元的80%对物资公司进行理赔。A保险公司认为，B物资公司与C公司无实体货物交付，且上游卖方D公司与其下游买方A保险公司之间存在关联关系均属于保险合同约定的免责情形，因此拒绝理赔。

　　在这个案例中，A保险公司以无实物交付以及B物资公司的上下游买卖存在联系为免责利益拒绝理赔。但这种情况并不属于保险合同约定的免责情形，而且B物资公司与A保险公司之间的保险合同关系合法有效，且B物资公司遭受的损失属于保险责任范围。最终，经法院审理，A保险公司应向B物资公司支付保险赔偿金269万元以及支付迟延赔付期间的利息损失。这个案例说明了信用保险在帮助企业应对风险方面的重要作用，信用保险赔付过程中需要遵循一定的程序和规定。同时，我们也应注意到，保险公司在进行信用保险承保业务时，应严格审核投保企业或个人的相关信用材料，并经常关注项目进度及存在的问题，以避免因道德风险、逆向选择等因素导致的保险欺诈问题。

本章小结

　　财产保险以各种物质财产及其相关的利益为保险标的，并以补偿被保险人经济损失为基本目的的经济补偿制度。不同于其他形式的保险，财产保险是为具体的物质财产和经济利益提供风险保障的一种保险产品。财产保险可分为狭义财产保险与广义财产保险。从狭义上看，财产保险仅为包括火灾保险、运输保险、工程保险等在内的财产损失保险，从广义上看，也包括责任保险、信用保险与保证保险等。

　　火灾保险是指以存放在固定场所并处于相对静止状态的财产物资为保险标的，由保险人承担保险财产遭受保险事故损失的经济赔偿责任的一种财产保险。火灾保险主要包括企业财产保险与家庭财产保险。企业财产保险，又可称为团体火灾保险，是以法人团体的财产物资及有关利益等为保险标的，由保险人承担火灾及有关自然灾害、意外事故赔偿责任的财产损失保险。家庭财产保险，是面向城乡居民家庭并以其住宅及存放在固定场所的物质财产为保险对象的保险，强调保险标的的实体性和保险地址的固定性。

　　运输保险是以处于流动状态下的财产为保险标的的一种保险，可划分为运输工具保险、运输货物保险与海上保险，其中机动车辆保险为运输工具保险的重要险种。根据运输工具划分，运输货物保险主要分为水路、陆路运输货物保险，航空货物运输保险，邮件保险，集装箱运输保险，以及其他运输货物保险。

工程保险指以工程项目在建设过程中因自然灾害和意外事故造成的物质财产损失，以及对第三者的财产损失和人身伤亡依法应承担的赔偿责任为保险标的的保险。保险标的为工程项目主体、工程用的机械设备以及第三者责任。其中，建筑工程保险是承保各类土木建筑为主体的工程，在整个建设期间，由于保险责任范围内的风险造成保险工程项目的物质损失和列明费用损失。而安装工程保险是承保新建、扩建和改建的建筑物在整个安装、调试期间的物质损失以及损失所产生的有关费用及安装期造成的第三者财产损失或人身伤亡而依法应被保险人承担经济责任的保险。科技工程保险是以重大科技工程为保险标的的综合性财产保险。

农业保险是保险机构根据农业保险合同对被保险人在种植业、林业、畜牧和渔业生产过程中，因保险标的造成约定保险事故所导致的财产损失，给予赔偿保险金责任的保险。农业保险根据承保对象划分，主要为种植业保险与养殖业保险。

责任保险承保的是法律赔偿风险，作为独成体系的保险业务，责任保险适用于一切可能造成他人财产损失和人员伤亡的各种团体、家庭、个人。值得注意的是，责任保险的赔付金直接赔付受害者，并非归被保险人所有。

信用保险与保证保险都是以被保险人信用为保险标的的保险。信用保险一般分为出口信用保险与投资保险，保证保险一般分为产品保证保险、合同保证保险。

本章关键词

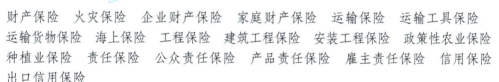

财产保险　火灾保险　企业财产保险　家庭财产保险　运输保险　运输工具保险
运输货物保险　海上保险　工程保险　建筑工程保险　安装工程保险　政策性农业保险
种植业保险　责任保险　公众责任保险　产品责任保险　雇主责任保险　信用保险
出口信用保险

复习思考题

1. 财产保险的主要特征有哪些？
2. 比较定值保险与不定值保险。
3. 火灾保险标的有哪些？
4. 对比企业财产保险中的可保财产、特约可保财产以及不保财产。
5. 运输工具保险有哪些特征？
6. 机动车辆保险的责任范围有哪些？
7. 运输货物保险如何分类？
8. 试比较安装工程保险和建筑工程保险的区别。
9. 科技工程保险的主要险种有哪些？
10. 政策性农业保险与商业性农业保险有何区别？
11. 责任保险有哪些特征？如何进行分类？
12. 出口信用保险有哪些特征？

第六章　人身保险

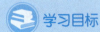
学习目标

1. 掌握人身保险的概念、特征及分类。
2. 了解人寿保险的种类，了解意外伤害保险与健康保险的特点与种类。
3. 掌握分红保险、投资连结保险和万能寿险的概念。

第一节　人身保险概述

一、人身保险的概念与特征

（一）人身保险的概念

人身保险（Personal Insurance）是以人的寿命和身体为保险标的的保险。人身保险的投保人按照保单约定向保险人缴纳保险费，当被保险人在合同期限内发生死亡、伤残、疾病等保险事故或达到人身保险合同约定的年龄、期限时，由保险人依照合同约定承担给付保险金的责任。

（二）人身保险与财产保险的区别

与财产保险比较，人身保险有如下区别。

1. 保险标的不同

财产保险的保险标的是被保险人的财产及有关利益；人身保险的保险标的是被保险人的生命和身体。由于人的身体和生命的价值是很难用货币度量的，因而，人身保险的保险价值难以确定，其保险金额在保险合同当事人双方约定的基础上依照投保人缴纳保险费的能力确定。当保险事故发生时，保险人按保险合同约定的保险金额给付。当被保险人的身体和生命被第三者侵权时，被保险人在获得保险人给付的保险金的同时，还可获得侵权人的赔偿，而不存在代位求偿问题。其原因是人身保险的保险价值是无法衡量的，保险金是按预约给付而不是损失补偿。财产保险则不同，其保险标的的价值一般是可以计算的，保

158

险金额的最高限额是保险价值，保险事故发生后，其赔偿金额根据实际损失额和投保方式确定，具有损失补偿的性质。若因第三者侵权而发生保险事故，则被保险人在获得保险人赔偿的保险金后，向侵权人要求赔偿的权利自动转移给保险人，即存在代位求偿问题。

2. 保险金额确定依据不同

财产保险的保险金额是根据保险价值确定的；而由于人身保险的保险标的是被保险人的生命和身体，如上所述，人的身体和生命的价值很难用货币度量，因而，人身保险的保险价值难以确定，其保险金额在保险合同当事人双方约定的基础上依照投保人缴纳保险费的能力确定。当保险事故发生时，保险人按保险合同约定的保险金额给付。而且，当被保险人的身体和生命被第三者侵权时，被保险人在获得保险人给付的保险金的同时，还可获得侵权人的赔偿，并不存在代位求偿问题。

3. 保险期限不同

除意外伤害保险和短期健康保险外，人身保险一般是长期保险；财产保险期限一般为一年。

4. 基本职能不同

人身保险的基本职能主要是保险金给付；财产保险的基本职能主要是经济补偿。

5. 厘定纯费率的依据不同

厘定财产保险纯费率的依据是损失率；而人身保险中人寿保险纯费率的厘定依据是生命表和利息，即死亡率和利率。

6. 经营技术要求不同

人身保险对死亡率的计算较为精密，出现的危险事故也较规则和稳定；财产保险则不然，其风险事故的发生较不规则，并缺乏稳定性，损失概率相对缺乏规律性，因而计算的费率没有人身保险精确。

7. 性质不同

人身保险，尤其是人寿保险带有储蓄性质；财产保险一般不具备。

8. 适用对象有差别

人身保险主要适用于个人；财产保险主要适用于企业。

二、人身保险的分类

人们需求的多样性及变动性，决定了人身保险险种的多样性。对于众多的人身保险险种，如何进行科学归类，世界上还没有形成一个固定的原则和统一的标准。实际上人身保险险种的归类，在不同的场合，根据不同的要求，从各个角度可以有不同的分法，目前主要有下列几种分类方法。

（一）按保险责任分类

按保险责任的不同，人身保险可以分为人寿保险、人身意外伤害保险和健康保险。

人寿保险是以被保险人的生命为保险标的，以被保险人的生存或死亡为保险事故的人身保险。在实务中，人们习惯把人寿保险分为定期寿险、终身寿险、两全保险和年金保险。人寿保险是人身保险中最重要的部分。

人身意外伤害保险简称意外伤害保险。意外伤害是指在人们没有预见到或违背被保险人意愿的情况下突然发生的外来致害物对被保险人的身体明显、剧烈的侵害的客观事实。意外伤害保险是以被保险人因遭受意外事故造成的死亡或伤残为保险事故的人身保险。在全部人身保险业务中，只需要支付少量保费就可获得高保障，投保简便，不用体检，所以承保人次较多，如旅行意外伤害保险、航空意外伤害保险等。

健康保险是以被保险人的身体为保险标的，保证被保险人在疾病或意外事故所致伤害时的费用或损失获得补偿的一种人身保险，包括重大疾病保险、住院医疗保险、手术保险、意外伤害医疗保险、收入损失保险等。

（二）按保险期间分类

按保险期间分类，人身保险可分为保险期间一年以上的长期业务和保险期间一年以下（含一年）的短期业务。其中，人寿保险中大多数业务为长期业务，如终身保险、两年保险、年金保险等，其保险期间长达十几年、几十年，甚至终身，这类保险储蓄性也较强；而人身保险中的意外伤害保险和健康保险及人寿保险中的定期保险大多为短期业务，其保险期间为 1 年或几个月；同时，这类业务储蓄性较低，保单的现金价值较小。

（三）按承保方式分类

按承保方式分类，人身保险可分为团体保险和个人保险。

团体保险是指一张保单为某一单位的所有员工或其中的大多数员工提供保险保障的保险。目前，保险监管机构对团险最低人数要求是 3 人，对不同的保险公司、不同的险种类别对于团体保险被保险人的要求也有所不同。团体保险又可分为团体人寿保险、团体年金保险、团体健康保险等。

个人保险是指一张保单只为一个人或为一个家庭提供保障的保险。

（四）按是否分红分类

按是否分红分类，人寿保险可以分为分红保险和不分红保险。

分红保险是指保险公司将其实际经营成果优于保守定价假设的盈余，按一定比例向保单持有人分配的人寿保险。这种保单最初仅限于相互保险公司签发，但现在股份制保险公司也可采用。一般来说，在分红保险保费计算中，预定利率、预定死亡率及预定费用率的假设较为保守，均附加了较大的安全系数，因而保费相对较高，公司理应将其实际经济成果优于保守假设的盈余以红利的方式返还一部分给保单持有人。

而在不分红保单中，所附安全系数较小，由于保单的成本结余，不能事后退还保单持有人，也因为业务竞争的需要，保费的计收必须反映提供保险的实际成本。因此，不分红保险的正常利润仅以红利分配给股东或提存准备金。

除上述分类外，人身保险还可按设计类型分为万能保险和投资连结保险等，此处不展开介绍。

第二节　人寿保险

一、人寿保险的概念及种类

人寿保险（Life Insurance）简称寿险，是以被保险人的寿命为保险标的，以被保险人的生存或死亡为保险事故，当被保险人在保险期限内死亡或生存到保险合同约定的年龄或期限时，保险人按照保险合同约定给付保险金额的一种人身保险形式。人寿保险是人身保险中最基本、最主要的组成部分。

人寿保险的基本形态包括传统人寿保险和新型人寿保险。传统人寿保险包括死亡保险、生存保险以及生死两全险。新型人寿保险包括分红寿险、投资型寿险等。

二、传统人寿保险

传统人寿保险（Traditional Life Insurance）主要是具有保障功能的寿险产品，通常分为死亡保险、生存保险、生死两全保险（简称两全保险）三个基本类别。

（一）死亡保险

死亡保险可分为定期寿险和终身寿险两类。

1. 定期寿险

定期寿险又称定期死亡保险，是合同约定期限内被保险人发生死亡事故时保险人一次性给付保险金的人寿保险。如果被保险人在保险合同期满时仍然生存，则合同期满终止，保险人不必给付保险金。定期寿险一般具有如下特点。

（1）保险期限固定。定期寿险的保险期限可以是 5 年、10 年、15 年、20 年等，也可以按照约定达到特殊的指定年龄为止，还可以根据被保险人要求提供定期的短期保险。

（2）属于纯保障型寿险。如果被保险人生存至保险合同约定的期限，则保险人不负任何赔偿责任，也不退还保险费，保单不具有现金价值。如果被保险人在保险合同约定的期限内死亡，则保险人负赔偿责任。

（3）保险费一般比较低。在同等保险金额和投保条件下，定期寿险所收取的保险费是低于其他险种的。这是因为定期寿险的保费只负责保障因素和一些附加费的开支，不含利息，故保费比较低。

（4）被保险人存在逆选择和道德风险。因为投保定期寿险可以以较少保费支出获得大的保障，当保险期限届满时，被保险人有继续投保或者中止投保的权利，一般来说，身体不健康者更希望得到这份保障，会继续投保。

（5）被保险人的逆选择与保险人风险选择并存。由于逆选择的存在，保险人为了控制承保风险，会对被保险人进行严格选择，以避免逆选择的产生和保证公司自身财务的稳定。一般在承保时，保险人会进行以下严格的风险选择：①对超过标准保额的被保险人进行全方位的检查；②对身体状况不太好的人和高危职业人实施增加对其收取的保险费；③对年龄较大且身体较差的被保险人拒绝承保。

2. 终身寿险

终身寿险又称终身死亡保险，是一种不定期的死亡保险，是被保险人在投保之后在任何时候死亡，保险人均根据合同给付保险金的一种保险。

终身寿险具有以下几个特点：第一，由于是终身的，根据个体的区别，终身的情况也就不一样。但是无论是哪个被保险人，只要投保该险种，保险合同的有效期都会截至其生命终止之时（100 岁以上除外），即只要其死亡，其受益人就可以得到保险金赔偿。第二，终身寿险也在年龄的终端上进行了设置，一般以 100 岁为人的生命界限，在 100 岁以内死亡的被保险人可以获得赔偿，超过100岁保险人会被退还所有保险金。第三，终身寿险的保险费中含有储蓄成分，保单一经生效，就具有了现金价值，如果投保人中途选择退保，只能获得一部分保险金。

根据缴费方式的不同，终身寿险分为三种形式。

（1）普通终身寿险。普通终身寿险又称为终身缴费的终身寿险，是指被保险人只要生存，投保人就要支付保险费，如果中途停止缴纳保险费，除非在合同订立时另有约定，否则保险合同丧失效力，保险人不再负赔偿责任。普通终身寿险一般采用均衡保费制，每年缴纳的保险费较低，但是需要一直缴纳，只要保险合同没有丧失效力，被保险人就不用担心身体状况对保险费产生的影响。

（2）趸缴终身寿险。趸缴终身寿险，顾名思义就是一种需要一次性交清所有保险费的保险，该险种一次性缴纳的费用可能比较高，在现实中可能投保的人比较少。

（3）限期缴费终身寿险。限期缴费终身寿险的缴费期间并非终身，而是限定在某一特定期间。一种是限定缴费期限，如5年、10年缴清终身寿险；另一种以特定年龄为到期时间，如60岁、65岁缴清终身寿险。因此，这种保险的缴费期限比较短，其均衡保费的保费数额要大于终身缴费的年均衡保险费，这种保单不适用于需要保险保障大而收入水平比较低的人群购买，它比较适合短期内有较高收入的人群购买。

由此可知，普通终身寿险因为采用均衡保费的方法，年均保费不算高，更适用中等收入人群购买。但这种寿险保单的现金价值相对而言比较低，而且需要终身缴费，对临时丧失缴费能力的人极为不利。趸缴终身寿险对偏好储蓄的人具有较大的吸引力，在一些国家，购买趸缴终身寿险还可抵消遗产税，但是趸缴终身寿险需要一次性交付比较高的保险费。一般来说，人们不太愿意购买此种保险。限期缴费终身寿险适合那些需要长期死亡保障，但短期内收入较高的人购买。

（二）生存保险

1. 生存保险

生存保险是以被保险人在保险期满时仍然生存为保险金给付条件的人寿保险。定期生存保险的特点主要有以下几方面。

（1）保险期限有限。定期生存保险的保险期限为一确定年限并以被保险人在保险期满时仍然生存作为给付保险金的条件。

（2）不退还保费。被保险人如果在保险期间内死亡，认定为保险事故并没有发生，保险合同自然终止，保险人不负赔偿责任，也不退还已交的保险费。

（3）类似于银行储蓄。投保生存保险的主要目的是为被保险人今后的生活或工作提供一笔保障基金，在未来需要开支时，有一笔预存的保险金可以辅助开销。例如，在孩子年幼时为他们购买含教育基金的保险，当孩子读大学或者创业时就可以获得一笔资金。

2. 特殊的生存保险——年金保险

1）年金保险的概念

从广义上讲，一系列定期支付的款项都可称之为年金。所谓年金保险，是指在约定的期限内或被保险人生存期内，保险人按照合同约定向被保险人给付保险金的保险。年金保险是以被保险人的生存为给付条件的人寿保险，但通常采取按年度周期给付保险金的方式，是一种特殊形态的生存保险。

2）年金保险的特征

与传统人寿保险相同，年金保险也以特定生命表所反映的生存率和死亡率为基础厘定保险费率，保险人通过收取投保人交纳的保险费形成保险基金，对被保险人的人身风险进行财务安排，为被保险人提供经济收入保障。但同时，年金保险也具有其自身特征。

（1）防范的风险不同。年金保险承保的是被保险人"活得太久"的风险，防范被保险人因寿命过长导致收入不足。而人寿保险承保的是被保险人"死得太早"的风险，防范因被保险人过早死亡给家庭带来收入损失。

（2）给付条件不同。年金保险本身是以被保险人到期仍然生存为保险金给付的条件。也就是说，在约定期限到达时，被保险人只有依然生存，保险人才进行赔偿。人寿保险中的死亡保险恰恰与其相反，只有被保险人在保险期限内死亡才能获得赔偿。

（3）逆选择结果不同。一般来说，身体情况比较好的人，认为自己会比较长寿，就会更愿意购买年金保险，以期望获得保险金赔偿。而身体不太健康的人，可能更愿意购买死亡保险，来给家庭增加一些身后保障。

3）年金保险的分类

（1）按缴费方法不同，年金保险可分为趸缴年金与分期缴费年金。

趸缴年金是指投保人一次缴清全部保险费，然后由受领人自合同约定的年金给付日开始按期领取年金。

分期缴费年金的投保人在保险金给付日开始前分期交保险费，由受领人自合同约定的年金给付日开始按期领取年金。

（2）按年金给付开始时间的不同，年金保险可分为即期年金和延期年金。

即期年金是指投保人交纳所有保险费且保险合同成立生效后，保险人立即按期支付年金的年金保险。即期年金一般采用趸缴方式交纳保险费。

延期年金是指当保险合同成立生效后，经过一定时期或被保险人达到一定年龄后且被保险人仍然生存的情况下，保险人才开始给付年金的年金保险。延期年金一般采用分期的方式缴纳保险费。

（3）按被保险人的不同，年金保险可分为个人年金、联合及生存者年金和联合年金。

个人年金又称单生年金，被保险人仅为一人，并以其生存作为给付条件。

联合及生存者年金又称为联合及最后生存者年金，被保险人有两人或两个以上，通常多为夫妻，在约定的年金给付开始日，只要至少有一个被保险人生存即给付年金，直至被保险人中最后一个生存者死亡。但此种年金通常规定，如果被保险人中有一人死亡，则年金给付额按约定比例减少。

联合年金的被保险人也为两人或两人以上，但该险种以两个或两个以上的被保险人同时生存作为年金给付条件，只要其中一人死亡，就终止给付年金。

（4）按给付期限的不同，年金保险可分为定期年金、终身年金和最低保证年金。

定期年金是指保险人在约定给付期内给付年金，并以约定期满与被保险人死亡二者间先发生者作为年金给付的时间。定期年金又分两种：一种是确定年金，即在保险期限内，不管被保险人是否健在，只要在合同有效期内，均给付年金；另一种是生存年金，即在保险期限内，只有被保险人生存，才能获得保险金给付的资格。

终身年金是指以被保险人的死亡为保险金给付终止时间的年金，即只要被保险人生存，受领人就可一直领取年金；被保险人死亡，则给付终止。因此，终身年金对长寿的被保险人非常有利，而死得越早就越不利。

最低保证年金是为防范被保险人在保险期还没到就去世从而丧失领取保险金权利的情况而产生的一种年金方式，是指被保险人如果在保险期限内死亡，保险人会向其指定的受益人支付合同中规定的保险金，直至保险合同期限届满。该年金有两种给付方式：一种是确定给付年金，也就是说，如果被保险人在确定给付年金的最少年数内死亡，则保险人将年金给付给受益人，直至期限结束；另一种是退还年金，如果被保险人最后领取到的年金总额低于最低年金额度，保险人要以现金方式保证被保险人领取的年金达到年金额度。

（5）按保险年金给付额变动与否，年金保险可分为定额年金与变额年金。

定额年金的给付额固定，不因通货膨胀的变化而变化。

变额年金，顾名思义就是年金的给付会变动，不是一成不变的。造成其变动的原因很多，如货币购买力变动。通过购买这种年金保险，被保险人可以在一定程度上抵御通货膨胀产生的影响。

（三）两全保险

两全保险即为生死两全保险，是将定期死亡保险和定期生存保险相结合的一种人寿保险，既为被保险人提供死亡保障，又为被保险人提供生存保障。被保险人在保险期限内死亡或保险期满时仍然生存，保险人均给付保险金。在保险有效期内，被保险人死亡，保险人向受益人给付合同约定的死亡保险金；如果保险期满时被保险人生存，则保险人向被保险人本人给付合同约定的生存保险金。两全保险的保险期限可以设定为一定年限，如5年、10年、20年等；也可以约定以被保险人达到某一年龄为限，如65岁、70岁等。

两全保险具有以下特点：第一，两全保险是寿险业务中承保责任最为全面的一个险种。它不仅可以为被保险人在保险期内死亡提供保障，还可以为被保险人到期生存提供一定的保险金，因而它可以解除家庭的后顾之忧。显然，这一险种是死亡保险和生存保险的产物，因此，两全保险的保费也就等于定期寿险和生存保险两者保费之和。第二，两全保险费率最高。在定期死亡保险或者生存保险中，保险人对被保险人承担的风险责任无非就是死亡或者生存，是单一的一种责任，而两全保险是保险人对两种风险的承担，并且对保险人来说，这种保险一旦投保，保险人的给付义务就一定会产生。除了长期的两全保险的费率可能和终身寿险的差不多之外，短期的两全保险的费率是要高出其他寿险费率许多的，因此，也不适合经济情况较差的人投保。第三，两全保险的保单不仅具有保障功能，还具有储蓄功能，而且储蓄功能占大部分。保险费储蓄因素的多少与保险期限的长短有着直接的关系，它们之间成反比，保险期限较长的储蓄占比就少，期限较短的储蓄占比就大。第四，两全保险的保额可以分为危险保额和储蓄保额。危险保额会随着保单年度的增加而减少直至保险期限届满时消失。储蓄保额会随保单年度的增加而增加，到期后就成为存款。因此，需要低保障、高储蓄的人更适合购买两全保险。

三、新型人寿保险

伴随着成熟保险市场中传统保障型寿险需求的逐步饱和，以及其他金融产品的激烈竞争，许多具有投资功能的保险产品应运而生了。带投资功能的寿险是将传统寿险的保障功能和投资理财功能融为一体的人寿保险产品，是一种新型人寿保险。

（一）分红保险

分红保险产品最早出现在 18 世纪。1776 年，英国公平人寿保险公司在进行决算时发现，实际的责任准备金比将来支付保险金所需的准备金多余很多，于是便将已收保费的 10% 返还给投保人，这就是世界上最早的分红寿险。

1. 分红保险的概念

分红保险是按照相对保守的精算假设假定较高的费率，保险人除了按照保单所载明的保险责任对被保险人进行给付外，还能将公司在经营中取得的一部分盈利以红利的方式返还给投保人的保险。

2. 分红保险的红利来源

分红保险产品的红利实质上来源于保险公司经营中的盈余，但并不是所有盈余都会成为保单红利，只有其中的可分配盈余才能形成最后的保单红利。红利主要来源于保单定价假设的预定死亡率、预定利率和预定费用率与实际死亡率、实际投资收益率和实际费用率之间的差异，即通常所说的死差益、利差益和费差益。

（1）死差益。死差益是指保单定价时假设的预定死亡成本与保险公司实际经验死亡成之差，即死差益 =（预定死亡率–实际死亡率）×风险保额。

（2）利差益。利差益是指保险公司的实际投资收益率高于保单定价预定利率时产生的利益，即利差益 =（实际投资收益率–预定利率）×责任准备金金额。

（3）费差益。费差益是指保险公司实际营业费用低于预定费用率而产生的利益，即费差益 =（预定费用率–实际费用率）×保险费。

3. 分红保险的特征

（1）投保人与保险人共享经营成果。保险公司每年将经营所得的一部分按照一定的计算方法分配给保单持有人。这样，投保人就可以与保险公司共享经营成果，与非分红保险产品相比，增加了获得收益的机会。

（2）保证利益与非保证利益相结合。分红保险产品提供的保险利益包括保证利益与非保证利益两部分。其中，保证利益与传统寿险产品一样，可以提供满期金、身故保险金、全残保险金或年金等其中的一种或几种，只要在保险期间内，被保险人就能获得约定数额的保险保障，不受保险公司经营状况的影响。而所谓的非保证利益，就是保单红利部分，其具体数额视保险公司分红产品的经营状况而定，在保险公司经营处于困境的时候，甚至不支付保单红利。

（3）多种红利领取方式。保险公司一般会提供多种领取红利的方式供客户选择，常见的现金红利领取方式有累积生息、抵缴保费等，通常在保险合同签订时确定红利领取方式，在保险期间内，也可以根据自身需要，办理一定的手续来改变红利领取的方式。

4. 分红保险与传统寿险的区别

分红保险与传统寿险产品最根本的区别，在于分红保险产品除了承担传统保险产品能够保障的保险责任外，还可以让投保人分享保险公司在分红业务上的经营成果。分红保险与传统寿险保险产品的区别主要表现在以下几方面。

（1）定价的精算假设不同。寿险产品在定价时主要以预定死亡率、预定利率和预定费用率三个因素为依据，这三个预定因素与实际情况的差距直接影响保险公司的经营成果。

对于分红保险产品，因为保险公司要将部分盈余以红利的形式分配给客户，所以相对于传统寿险产品，在定价时一般采用更为保守的估计，从而在实际经营过程中会产生更多的可分配盈余，有更多的红利分配。

（2）盈余的分配不同。传统寿险的投保人不参与保险公司经营成果的分配，盈余全部归保险公司所有；分红保险产品的投保人则可以参与盈余分配。根据现有分红保险监管规定，保险公司应将当年度分红保险产生的可分配盈余不少于 70%的部分分配给客户。保险公司还将定期向每位客户寄送分红业绩报告，做到对客户的适当公开透明。

（3）承担经营风险的主体不同。对于传统寿险产品，发生保险事故后客户能得到的保险金在合同订立当初已经确定，在保险公司偿付能力能够保证的前提下，保险利益与保险公司经营的好坏没有直接关系，承担经营风险的主体只是保险公司；分红保险产品则不同，在保险合同的保险期间内，保险公司除了提供固定的保证利益外，还定期向客户分配红利，红利金额直接由保险公司的经营成果决定，所以，实际上客户与保险公司共同承担经营风险。

（4）退保、身故、满期给付不同。对于传统寿险，退保时客户能得到的退保金为退保日保单的现金价值扣除未偿还的保单贷款和利息后的净值；而对于分红保险产品，退保时客户能得到的退保金为上述净值与保单红利及其利息之和或上述净值与增额红利的现金价值之和。

在满期给付或被保险人身故后，若客户购买的是非分红保险产品，被保险人或受益人只能获得投保时确定的保险金；但分红保险产品在获得保险金额的同时，还可以得到未领取的累积红利和利息或累积的已宣布增额红利。

（二）投资型寿险

投资型寿险产品的现金价值和满期保险金的积累方式一般采用独立账户运作和投资收益浮动相结合的方式，保单的投资账户不设固定的投资回报率，投资收益与投资账户资金的实际运作绩效直接挂钩。

1. 变额寿险

变额人寿保险简称变额寿险，是一种死亡保险金和现金价值随分立账户资产的投资业绩上下波动的终身寿险。保险人将变额寿险保单的责任准备金的资产记录在与一般投资账户相独立的投资账户上，投资于股票、债券、不动产等资产。这种账户在美国称为"分立账户"，在加拿大称为"独立账户"，在我国称为"投资账户"。

变额人寿保险与传统寿险相比，通常具有以下特点。

（1）保费固定，但保险金额在保证的最低限额下可以变动，保额的变动取决于投保人所选择的投资账户的投资效益。

（2）保险公司对该险种实行单独账户管理，保险人根据资产运用状况，对投资分立账户的资产组合不断进行调整以实现其投资功能，保单所有人在享有投资收益的同时，也要承担投资风险；投保人拥有对投资方向和内容的选择权，这又成为一种与股权相联系的保单。

（3）变额寿险保单的现金价值随客户所选择投资组合中投资业绩的状况而变动，保单在某一时刻的现金价值取决于该时刻其投资组合中投资账户资产的市场价值。

2. 万能寿险

万能寿险又称综合人寿保险，是新型人寿保险的主流产品之一。它具有成本透明、投保弹性大、投资自由及灵活等特征，能够满足顾客对产品的综合需求，同时该险种也可以与其他金融机构同台竞争。万能寿险的出台为寿险公司在20世纪80年代初美国高通货膨胀的市场竞争状态下开辟了新的市场空间。万能寿险具有以下特征。

（1）弹性是它所有特征中最显著的，也是万能寿险在市场上保持长期竞争力的最主要原因。在保险期间内，投保人保费支付的多少可以根据自身的实际情况进行调整，甚至可以暂停支付保险费，只要保单的现金价值足以支付保单的各项保险成本和相关费用，保单就持续有效。为此同时，投保人可以改变保险金额，但是保险单中规定了保险金额的最低额度。而在普通终身寿险中，投保人若想改变保险金额，必须签发新的保险单。

（2）保险公司为每个保单都设置了单独的投资账户，会按照规定时间向投保人寄送报告书，并说明所交保费的应用情况。然而普通的保单不具备投资功能，更无须保险人按时寄送报告书。

（3）保单的现金价值和保险公司的收益直接挂钩。由于万能寿险需要较强的收益，一般以短期投资为主，而普通保单一般以长期投资为主。

（4）保单所有人可以灵活运用保单的现金价值，不仅可以对保单进行抵押贷款，还可以提出部分现金价值，这并不影响保险合同的有效性。

3. 变额万能寿险

变额万能寿险是一种新型的终身寿险产品，其融合了万能寿险的保费和死亡保险金（保险金额）的可变性以及变额寿险投资的灵活性和风险性的主要特征，允许投保人自行选择保费水平和增减保险金额，并将现金价值记录在分立的投资账户中。投保人可以自主选择一个或多个投资账户，且可在年度内改变原有的投资方式。

4. 投资连结保险

1）投资连结保险的概念

投资连结类保险产品在英国、法国、东南亚部分国家或地区都是创新型人寿产品的主要类型之一。投资连结保险（以下简称"投连险"）是指具有保险保障功能并至少在一个投资账户中拥有一定资产价值的人身保险产品。投资连结保险是一种将投资与风险保障相结合的保险，保险公司将客户所交的保费分成"保障"和"投资"两部分，被保险人在获得风险保障的同时，用保费的一部分来购买保险公司所设立的投资项目，由保险公司投资运作，即投保人享有投资收益的同时，也要承担投资风险。

投资连结保险通常会为客户设立投资账户和保单账户。投资账户是由保险公司负责管理的进行保费投资而提供的独立账户。保险公司一般会设立多个独立的投资账户，且对于不同的投资账户，都有与之相对应的投资项目。投保人可以选择将保费分配至不同的投资账户中，而分配比例由投保人的风险偏好和收益目标决定。同时，投保人可以在不同的投资账户中进行资产转换。

保单账户是保险公司为了履行保险合同约定的投保人或被保险人的权益以及对被保险人的保险责任而设立的个人账户，一般在合同生效后或犹豫期结束后的首个资产评估日设立。

2）投资连结保险的特征

从本质特征方面来说，投资连结保险在产品的设计、运作、管理和销售上注重产品的投资功能，也兼具保险保障功能。投资连结保险区别于传统产品和分红产品的主要特点在于其投资功能强大、缴费灵活、保险金额可选择以及产品运作透明。

（1）独立投资账户。投资连结保险的投资账户完全独立于保险公司的其他投资账户，该账户是投资连结保险区别于其他类型保险产品的一个最主要特征。保险公司收到保险费后，按照事先的约定将部分或全部保费转入投资账户，并以投资单位计价。投资单位有一定的价格，保险公司根据保单项下的投资单位数和相应的投资单位价格计算其账户价值。保险公司每日、每周、每年均会对投资账户进行评估，公布投资单位价格。在投资账户的投资方向上，不同类型的投资账户使用的投资工具也不一样。

投资账户的单位价值或价格（以下简称"单位价格"）具有特定的含义，应区分两种不同的价格，一个是单位买入价；另一个是单位卖出价。在实务中，买入价与卖出价间通常有一定差异，这将给保险公司带来正现金流，以补偿在金融市场购买资产时的费用支出。保险公司在收到第一笔保费后，根据投保人所选择账户对应的投资单位买入价，按照约定的分配比例购买投资单位产品。投资单位产品的数量因扣除成本或费用而有所减少，单位价格随投资业绩的好坏而波动。保单账户价值等于投资单位数量与卖出价的乘积。

（2）产品的透明性。投资连结保险透明度很高，投保人可以明晰保费分配情况以及保单现金价值的变动情况。

（3）产品的灵活性。投资连结保险保险费可以灵活支付，保险金额可以灵活调整，投资账户也可以灵活转换，只需要一张保险单就可以灵活适应投保人未来多样化且不确定的理财需求。

投资连结保险为投保人提供了多种投资选择，投保人可以广泛地介入货币市场基金、普通股票基金、指数基金、债券基金等，并把相当一部分的保险费专门用于投资。因此，投连险可以满足投保人保障理财、储蓄理财与投资理财三种需求，投保人可以按照自己的需要在风险保障账户、货币市场账户、资本市场账户之间灵活配置保费，这样既可以形成以"保障为主、投资为辅"的配置，也可以形成以"投资为主、保障为辅"的配置，或者以"储蓄为主、保障为辅"的配置等。

3）投资连结保险和万能寿险的区别

投资连结保险和万能寿险都属于投资理财类产品，在资金运用方面都具有向风险资产倾斜的特点，追求风险收益的综合高回报率，产品的账户价值与投资收益有直接关系。但万能寿险与投资连结保险的区别也很明显，主要体现在以下几点。

（1）投资自由度不同。投资连结保险的投资风险全部由投保人承担，在投资策略上追求高回报，往往比较激进。一般公司也会提供几种风险特征不同的账户供客户选择，如固定收益类投资占比较高的稳健型投资账户、权益类投资占比较高的进取型账户等。投保人可以根据自己不同的人生阶段、不同的理财规划目标等因素选择。而万能寿险往往只提供一个账户，客户不能根据自身需求选择，所以自由度较差。由于万能产品的结算利率存在平滑机制，为了维持一个稳定的结算利率预期，监管机关往往会限制万能账户的投资结构，设置股票投资的上限，从而限制万能账户的投资自由度。

（2）账户价值的计算方式不同。万能寿险的账户价值根据结算利率增长，结算利率根据万能账户的投资收益率确定，但该结算利率是经过平滑处理的，并不完全等于投资收益率。而投资连结保险的账户价值根据单位数与单位价格确定，而单位价格直接反映投资连结账户的投资回报情况，并不存在平滑处理因素，所以其波动要远高于万能寿险的结算利率。

（3）风险特征不同。投资连结保险没有保证利率的设置，所以投资风险全部由投保人承担，购买此类产品的客户要求承担风险的能力较强。而万能人寿保险往往设置保证利率，这样保险公司承担了一定的投资风险，而保险公司为了能够匹配这种保证利率的要求，往往配置更多的固定收益类投资资产。

（4）管理要求不同。由于投资连结保险的单位价格核算、单位数管理、投资账户转换等比较复杂，而且结算频率较高，对公司内部管理系统的要求要远高于万能人寿保险；而由于投资连结保险客户的投资风险较高，对销售管理的要求也就更高。

第三节　意外伤害保险

一、意外伤害保险的概念及特点

（一）意外伤害保险的概念

1. 意外伤害的定义

意外伤害，是指遭受外来的、突发的、非本意的、非疾病的使身体受到伤害的客观事件。

意外伤害的构成包括"意外"和"伤害"两个必要条件。仅有主观上的意外，而没有伤害的客观事实，不能构成伤害；反之，仅有伤害的客观事实而没有主观上的意外，也不能构成意外伤害。只有在意外条件下发生的伤害，才能构成意外伤害。

总之，意外伤害保险（Accident Insurance）中所提到的"意外伤害"，是指在被保险人没有预见到或违背被保险人意愿的情况下，突然发生的外来致害物对被保险人身体明显、剧烈的侵害的客观事实。它至少包括三个条件：一是有客观的事故发生，而且是不可预料、不可控制、非受害者所愿的；二是被保险人身体或生命所遭受的伤害是客观的、看得见的；三是意外事故属于保险合同范围内的，是伤害被保险人身体或生命的直接原因或者近因。这三个条件缺一不可，共同构成人身意外伤害保险合同成立的条件。如果致害物没有接触或作用于被保险人的身体，就不能构成伤害。简单地说，在意外伤害保险中，只有致害物是外来的，才能被判定为伤害。只有致害物侵害的对象是被保险人的身体，才能构成伤害。

应该指出的是，凡是被保险人的故意行为使自己身体所受的伤害，均不属于意外伤害。故意分为积极故意和消极故意。积极故意指被保险人明知自己的行为会使自己的身体受到伤害，并且希望遭受伤害而积极采取措施促成伤害的发生，如被保险人自杀、自伤身体等。消极故意是指被保险人已经预见到自己将会遭受伤害，而且也能采取措施避免，但由于被保险人主观上希望自己遭受伤害而不采取措施避免，而是任其发生，如被保险人看到迎面有汽车驶来而不躲避。

被保险人故意使自己遭受伤害与被保险人已经预见到伤害即将发生，但若由于法律或责任上的规定不能躲避，性质则是完全不同的。对于前者，被保险人主观上希望伤害发生，亦即伤害的发生并不违背其主观意愿，因而不属于意外伤害。在后者，被保险人主观上并不希望自己遭受伤害，只是由于法律或职责上的规定不能躲避，伤害的发生违背其主观意愿，因此属于意外伤害，如警察在和歹徒搏斗时受伤或死亡。

值得注意的是，有些事件造成的结果不一定立即显示出来，即由于伤害后发生继发症所致，而对人体的损害却是由外来剧烈因素造成的，因此也可称为意外事件。

 拓展阅读

理论界关于"意外"认定标准的争论

理论界关于"意外"的认定标准还没有达成一致意见，主要包括要件说、原因说和结果说。

（1）要件说，是指从相关的法律法规对"意外"的规定中提炼出必备要素，判断构成"意外"的依据是事件是否满足全部要件。要件说存在一定的缺点，包括不限于适用对象模糊、难以判断、易被滥用。

（2）原因说，是指以"意外原因"为主要研究对象的一种确认方式。原因说的重点在于致害原因是非预期的、非计划的且非恶意的。只要符合上述特征，不论结果是否在保险人的意料之中，都属于意外伤害。原因说与一般人对于"意外"的认识相悖，与保险解释原则不符，故使承保范围变窄，容易让被保险人的权益受到损害。

（3）结果说，是指以"意外结果"作为认定意外伤害的确认方式。即便因为被保险人先前的蓄意行为而造成的损害，也应被视为"意外"，但前提是在这一行为和损害之间有一种非预期的或特殊的条件，致使受害人受到损害。从结果说角度出发，对"意外"进行认定，对于保障投保人或被保险人的合法权益、增进保险的公平性具有重要意义。

2. 意外伤害保险的定义

意外伤害保险是指被保险人在保险有效期间，因遭遇非本意的、外来的、突然的意外事故，致使其身体遭受伤害而残疾或死亡时，保险人依照合同约定给付保险金的保险。意外伤害保险保费低，保险金额高。从保单来看，一般来说，其保费在百元左右，保险金额一般在100万元以上。目前，已经成为我国保险业中影响最为广泛、投保人数最多的险种。

关于意外伤害保险的保险责任，我们应当明确以下两点：第一，明确界定承保范围，须是因为意外伤害所导致的损害，所以，如果被保险人所受损害不在承保范围内，即故意行为或者其他内在等非事故原因引起的疾病以及其他事故，保险公司不会给予赔偿。第二，事故造成的后果，必须是对投保人的身体、生命健康等方面的损伤，必须是身体的一部分，如假肢等受到了损坏等，都不应该被归类为人身的伤害，保险公司也不应承担损害的赔偿责任。

（二）意外伤害保险的特点

意外伤害保险的特点主要包括以下四点：保险对象的特定性；意外伤害保险的短期性；定额给付与损害补偿的双重性；保费计算的特殊性。

1. 保险对象的特定性

意外伤害保险的对象必须是人体的自然组成部分，对于非自然人体的装置，即使已成为身体的一部分并且发挥人体正常机能（如假牙）也不应作为意外伤害的保险对象对待。并且，人身受到的伤害仅仅指身体层面上的。换言之对于因意外事故导致的精神损失和精神受损间接造成的身体损害的结果，保险公司都不予赔付。

2. 意外伤害保险的短期性

与人寿保险相比，意外伤害保险具有短期性。普通人身意外伤害保险期限通常为一年。意外伤害保险的保险标的，一般来说，是指在特定时空下，被保险人因意外事故而受到的人身伤害。因为时间和空间的不稳定性存在，被保险人受的伤害和产生损失的原因多种多样且不可持续。例如，旅客意外伤害险保障的范围只是旅客这次短暂的旅程，一旦旅行结束，保险期限也随之结束，因此，需要经常购买。

3. 定额给付与损害补偿的双重性

意外伤害保险是介于寿险和财险间的一种保险，与两者既有相同之处，也存在差异。意外伤害保险与寿险相同地方在于保险标的、保险金额确定，指定受益人；和财产保险相似的点主要在于保险期限、未到期责任准备金的提取。人的身体以及健康是无价的，没有办法用金钱来衡量，因此，该保险原则上是定额给付的，保障的是被保险人因意外事故所造成的人身损害。与此同时，意外伤害保险也相对特殊，意外伤害保险一般会附加医疗费用保险，即因意外事故所造成的人身损害需要花费的医疗费用。从这个层面上来说，这部分费用从属于健康保险范畴，能够用金钱来衡量，计算出数额，所以这部分保险责任适用于损失补偿，从而保障了保险人的利益，也避免了被保险人不当得利。

4. 保费计算的特殊性

意外伤害保险在计算保费时，与健康保险和人寿保险都有很大的区别。具体而言，健康保险和人寿保险计算保费时的主要衡量依据是被保险人的年龄以及身体状况，至于被保险人的工作环境以及职业等信息不会十分重视保险，但是意外伤害保险不同，意外事故的发生与被保险人生活的危险程度有密切联系，因此费率制定方面要充分考虑被保险人的职业、工种、从事的活动是否危险，而非被保险人的年龄，性别等因素，例如，高龄者也能够投保且不必体检，因为对于意外伤害而言，无论老年还是青年，也无论身体素质差异，被保险人处在相同的生活生产的环境中，意外伤害降临到他们身上的可能性相差无几。相对于完全健康的人来说，某些患有疾病的人遭受意外伤害的可能性更大，风险更高。因此，一般来说，很多意外伤害保险会将诸如癫痫、完全丧失劳动能力和精神病人等排除在被保险人之外。在计算保费时，被保险人工作性质、职业是最重要的考虑因素。如果危险程度较低，则保费较低；反之，则保险费较高。

二、意外伤害保险的分类

意外伤害保险通常可以按照保险范围、承保性质、投保方式、保险责任、投保动因、保险危险、保险期限、险种结构的标准进行分类。此外，各个主要的保险公司都会对所提供的人身意外伤害保险进行更细致的分类，在此仅将根据一般情况下的分类标准来对意外伤害保险进行分类。

（一）按照保险范围划分

按照保险范围划分，意外伤害保险可分为意外伤害死亡保险、意外伤害残疾保险、意外伤害医疗保险和意外伤害综合保险。

意外伤害死亡保险是指在保险有效期内，被保险人因为遭受意外伤害致死，保险人给付保险金的保险。意外伤害残疾保险是指被保险人在保险期间内因意外伤害造成残疾，获得保险金的保险；该种保险单独投保，也可附加在其他主险上。

意外伤害医疗保险针对被保险人所付的合理的医疗费用，即因意外伤害致人身伤害而治疗所花费的费用，保险人在保险金额的范围内给付保险金的保险。例如，《国寿个人综合意外伤害保险条款》中对于人身意外伤害综合保险的规定。意外伤害综合保险是两种险的组合，它不仅包含了意外伤害医疗保险，还包含了意外伤害死亡保险。该种保险的保险责任既包括给付死亡保险金的责任，也包括医药费的保险金的赔偿责任。

（二）按照承保性质划分

按照承保风险性质划分，意外伤害保险可分为普通意外伤害保险和特种意外伤害保险。

普通意外伤害保险所涵盖的范围非常宽泛，并非局限于某一具体事故，而是由保险人对被保险人在日常生活中所遇到的所有可能出现的事故进行保险。只要是外界对身体造成的意外伤害，都可以获得保险金，如综合类意外伤害保险。

特种意外伤害保险指由保险双方当事人约定，仅对于特定的时空环境下发生的意外伤害或由于特定的原因所导致的意外伤害支付保险金，如乘坐电梯意外伤害保险，就是只针对被保险人乘坐电梯时发生的意外伤害承担保险责任。

（三）按照投保方式划分

按照投保方式划分，意外伤害保险可分为自愿性意外伤害险和强制性意外伤害险。

自愿性意外伤害险指的是在双方当事人自愿的基础上，协商订立保险合同。具体而言，投保人可以根据自己需要而购买，选择投保与否以及自由选择哪家保险公司；保险人也有选择承保与否的权利，都是自行决定，而不必受到强制性的约束。只有当双方意思达成一致时，才能签订保险合同，明确权利和义务。

强制性意外伤害险是指投保人是按照国家和法律规定强制投保的意外伤害保险，其投保与否由国家根据法律法规进行强制性的规定，不能自行选择。强制性对双方都有约束力。例如，某些强制意外伤害保险指定某家保险公司承保。此时，该保险公司没有选择的余地，必须承保。

（四）按照保险责任划分

按照保险责任划分，意外伤害险可划分为补偿性意外伤害险和给付性意外伤害险。

补偿性意外伤害险是指保险人在保险合同中约定的保险金额范围内，以补偿被保险人因意外伤害所导致的财产性损失而赔偿保险金的一种保险。在约定的意外伤害发生后，以保险金额为限，以被保险人遭受的实际损失为基础，且考虑当时、当地的市场价格来确定保险赔偿金。

给付性意外伤害险是指双方当事人事先在保险合同中约定保险金额，在遭受意外导致人身受到损害时，保险人按约定的保险金额给付保险金的一种保险。给付性意外伤害险适用于意外伤害险中的人身保险部分。人身保险中的保险标的是人的生命、健康和身体，不能用金钱计算价值。因此，确定保险金额要考虑到投保人的需要、交纳保险费的能力和被保险人所处的环境、工作等因素。当保险事故发生时，保险人按约定金额向被保险人支付保险费。

（五）按照保险期限分类

按照保险期限分类，个人意外伤害保险可分为三种：一年期意外伤害保险、极短期意外伤害保险和多年期意外伤害保险。

一年期意外伤害保险即保险期限为一年的意外伤害保险业务。在意外伤害保险中，一年期意外伤害保险一般占大部分如个人人身意外伤害保险、附加意外伤害保险属于一年期意外伤害保险。

极短期意外伤害保险的保险期限往往不足一年，可以是几天、几小时甚至更短，如索道游客意外伤害保险等。

多年期意外伤害保险是其保险期限超过一年的意外伤害保险。

该分类方法划分了不同的保险期限，因此适用的未到期责任准备金的计算方法不同。

（六）按照险种结构分类

按照险种结构分类，个人意外伤害保险可分为两种：单纯意外伤害保险和附加意外伤害保险。

单纯意外伤害保险是一张保险单所承保的保险责任仅限于意外伤害保险，如驾驶员意外伤害保险等。

附加意外伤害保险包括两种情况，一种是其他保险附加意外伤害保险；另一种是意外伤害保险附加其他保险责任。

第四节　健康保险

一、健康保险的概念及特点

（一）健康保险的概念

健康保险（Health Insurance）以被保险人的身体为保障对象，当被保险人在保险期限内因疾病、生育或意外事故产生医疗费用和损失收入时，保险公司给予经济补偿或给付保险金的人身保险。健康保险所承保的疾病风险应符合以下三点的规定。

（1）由明显非外来原因造成。这是区分疾病和意外伤害的一个重要标准，外来的、剧烈的原因造成的人体非正常状态属于意外伤害；身体内在的生理原因所导致的不健康状态属于疾病，如病菌感染、大气污染等外界因素致病。

（2）由非先天性的原因造成。保险人仅对被保险人的身体由健康状态转入病态负责任。先天原因致使被保险人身体存在缺陷，如先天性失明、内脏位置异常等，这些缺陷或者不健康状态不是疾病，不属于疾病保险承保范围。

（3）由非长期原因造成。疾病是否发生、何时发生需具有偶然性，被保险人无法预测是否会患病、感染、发作等。正常的人因规律性原因引起的痛苦或不适、衰老期间一些必然性的病态不能作为疾病，但衰老引发的某些疾病，如阿尔茨海默病等属于特例，应列入保险责任范围内。

（二）健康保险的特点

1. 承保期限较短

健康保险通常是短期保险，除了重大疾病保险外，大多以一年为期。

2. 规定观察期和等待期

健康保险承保过程中，由于需要对可能产生疾病的诸多因素进行严格审查并对保险金给付进行一定的限制而设置了观察期和等待期。

观察期是指在保单生效之后的一段时间内，被保险人因疾病支出的医疗费用或收入损失，保险人不负有赔付责任，而当观察期结束后，保单才正式生效，这有利于防止已经患病的被保险人投保；而等待期又称免责期，是指在由疾病、生育及其导致的疾病、伤残、死亡发生后到保险金给付之前的一段时间，保险人不承担给付保险金的责任。等待期的时间长短差异较大，短则3～5天，长则可达90天，一方面避免了被保险人带病投保的情况；另一方面，也为保险人充分了解被保险人的患病情况争取了足够的时间。

3. 保险人与被保险人损失费用共同分摊

健康保险通常规定免赔额条款、比例赔付条款和给付限额条款，以达到保险人和被保险人费用共担的目的。免赔额条款是指保险人对超出免赔额部分进行赔付，未超过部分由被保险人自担，这不仅避免了小额赔付的现象，在一定上程度减少了保险人理赔工作量，还降低道德风险；比例赔付条款是对超出免赔额的部分，保险人与被保险人依然采取共同分摊的比例给付。例如，共保比例为80%，这意味着对超出免赔额的部分保险人负担80%，被保险人自负20%，目的是防止被保险人滥用医疗手段；给付限额条款是在保险条款中规定最高保险金额，实际支出的超出部分由被保险人自担。

4. 保险金给付方式具有多样性

健康保险的保险金给付有定额给付方式，不过更多适用于损失补偿方式，即被保险人获得的保险金补偿不能高于其实际损失。定额给付型健康保险与人寿保险和意外伤害保险在事故发生时给付合同中事先载明的保险金额相似，常用于手术医疗保险即根据手术部位和危险程度确定比例定额给付，但不容易充分保障被保险人的利益。而费用补偿型的健康保险强调对被保险人因伤病所致的医疗花费或收入损失提供补偿，这与财产保险有相似之处，是与人寿保险和意外伤害保险的区别之一。

保险金的给付也包括提供医疗服务的方式，保险公司通常与医疗机构合作，前者提供费用和报酬，而后者负责向被保险人提供医疗服务，这种方式更受老年人的欢迎。

5. 保险精算技术上具有特殊性

健康保险产品的定价精算技术和准备金的计算有别于其他人身保险业务，特别是与寿险业务相比有较大区别。人寿保险的定价采用寿险精算技术，在确定保险费率时主要考虑死亡率、费用率和利息率；而健康保险的定价采用非寿险精算技术，在确定保险费率时主要考虑疾病发生率、伤残发生率和疾病或伤残持续时间。健康保险费率的计算以保险金额损失率为基础，以年末提存未到期责任准备金为主要形式。

6. 保险责任条款的设定较为复杂

有些保险责任部分的条款是健康保险特有的，如体格检查条款、尸体解剖条款、法律行为条款、既往症除外条款等。这是因为：第一，健康保险的逆选择和道德风险相较于寿险更为严重；第二，健康保险业务管理涉及医学专业技术；第三，健康保险多为补偿给付，理赔认定过程中不可避免带有一定主观性，同时保单有效期间可能会出现多次理赔，索赔金额差异较大。

二、健康保险的种类

（一）医疗保险

1. 普通医疗保险

普通医疗保险主要补偿被保险人因疾病或意外伤害所导致的直接费用，主要包括门诊费、药费、住院费、护理费、医院杂费、手术费用及各种检查费用等。医药费用与检查费用的支出较难控制，故保险条款中一般规定有非常严格的上限，即每次疾病所发生的费用累计超过保险金额时，保险人不再负保险责任。同时，很多医疗费用被排除在保障范围之外，保单中一般设有免赔额与比例赔付的规定，包含门诊医疗保险、住院费用保险和手术医疗保险。

1）住院费用保险

住院费用保险指保险人承担被保险人因住院而发生的各项费用的保险，主要包括住院床位费用、住院期间的医生治疗费用、使用医院设备费用、医药费用等。由于住院时间长短直接影响住院费用，此险种一般对住院时间有所限制，而且有对于每日限额及共保比例的规定和住院津贴的保障项目。

2）手术医疗保险

手术医疗保险是指保险人对被保险人因疾病或意外事故需做必要的手术发生的所有手术费用承担赔偿责任的保险，一般有给付限额和给付期间的规定。

2. 综合医疗保险

综合医疗保险是保险人对被保险人提供全面医疗费用保障的一种保险，费用补偿程度远超基本医疗保险，主要包括住院床位费、检查检验费、手术费、诊疗费等，保险费一般较高，有相对较低的免赔额和对于共保比例的规定。

3. 高额医疗费用保险

高额医疗费用保险是一种比较完备的商业医疗保险，保险责任范围广泛，保险限额高，保费也较高，规定了免赔额与费用分担。其保险范围包括被保险人在医院、私人诊所和自己家中一切合理且必要的医疗支出，甚至包括轮椅、人造肢体等项目。

4. 特种医疗费用保险

特种医疗费用保险是对特种疾病的医疗费用提供保障的保险，主要包括牙科费用保险、处方药保险、眼科保健保险、视力矫正保险等。

（二）疾病保险

疾病保险是以被保险人患有合同约定的疾病为给付条件的保险，给付金额按投保金额定额给付以补偿被保险人由疾病带来的损失。该类保险中最重要的就是重大疾病保险。

重大疾病保险又称重疾险，是指被保险人在保险期限内被确诊患有保单规定的重大疾病或因疾病身故时由保险人一次性给付保险金的保险。一般承保特种疾病，即那些较为严重的、难以治疗的疾病，如心脏病、癌症、肾衰竭、脑中风、瘫痪、爆发性肝炎等。重疾险的保险金给付方式一般是在确诊重大疾病之后一次性支付。与社会保险中的大病险不同，目前，重疾险侧重于用病种来定义重疾，而大病险侧重于用费用来定义大病。

 拓展阅读

如何选择重疾险？

（1）选择重疾险，首先要考虑的是保额。如果保额太少，无法全面覆盖患病时的医疗费用，也就起不到转移风险的作用。算上医疗费、疗养费、误工费和生病期间的生活费等，一般需要覆盖投保人 3~5 年的家庭收入，一般合适的范围是 30 万~50 万元的保额，预算充足可再往上提。

（2）对于重疾险承保的险种，很多都保障 80 种、100 种，甚至 120 多种重疾，但并不意味着病种数量越多，保障就越好，因为重疾险国家强制规定的 28 种重疾病种覆盖了 95% 的理赔。反而高发轻中症，国家金融监督管理总局并没有统一的规定，所以对于比较高发的轻中症需要在购买时认真对比。

（3）重疾险有单次赔付和多次赔付，而癌症在重大疾病中最高发，约占 3/4，还特别容易复发、转移，所以附加癌症二次赔付也是有必要的。

（三）收入保障保险

收入保障保险，又称失能收入保险，是指当被保险人因疾病或意外伤害事故导致部分或全部丧失工作能力时，保险人定期给付保险金来补偿被保险人的收入损失的一种健康保险产品，可分为短期失能保险和长期失能保险两种。

收入保障保险一般不按年或一次性给付，而是按周或按月给付，以便及时观察被保险人实际残疾状况的变化，从而更好地维持被保险人生活开支。

被保险人投保时约定的给付金额有最高限额，目的是防止被保险人丧失工作能力时所得保险金的补偿金额超过有工作能力时的收入水平。在被保险人完全残疾的情况下，一般只补偿被保险人原来收入水平的 75%~90%，目的是鼓励残疾人积极寻求力所能及的劳动实现自我经济补偿；在被保险人部分残疾的情况下，按残疾前后收入的差额进行比例给付。

（四）护理保险

护理保险是指以保险合同约定的日常生活能力障碍所引发的护理需要为给付保险金条件，为被保险人的护理支出提供保障的保险。长期护理保险是其中一个重要品种。

长期护理保险又称老年护理保险，是针对那些身体衰弱、生活不能自理或不能完全自理、需要他人辅助全部或部分日常生活的被保险人而设，为其在护理院、医院、康复中心或家中接受的长期医疗护理或者照顾性护理服务提供经济保障的保险。

 拓展阅读

了解"长护险"

长期护理保险诞生于20世纪70年代的美国，随后德国、英国及其他欧洲国家也相继出现了长期护理保险。在亚洲，日本于2000年将长期护理保险作为公共服务产品引入国家社会保障体系。而2018年，我国老年人口达到2.4亿，人口老龄化进入新阶段，独生子女的赡养负担加重，且由于工作繁忙，照顾老年人的时间减少，长期护理保险更加具有市场前景。

2016年6月，人力资源和社会保障部印发《人力资源社会保障部办公厅关于开展长期护理保险制度试点的指导意见》，提出开展长期护理保险制度试点工作的原则性要求；2020年9月，经国务院同意，国家医疗保障局会同财政部印发《关于扩大长期护理保险制度试点的指导意见》，将长期护理保险试点城市由2016年的15个增至49个。

本章小结

人身保险是以人的寿命和身体为保险标的的保险。当人们遭受不幸事故或因疾病、年老以致丧失工作能力、伤残、死亡或年老退休时，根据保险合同的约定，保险人对被保险人或受益人给付保险金或年金，以解决其因病、残、老、死所造成的经济困难。

人身保险与财产保险相比，在保险标的、保险金额确定依据、保险期限、基本职能、合同的三要素包括人身保险主体、人身保险合同的客体及人身保险合同的厘定纯费率的依据、经营技术要求、性质上均有区别。

按照保险责任的不同，人身保险可以分为人寿保险、人身意外伤害保险和健康保险，其中，人寿保险中大多数业务为长期业务即一年期以上业务，而人身保险中的意外伤害保险和健康保险及人寿保险中的定期保险大多为短期业务，其保险期间为几个月或一年。

人寿保险，是以被保险人的寿命为保险标的，以被保险人的生存或死亡为保险事故，保险人按照保险合同约定给付保险金额的一种人身保险形式。人寿保险的基本形态包括传统人寿保险和新型人寿保险，传统人寿保险又包括死亡保险、生存保险和两全保险。新型人寿保险又包括分红保险、投资型寿险等。

意外伤害保险是指被保险人在保险有效期间，因遭遇非本意的、外来的、突然的意外事故而导致身体遭受伤害而残疾或死亡时，保险人依照合同约定给付保险金的保险。其可以按照保险范围、承保性质、投保方式、保险责任、保险期限、险种结构分类。

健康保险是以被保险人的身体为保障对象，在保险期限内因疾病、生育或意外事故导致医疗费用和收入损失时，保险公司给予经济补偿或给付保险金的人身保险。健康保险包括医疗保险、疾病保险、收入保障保险和护理保险。

本章关键词

人身保险　人身保险合同　人寿保险　传统人寿保险　新型人寿保险　意外伤害保险
健康保险　医疗保险　疾病保险　收入保障保险　护理保险

 复习思考题

1. 人身保险合同中的保险复效与重新投保的区别是什么？
2. 简述人身保险合同共同灾难条款。
3. 年金保险具有哪些特征？
4. 分红保险与传统寿险的区别是什么？
5. 投资连结保险和万能寿险的区别是什么？
6. 根据意外伤害保险的定义，其保险责任项目及责任免除都包括什么？
7. 意外伤害保险有什么特点？
8. 健康保险所承保的疾病风险具备哪些条件？
9. 收入保障保险的定义及特点是什么？
10. 健康保险及人身意外伤害保险在保险责任上有哪些差异？

第七章 再保险

📖 **学习目标**

1. 掌握再保险与原保险、共同保险的关系。
2. 了解再保险的作用与分类。
3. 掌握再保险的方式及每种方式的特点与运用。
4. 了解再保险市场的构成及再保险人的组织形态。
5. 了解中国再保险市场的概况。

第一节　再保险概述

一、再保险的定义

再保险（Reinsurance）又称"分保"，是指保险人将自己所承保的部分或全部风险责任向其他保险人进行保险的行为。再保险实际上是"保险的保险"。

在习惯上，分出保险业务的保险人称为原保险人（Original Insurer）或分出公司（Ceding Company），接受分保业务的保险人称为再保险人（Reinsurer）或接受公司（Ceded Company）。与直接保险一样，原保险人通过办理再保险将其所承保的一部分风险责任转移给再保险人，相应地也要支付一定的保险费，这种保险费称为再保险费或分保费（Reinsurance Premium）。同时，为了弥补原保险人在直接承保业务过程中支出的费用开支，再保险人也必须向原保险人支付一定的费用报酬，这种费用报酬称为分保手续费或分保佣金（Reinsurance Commission）。

二、再保险、原保险与共同保险

（一）再保险与原保险的关系

1. 再保险与原保险的联系

再保险是保险人将原保险业务（即直接保险业务）部分或全部分给其他保险人的过

程。当原保险合同约定的保险事故发生时，再保险人按照再保险合同的规定对原保险人承担的损失给予补偿。可见，再保险与原保险具有相辅相成、相互促进的关系。一方面，原保险是再保险的基础，再保险是由原保险派生的；另一方面，再保险是对原保险的保险，再保险支持和促进了原保险的发展。

2. 再保险与原保险的区别

原保险和再保险都是为了分散风险、补偿损失而设，但在保险经营中两者存在很大的区别：第一，保险关系的主体不同。原保险关系的主体是保险人与投保人或被保险人，原保险体现的是保险人与被保险人之间的经济关系；再保险关系的主体是原保险人与再保险人，再保险体现的是保险人之间的经济关系。第二，保险标的不同。原保险的保险标的包括财产、人身、责任、信用及与财产有关的利益；再保险的标的则是原保险人所承担的赔偿责任，具有责任保险的性质。第三，保险赔付的性质不同。原保险人对财产保险履行的责任是损失补偿性质的，对人身保险则是给付性的；但在再保险中，无论是财产还是人身的再保险，再保险人对原保险人承担的都是损失赔偿责任，即再保险合同都是补偿性的合同。

3. 再保险是独立于原保险的保险

再保险是在原保险的基础上产生的，没有原保险就不可能有再保险，再保险合同必须以原保险合同的存在为前提。但是，再保险与原保险没有必然的连续性，是一项独立的保险业务。第一，再保险合同不是原保险合同的从属合同，而是独立的合同，与原保险合同没有任何法律上的继承关系。第二，再保险合同只对原保险人和再保险人具有法律的约束力，再保险人只对原保险人负责，而与原保险合同中的投保人或被保险人没有任何法律关系。也就是说，再保险人无权向投保人收取保险费，被保险人也无权向再保险人索赔。原保险人也不能以再保险人未摊付赔款为由，拒绝对原被保险人履行赔偿责任。

（二）再保险与共同保险

所谓共同保险（Coinsurance），是指由两个或两个以上的保险人联合直接承保同一保险标的及共同承担同一风险责任，保险金额总和不超过保险标的的可保价值的保险。共同保险通常是当保险标的的风险或保额巨大时，由于一家保险公司承保能力有限，投保人与数个保险人协商，请求联合为其承保，而各保险人在各自承保金额限度内对被保险人负赔偿责任。

共同保险与再保险都有分散风险、控制损失、扩大承保能力、稳定业务经营的功能，但两者仍存在不同之处。第一，保险人与投保人或被保险人的法律关系不同。共同保险的每一个保险人与投保人或被保险人都有直接的法律关系，也就是说投保人或被保险人同时与多个保险人有直接的合同关系，属于原保险，是原保险的特殊形式。每一个保险人有权按其承保的金额向投保人收取保费，并在其保险金额的限度内承担损失赔偿责任；被保险人也有权在损失发生时向每一个保险人索取保险赔款。而在再保险中，再保险人与投保人或被保险人没有任何的法律关系，只与原保险人有直接的法律关系，而投保人或被保险人也只与原保险人有直接的法律关系。第二，风险分散的方式不同。共同保险是由几个保险人同时对某一风险责任共同直接承保，属于风险的第一次分散，其风险分散的路径是横向的。而再保险是在原保险的基础上进一步分散风险，是风险的第二次分散，其风险分散的路径是纵向的。

三、再保险的作用

（一）再保险的微观作用

从微观层面考察，再保险对保险企业经营起着积极的作用，具体体现在以下方面。

1. 在业务经营方面的作用

（1）再保险可以分散风险，避免巨额损失的发生。根据大数法则分散危险的原理，保险人把不规则的偶发性的巨大自然灾害和意外事故的责任，通过再保险的方式，在同业之间共同分担，取得大面积的平衡（包括地区之间和各类保险业务之间的平衡），彻底地分散风险，使保险人免遭巨额损失，业务经营更加稳定可靠。

（2）再保险有利于保险企业扩大直接业务的承保能力，增加业务量。任何保险公司都有一定的资本额，它所经营的业务量都要受它所拥有的资本和准备金等自身财务状况的限制。一家资本较薄弱的保险公司不能承保超过自身财力的大额业务，即使是资本雄厚的保险公司，其承保的业务量，也要受其拥有的资本和总准备金的影响。为了保护被保险人的利益，世界各国都用法律规定了保险人经营业务量对其资本额的适当比例。《中华人民共和国保险法》第一百零二条规定："经营财产保险业务的保险公司当年自留保险费，不得超过其实有资本金加公积金总和的四倍。"第一百零三条规定："保险公司对每一危险单位，即对一次保险事故可能造成的最大损失范围所承担的责任，不得超过其实有资本金加公积金的总和的百分之十；超过的部分应当办理再保险。"因此，保险公司，尤其是中小保险公司由于受财力的限制，无法承保保险金额较大的业务，从而影响了保险公司的业务量。而有了再保险，保险人就可以将超过自身财力的风险责任转移给其他保险公司，在不增加资本的情况下，接受其他较大、较多的业务，提高了承保能力。因此可以说，再保险支持了直接业务的承保，扩大了保险公司的承保能力。同时，办理再保险时，保险公司之间能互通有无，可使分保公司放心、大胆地接受超过自身财力的大额危险，尽可能多承接业务，这样既能增加业务量，又可以增加收入。

（3）再保险可以控制原保险人的责任，稳定企业经营。通过再保险的方式，保险人根据自身的财力，对每一危险单位确定一个所能承担的责任限额，将超过限额的责任转移给再保险人。这样，保险人就将风险控制在其偿付能力之内，从而保证了财务上的稳定性。

2. 在财务上的作用

再保险在财务上的作用主要表现在以下三方面。

（1）降低保险经营成本。保险公司可以运用再保险尽量接下大额保险业务，保险费收入自然增加，而管理费用并不按比例增加，因而业务成本降低。保险人由于办理了再保险，发生损失时，可以及时向再保险人摊回现金赔款，降低了赔付率。此外，保险公司在办理分保手续后，不仅可以从分保费中扣存未满期保费准备金，而且还有分保手续费收入。这样，保险公司凭借分保手续费的收入，摊回了部分营业费用，从而降低了自己的营业费用率。

（2）增加资金运用量。保险公司办理分保时，要提存未满期保费准备金、未决赔款准备金。这些分保准备金从提存到支付以前，有一段时间间隔，成为暂时闲置的资金，保险人完全可以根据它们的特点加以运用，以增加资本的价值。因此，办理再保险使保险人增加了可运用资金的数量。

（3）增加财务收入。原保险人分出保险业务，再保险人要给予分保佣金。如果原保险人分出的业务有盈余，再保险人还会给予盈余佣金。如果分出的业务在一定时期内未发生赔款，再保险人还会给原保险人以奖励。虽然支出一些分保费，但是总体来看，如果分保经营得法，分保收入一般会大于支出，并给保险企业带来良好经济效益。

3. 在管理上的作用

再保险可以促进保险企业加强管理。办理再保险比直接保险业务涉及面要广得多，需要的知识也更丰富。尤其是对风险评估、自留额的确定、保险费率的厘定等方面，要求保险人有较高的数学精算水平和业务管理水平，才能设计出合理的再保险规划，以最小的成本获取最大的利润。这就要求保险企业加强科学管理和经济核算，及时掌握国际保险市场信息，培养具有相当业务技术知识和较高素质的人才，这样才能正确审定风险责任，制定出合理的费率，在保险市场的竞争中立于不败之地。从这个意义上说，再保险起到了使保险企业管理力度增强的作用。

（二）再保险的宏观作用

再保险的宏观作用表现在以下几个方面。

1. 再保险为国民经济的发展积聚资金

为了开展业务，再保险人必须积累充分的准备金以应付各种异常灾害事故的发生。这些准备金是经年累月长期积累而成的，再加上资本金往往数额很大，由于这些资金提取和支付之间存在时间差，可以运用到国民经济建设中，为国民经济的发展提供了资金。

2. 再保险为国家创造外汇收入

再保险通常超越国界，属于国际保险的范畴，无论是通过分入业务收取的外汇再保费，还是向国外再保险公司分出业务摊回的赔款，都增加了国家的外汇收入。

3. 再保险促进了世界各国间的经济往来

世界各国通过相互办理再保险业务，可以开展技术交流，互通有无，也便于获取新的信息，引进新的保险技术，并通过互惠的再保险业务，增进国际经济事务往来，加强各国保险从业者之间的合作。因此，再保险可以说是促进世界各国间经济往来，发展国际经济关系的一个重要渠道。

4. 再保险有利于促进国内保险事业的发展

再保险促使保险人之间加强了联合，不仅形成了巨额联合基金，增强了整个保险业应对巨灾风险的能力，而且使风险在较大范围内得到彻底分散，保证了保险业务健康稳定发展。

5. 再保险保障了保险人的赔偿能力，从而保障了被保险人的利益，增进了社会福利

当今世界日益发展的各种责任保险、信贷保险、政治风险保险均需要由再保险来平衡风险，以充分地保障人民生活的安定与财产安全。再保险有着巨大的社会意义。

四、再保险的分类

（一）按责任限制分类

按责任限制分类，再保险可以分为比例再保险和非比例再保险。

1. 比例再保险

比例再保险（Proportional Reinsurance）是按保险金额的一定比例确定原保险人的自留额（Retention）和再保险人的分保额（Reinsurance Amount），同时也按该比例分配保费和分摊赔款的再保险。比例再保险包括成数再保险、溢额再保险和成数溢额混合再保险。

2. 非比例再保险

非比例再保险（Non-proportional Reinsurance）是以赔款金额为基础，当原保险人的赔款超过一定额度或标准时，由再保险人承担超过部分的赔款的再保险。也就是说，非比例再保险是通过分割未来赔款来确定原保险人的自负责任和再保险人的超赔责任的一种再保险方式。由于这种再保险的分保费不按原保险费率计算，而是由原保险人和再保险人协议商定，再保险人承担的责任、分入的保费与原保险金额无比例关系，称为非比例再保险。

（二）按分保安排方式分类

按分保安排方式分类，再保险可以分为临时再保险、合同再保险和预约再保险。

1. 临时再保险

临时再保险（Facultative Reinsurance）是人们最早采用的再保险方式，是指在保险人有分保需要时，临时与再保险人协商、订立再保险合同，合同的有关条件也都是临时议定的。

临时再保险有两个显著的优点：一是具有灵活性。在临时再保险关系中，原保险人和再保险人双方对每笔保险业务的分出和分入都有自由选择的权利。二是具有针对性。临时再保险通常是以一张保险单或一个危险单位为基础逐笔办理分保，分保的风险责任、摊赔的条件等都具有很强的针对性，便于再保险人了解、掌握业务的具体情况，正确作出分入与否的决策。

2. 合同再保险

合同再保险（Treaty Reinsurance）也称为固定再保险，是由原保险人和再保险人事先签订再保险合同，约定分保业务范围、条件、额度、费用等。在合同期内，对于约定的业务，原保险人必须按约定的条件分出，再保险人也必须按约定的条件接受，双方无须逐笔洽谈，也不能对分保业务进行选择，合同约定的分保业务在原保险与再保险人之间自动分出与分入。合同再保险是一种长期性的再保险，但订约双方都有终止合同的权利，通常要求终止合同的一方于当年年底前三个月以书面形式通知对方，在年底终止合同。

3. 预约再保险

预约再保险（Open Cover）又称临时固定再保险（Facultative Obligatory Reinsurance），是一种介于临时再保险和合同再保险之间的再保险。它规定，对于约定的业务，原保险人可以自由决定是否分出，而原保险人一经决定分出，再保险人就必须接受，不能拒绝。也就是说，对于合同约定的业务，原保险人有选择是否分出的权利，而再保险人没有选择的权利。这种再保险的特点是，对原保险人没有强制性，而对再保险人具有强制性。因此，预约再保险对原保险人来说是有利的，既可以享有临时再保险的灵活性，又可以享有合同再保险及时分散风险的优点。但对于再保险人来说则较为不利，由于原保险人可能将业务分给再保险人，也可能不分，再保险人业务来源的稳定性较差；而且原保险人通常会选择将风险大、质量欠佳的业务分给再保险人，而再保险人却没有对分入的业务进行选择的权利，难以控制业务的质量，因此，预约再保险并不受再保险人的欢迎。

（三）按分保对象分类

分出公司与接受公司针对不同的责任和风险可以订立不同的再保险合同，即按分保对象分类就形成了财产风险的再保险、责任风险的再保险、运输风险的再保险、人身风险的再保险、巨灾风险的再保险等。

第二节　再保险的方式与运用

一、比例再保险

比例再保险（Proportional Reinsurance）是以保险金额为基础来确定分出公司自负责任和接受公司分保责任的再保险方式。在比例再保险中，分出公司自负责任和接受公司分保责任均表现为保险金额的一定比例，分出公司与接受公司对保险费的分配和赔款的分摊也按照这一比例进行，充分显示了保险人与再保险人利益的一致性，以及双方"共命运"的特点。在实际运用中，比例再保险又具体地分为成数再保险、溢额再保险和成数溢额混合再保险。

（一）成数再保险

1. 成数再保险的定义

成数再保险（Quota Share Reinsurance）是指原保险人将每一危险单位的保险金额按照约定的比例分给再保险人的分保方式。成数再保险合同项下，不论分出公司承保的每一危险单位的保险金额大小，只要在合同规定的限额内，都按照合同双方约定的比率分配责任。每一危险单位的保险费和发生的赔款，也按双方约定的比例进行分配或分摊。成数再保险是最典型、最简便的再保险方式。

在成数再保险中，分出公司和接受公司对每一危险单位的责任划分都是按照保险金额的一定的比例进行，因此，在遇到巨额风险责任时，分出公司和接受公司承担的责任仍然很大。为了控制再保险双方的责任，成数再保险合同对于每一危险单位或每张保单都有最高限额的规定，分出公司和接受公司在合同限额内分配责任。

案例

分出公司组织一个海洋货物运输险成数分保合同，每一危险单位的最高限额为 5 000 000 元，自留额规定为 40%，分出为 60%，这称为 60% 货运成数合同。成数再保险责任分配表如表 7-1 所示。

表 7-1　成数再保险责任分配表　　　　　　　　　　单位：元

保险金额	自留部分 40%	分出部分 60%	其他
①1 000 000	400 000	600 000	0
②5 000 000	2 000 000	3 000 000	0
③6 000 000	2 000 000	3 000 000	1 000 000

本例中，由于第三笔业务的保险金额为 6 000 000 元，超过了合同限额，超过部分（1 000 000 元）可另安排其他分保方式，或由分出人自己承担。

对于成数再保险的保险金额、保险费分配以及赔款分摊的计算方法举例说明见例子。

例如：某分出公司组织一份海上货运险成数分保合同，规定每艘船的合同最高限额为 1 000 万元，分出公司自留 20%，分出 80%，则分出公司与接受公司关于责任、保险费的分配及赔款分摊计算如表 7-2 所示。

表 7-2　成数再保险计算表　　　　　　　　　　单位：万元

船名	总额 100%			自留 20%			分出 80%		
	保险金额	保险费	赔款	自留额	保险费	赔款	分保额	分保费	摊回赔款
A	200	2	0	40	0.4	0	160	1.6	0
B	600	6	20	120	1.2	4	480	4.8	16
C	1 000	10	0	200	2.0	0	800	8.0	0
总计	1 800	18	20	360	3.6	4	1 440	14.4	16

2. 成数再保险的特点

（1）合同双方利益一致。由于分出公司和接受公司对每一危险单位的责任是按事先约定的比例承担，不分业务良莠大小，双方始终是共命运的，无论经营结果如何，双方由利害关系是一致的。

（2）手续简便，节省人力和费用。由于分出公司与接受公司之间的责任、保费和赔款分配均按事先约定的同一比例计算，因在分保实务和分保账单编制方面的手续简便，省时省力，可以减少费用开支。

（3）缺乏弹性。成数再保险合同的分保比例一经确定，分出公司与接受公司都不能根据每一危险单位的具体情况来选择分保比率。分出公司对于质量好保额不大的业务也不能多作自留，必须按比例分出，从而支付较多的分保费；而质量差的业务也不能减少自留，否则无法获得所需要的再保险保障。

（4）不能均衡风险责任。由于成数分保按保险金额的一定比率划分双方的责任，所以无论每一业务的保额大小均按这一比例分保，无法均衡风险责任。也就是说，如果原保险合同中存在保险金额高低不均的问题，成数分保也无法改变这一状况。可见，成数分保只有需要借助其他分保形式，才能达到彻底分散风险的目的。

3. 成数再保险的适用范围

（1）适合新公司、新险种、新业务。无论是新创办的保险公司，还是新开办的保险业务，均缺乏业务经验和统计资料，难以准确预测风险和确定自留额。采用成数再保险，不仅可以得到再保险人的财务支持，还可以在风险分析、核保、赔款处理等技术方面得到帮助，以便积累经验。

（2）适合某些赔案发生频率高的业务。如汽车保险、航空保险等危险性高，赔案频繁发生的业务，采用成数再保险可以简化手续，发挥双方共命运的优势。

（3）适合各类转分保业务。各类转分保业务由于手续烦琐，采用成数再保险手续简单，易于计算。

（4）适合交换业务。成数再保险因其条件优惠，在国际再保险市场中常用作交换以获取回头业务。

（5）适合集团分保业务。为简化手续，保险集团内部的分保、再保险集团内部的分保，一般采用成数再保险的方式。

（二）溢额再保险

1. 溢额再保险的含义

溢额再保险（Surplus Reinsurance）是原保险人与再保险人在合同中约定自留额和合同限额。分出公司先按每一危险单位确定自留额，将超过自留额后的部分，即溢额，分给接受公司。保额在自留额以内业务无须办理分保。

在溢额再保险中，原保险人和再保险人之间的保险费、赔款的分配是按照自留比例和分保比例来计算的。自留额与保险金额的比例称为自留比例；溢额与保险金额的比例称为分保比例。例如，某一溢额分保合同的自留额确定为50万元，现有三笔业务，保险金额分别为50万元、100万元、200万元。第一笔业务保险金额为50万元，在自留额之内无须分保；第二笔业务自留额为50万元，分保额为50万元；第三笔业务自留额为50万元，分保额为150万元。第二笔业务的自留比例为50%，分保比例为50%；第三笔业务自留比例为25%，分保比例为75%。由于每笔业务的保险金额不同，其责任分配的比例也就不同。

可见，溢额再保险中，分出公司首先规定一定的金额作为自留额，将其超过部分分给接受公司，即为分保额。分保额通常以自留额的一定倍数即"线数"为限。合同规定的自留额的大小，决定分出公司承担责任的大小。自留额一旦确定下来，线数的多少就决定接受公司可能承担的责任大小。自留额与分保额之和叫作合同的容量。

溢额再保险中，原保险人的自留额、再保险人的分保责任额与总保险金额之间存在一定的比例关系，而且这一比例关系随着承保金额的大小而变动。

溢额再保险中，分出公司根据其承保业务量和年保费的收入来制定自留额，并安排溢额分保合同的最高限额。若承保业务的保额增加，或是由于业务的发展，有时仅仅第一溢额分保的限额往往不能满足分出公司的业务需要，此时可组织第二溢额、第三溢额甚至更多层次的溢额再保险合同作为补充，以适应业务的需要。第一溢额是指保险金额超过自留额以上的部分；第二溢额是指保险金额超过自留额加上第一溢额中再保险人责任总额以上的部分；第三溢额以此类推。

2. 溢额再保险的计算

下面举例说明溢额再保险的责任、保费分配和赔款分摊计算。

某一船舶溢额再保险合同，分出公司自留额为 2 000 000 元，接受公司的限额为 4 线，为 8 000 000 元，则此合同称为 4 线溢额分保合同。再保险合同双方有关保险金额和保险费的分配和赔款的计算如见表 7-3 所示。

表 7-3 溢额再保险责任、保费和赔款的计算 单位：元

船名	总额			自留部分			分保部分		
	保额	保险费	赔款	保额	保险费	赔款	保额	保险费	赔款
A 船	2 000 000	20 000	40 000	2 000 000 100%	20 000 100%	40 000 100%	0	0	0
B 船	4 000 000	40 000	100 000	2 000 000 50%	20 000 50%	50 000 50%	2 000 000 50%	20 000 50%	50 000 50%
C 船	8 000 000	80 000	30 000	2 000 000 25%	20 000 25%	7 500 25%	6 000 000 75%	60 000 75%	22 500 75%
D 船	10 000 000	100 000	50 000	2 000 000 20%	20 000 20%	10 000 20%	8 000 000 80%	80 000 80%	40 000 80%
共计	24 000 000	240 000	220 000	8 000 000	80 000	107 500	16 000 000	160 000	112 500

某分出公司就海上运输货物保险安排了两个层次的溢额再保险合同。每个航次每一艘船上的货物为一个危险单位。分出公司的自留额为 500 000 美元，第一溢额合同限额为 4 线，第二溢额合同限额为 3 线，则分出公司与各再保险公司之间的保险金额、保险费的分配和赔款的分摊计算如表 7-4 所示。

表7-4　分层溢额再保险的计算　　　　　　　　单位：美元

	船名	A 船	B 船	C 船	D 船
总额	保险金额	500 000	1 000 000	2 000 000	4 000 000
	总保费	5 000	10 000	20 000	40 000
	总赔款	10 000	20 000	400 000	0
自留部分	保额	500 000	500 000	500 000	500 000
	比例	100%	50%	25%	12.5%
	保费	5 000	5 000	5 000	5 000
	赔款	10 000	10 000	100 000	0
第一溢额 4线	分保额	0	500 000	1 500 000	2 000 000
	分保比例		50%	75%	50%
	分保费	0	5 000	15 000	20 000
	分摊赔款	0	10 000	300 000	0
第二溢额 3线	分保额	0	0	0	1 500 000
	分保比例				37.5%
	分保费	0	0	0	15 000
	分摊赔款	0	0	0	0

3. 溢额再保险的特点

与成数再保险方式相比，溢额再保险具有以下特点。

（1）对再保险业务的安排灵活而有弹性。溢额再保险中，分出公司可以根据不同业务种类、质量以及自身承担风险的能力来自主决定自留额，把握责任限制。因此，无论在业务选择，还是在保费支出方面，都有较高的灵活性。对于保险金额较大的业务，分出公司在安排第一溢额的基础上，还可以根据需要安排第二溢额、第三溢额，对巨额业务的风险分散具有较大弹性。

（2）有利于均衡风险责任。对于业务质量不齐、保险金额不均匀的业务，采用再保险可以均衡保险责任。

（3）手续烦琐，费时费力。由于每笔业务的保险金额不同，会导致溢额再保险业务自留比例和分保比例不同，因此，有关保费和赔款分摊要逐笔计算，在编制账单和进行统计分析时费时费力。

4. 溢额再保险的运用

溢额再保险是保险实务中应用最广泛的再保险方式，适用于各类业务。对于危险性小、风险较为分散的保险业务，采用溢额分保方式可以自留较多的保险费；对于业务质量不齐、保额不均匀的业务，采用溢额分保方式可以均衡保险责任；对于巨额保险业务，溢额分保可以通过分层设计来分担风险。

（三）成数溢额混合再保险

成数溢额混合再保险就是将成数再保险和溢额再保险组织在一个合同内。实际运用中有两种形式：其一，分出公司先安排一个溢额分保合同，然后对其自留部分按另订的成数合同处理；其二，分出公司先安排成数合同，规定限额，将成数分保合同视作溢额分保的自留限额，再以成数分保合同限额的若干线数组成溢额分保的最高限额。

例如，成数分保的最高限额为 500 000 元，分出公司自留为 40%，即 200 000 元，分出为 60%，即 300 000 元；溢额分保的最高限额为 500 000 元的 4 线，即 2 000 000 元，总的承保能力为 2 500 000 元。

采用成数溢额混合方式是指先用成数分保解决一般业务问题，如保额较大成数分保限额不够使用，再利用溢额分保限额，从而避免组织成数分保支付较多的分保费，而组织溢额合同保费和责任又欠平衡，进而弥补成数分保和溢额分保两种方式单独运用的不足之处。

成数溢额混合再保险合同并无一定形式，可视分出公司的需要和业务质量而定。这种混合合同通常只适用于转分保业务和海上保险业务。

二、非比例再保险

（一）非比例再保险的概念

非比例再保险（Non-proportional Reinsurance）是以赔款为基础来确定再保险当事人双方责任的分保方式。当赔款超过一定额度和标准时，再保险人对超过部分负责。

在非比例再保险中，分出公司首先根据自身财力确定自负责任额，即非比例分保的起赔点，也称作免赔额。其次，再保险双方当事人约定接受公司承担的最高责任限额。如果损失额在自负责任额以内，赔款由分出公司负责；损失额超过自负责任额的，自负额以上直至约定的最高责任限额由接受公司负责。

（二）非比例再保险与比例再保险的比较

比例再保险与非比例再保险都是转移和分散原保险人责任的方式，但两者之间存在明显的差异，具体表现如下。

第一，分配责任的基础不同。比例再保险以保险金额为基础来确定自负责任和分保责任，接受公司参与对分出公司承保责任、保险费以及赔款的分配，并按同一比例进行。而非比例再保险是以赔款为基础确定分出公司自负责任和接受公司分保责任，接受公司不参与分出公司对承保责任的分配，只在赔款超过分出公司自负责任额时才承担赔偿责任。

第二，分保费计算方式不同。比例再保险按原保险费率计收再保费；非比例再保险则采用单独的费率制度。

第三，在提存保费准备金上存在区别。比例再保险通常规定扣留保费准备金，以应付未了责任和其他意外。非比例再保险的接受公司通常不对个别风险负责，仅在赔款超过起赔点时才予负责，一般不扣存保费准备金。

第四，在是否支付手续费上存在区别。比例再保险中，分出公司一般要求接受公司支付一定比例的分保手续费；非比例再保险的接受公司不必支付分保手续费。

第五，期限不同。比例再保险合同通常是不定期的，而非比例再保险合同多为一年期的。

第六，赔款偿付方式不同。比例再保险中，除了个别巨灾赔款分出公司要求接受公司以现金赔偿外，其余赔款通过账户处理，按期结算；而非比例再保险的赔款多以现金偿付，接受公司在接到分出公司损失清单后短期内如数赔付。

（三）非比例再保险的基本类型

非比例再保险多有种形式，但最常用的有三种，即险位超赔再保险、事故超赔再保险和赔付率超赔再保险。

1. 险位超赔再保险（Excess of Loss Per Risk Basis）

险位超赔再保险是以每一危险单位所发生的赔款，来计算自负责任额和分保责任额。如果总赔款金额不超过自负责任额，全部损失由分出公司赔付。若总赔款金额超过自负责任额，其超过部分由接受公司赔付，但分保责任额根据分保合同的规定，是有一定限度的。

关于险位超赔，在一次事故中的赔款计算有两种情况：一是按危险单位分别计算，没有限制；二是有事故限额，即对每次事故总的赔款有限制，一般为险位限额的 2~3 倍。这就是每次事故接受公司只能赔付 2~3 个危险单位的损失。

案例

某一超过 100 000 美元以后 900 000 美元的火险险位超赔分保，在一次事故中有 3 个危险单位遭受损失，每一危险单位损失 150 000 美元。如果每次事故对危险单位没有限制，计算如表 7-5 所示。

表 7-5　险位超赔分保赔款分摊　　　　　　　　　　单位：美元

赔款	分出公司	接受公司
150 000	100 000	50 000
150 000	100 000	50 000
150 000	100 000	50 000
共计 450 000	300 000	150 000

如果对每次事故有 2 个危险单位赔款的限制，则接受公司只承担 2 个危险单位的超赔责任，第 3 个危险单位的损失全部由分出公司负责。

2. 事故超赔再保险（Excess of Loss Event Basis）

事故超赔再保险是以一次巨灾事故所发生赔款的总和来计算自负责任额和分保责任额的再保险方式。事故超赔再保险主要用于巨灾事故的保障，避免一次事故所造成的责任累积，因此，其又称为巨灾超赔保障再保险。

事故超赔再保险的关键问题在于如何划分一次事故，只有明确一次事故的范围，才能确定分出公司和接受公司的责任。地震、洪水、风暴和森林火灾等灾害事故持续时间较长，按一次事故还是按几次事故来计算分出公司的自负赔款和接受公司的分摊赔款，会有截然不同的结果。因此，事故超赔再保险合同中通常订有"时间条款"，用以规定"一次事故"持续的时间。例如，规定台风、飓风、暴风雨连续 48 小时为一次事故，地震、洪水、火山爆发连续 72 小时为一次事故，暴动、罢工持续 72 小时为一次事故等。

案例

有一超过 1 000 000 元以后的 2 000 000 元的巨灾超赔再保险合同，一次洪水持续了 6 天，该事故共损失了 5 000 000 元。

如果按一次事故计算，原保险人先自负 1 000 000 元，再保险人承担 2 000 000 元赔款，剩下的 2 000 000 元赔款仍由原保险人负责，即原保险人共承担 3 000 000 元赔款。

如果按二次事故计算，如第一个 72 小时损失 2 000 000 元，第二个 72 小时损失 3 000 000 元。则对第一次事故，原保险人和再保险人各承担 1 000 000 元。第二次事故原保险人与再保险人分别承担赔款 1 000 000 和 2 000 000 元，即分出公司共负责 2 000 000 元赔款，接受公司共分摊 3 000 000 元赔款。

如果一次事故的责任较大，事故超赔分保合同可以分层设计，即将整个超赔保障数额分为几个层次，以便于不同的接受公司有选择地接受。

案例

某业务需要安排超过 50 万欧元以后的 1 000 万欧元的巨灾超赔分保，分出公司可以安排四个层次的超赔分保合同。

第一层为超过 50 万欧元以后的 50 万欧元；

第二层为超过 100 万欧元以后的 150 万欧元；

第三层为超过 250 万欧元以后的 250 万欧元；

第四层为超过 500 万欧元以后的 550 万欧元。

事故超赔再保险在火灾保险、海上保险、责任保险、汽车保险和意外伤害险等方面都有广泛的运用。尤其在应对巨灾风险损失时，通常作为比例再保险的补充。

3. 赔付率超赔再保险（Excess of Loss Ratio Reinsurance）

赔付率超赔再保险也称损失终止再保险，其按年度赔付率，即赔款与保费的比例来计算自负责任额和分保责任额。当赔款超过规定的赔付率时，由接受公司负责超过部分的赔款。

赔付率超赔合同一般约定两个限制性比例：其一是分出公司自负责任的比例；其二是接受公司所负最高责任比例。当实际赔付率未超过合同约定自负比例时，全部赔款由分出公司负责；当实际赔付率超过合同约定的自负比例时，分出公司只负责自负责任比例以内的赔款，超过自负责任比例直至最高责任比例的赔款由接受公司负责。

因此，正确恰当地确定分出公司的自负责任比例和接受公司的最高责任比例，是赔付率超赔再保险应该着力解决的核心问题。

此外，赔付率超赔再保险合同不仅约定赔付率限制，还要约定一定金额的责任限制，两者以较小的为准。

案例

　　有一赔付率超赔再保险合同，约定分出公司自负责任比率为70%，接受公司最高责任比率为超过70%后的50%，即实际赔付率在70%以下的赔款由分出公司负责，超过70%~120%的赔款由接受公司负责。为了控制接受公司的绝对赔付责任，合同还规定接受公司的赔付责任以600 000元为上限。

　　假设年净保费收入为1 000 000元，已发生赔款为800 000元，赔付率为80%，则分出公司与接受公司赔款分担如下：分出公司负责70%，即700 000元；接受公司负责10%，即100 000元。

　　如果当年已发生赔款为1350 000元，赔付率为135%，则分出公司负责其中的70%，即700 000元赔款；接受公司负责其中的50%，即500 000元赔款；余下的15%，即150 000元赔款仍由分出公司负责。

第三节　再保险市场

一、再保险市场的构成

　　再保险市场是指从事各种再保险业务活动的再保险商品交换关系的总和。再保险市场的形成必须具备以下基本条件：发达的原保险市场，完善的现代化通信设备和信息网络，知识和经验丰富的律师、会计师和精算师等专业人员，灵活的汇率制度，较为稳定的政局。再保险市场主体由再保险买方、再保险卖方和再保险中介组织组成。再保险买方主要有经营直接业务的保险公司、专属保险公司、劳合社承保组合等；再保险卖方主要包括专业再保险公司、兼营再保险业务的直接承保公司、再保险集团、劳合社承保组合、专属保险公司等；再保险市场的中介组织是指再保险经纪人。再保险可以由供需各方直接进行交易，也可以通过中介人间接进行交易。

　　事实上，无论哪种形式的保险人、再保险人都面临着风险，都需要再保险的保障。在再保险市场中，随着再保险方式的多样化，尤其是互惠分保的发展，某一再保险的买卖双方都有可能成为另一再保险的需求方和供给方。

　　经营直接业务的保险公司是再保险的最大买家。在保险经营中，保险人为了分散风险，均衡业务，求得经营稳定，通常采用再保险这一传统有效的方法。这种同业间分散风险的方法使得风险能够在全球范围内得到分散；通过对累积风险的再保险处理，达到险种间的分散；通过对某一时点或时期上的风险再保险处理，达到时间上的分散；通过对特别巨大风险保单的再保险，达到保单间的分散。

　　随着保险与再保险的发展，再保险经纪人在国际保险市场上扮演越来越重要的角色。他们提供分保市场及业务信息，促成再保险交易，在信息、检验、理赔方面提供高标准的技术服务。再保险经纪人拥有丰富的专业知识和实务经验，熟悉国际市场行情，能够为分出公司和接受公司设计更好的再保险规划，为各地保险市场培训专业人才，成为分出公司和接受公司信赖的中间人。

案例

　　某保险人承保一笔名为金属包装制品工厂的财产保险，并通过经纪人安排分保；经纪人与再保险人取得联系后，再保险人表示愿意接受分保，但查询要求经纪人确认是金属包装制品工厂，而无塑料制品，并予以证实。在得到经纪人的回复证实后，再保险人接受了原保险人的一定份额。后来，该工厂发生火灾事故，经调查发现，实际上该厂有塑料制品的生产。于是，再保险人以误述为由，拒绝了原保险人提出的索赔。原保险人向法院起诉，要求经纪人负责赔偿。最后，法院判决经纪人负有赔偿之责。

二、再保险人的组织形态

（一）兼营再保险的保险公司

　　在专业再保险公司产生之前，通常都是由经营直接业务的承保公司兼营再保险业务。经营再保险的原保险公司在经营直接业务的同时，也接受再保险业务，但更经常的是以互惠交换业务的方式获得再保险业务。中国人保集团、中国人寿保险集团、中国平安保险集团等均属此类。

（二）专业再保险公司

　　专业再保险公司是再保险市场的主要供给者，同时也是再保险市场的需求者。理论上，专业再保险公司专门接受原保险人分出的业务，并不承保直接保险业务。但有些再保险公司仍然在直接承保市场上获取直接业务。专业再保险公司也会将接受的再保险业务的一部分转给其他再保险人，即构成转分保，但转分保业务比例通常较低。

　　专业再保险公司的形式有国家再保险公司、区域性再保险公司以及全球性的再保险公司。目前，全球有200多家专业再保险公司。如中国再保险集团就是专业再保险公司。全球性的专业再保险公司往往规模巨大，在世界各地有众多分支机构。为直接承保公司及其他客户提供风险管理、信息咨询、技术人员培训和理赔等再保险服务。

（三）再保险集团

　　再保险集团是由同一国家或几个国家的许多保险公司联合组成的。有区域性的，也有全球性的，如亚非再保险集团就属于区域性的再保险集团。成立再保险集团主要是为了处理一些特殊性质的风险，单个保险人无法承担的特种风险，如核风险；新开办的业务；承保巨额保险业务，避免同业竞争。集团分保有利于分散风险，有利于保险同业之间、地区之间加强合作，共同发展。如瑞士自然灾害保险集团即是处理特殊风险的再保险集团。由于再保险集团的成员往往是来自不同的国家和地区的保险人，因此有效的经营管理是不可或缺的。

　　再保险集团主要采取以下运作模式：集团中每一个成员公司将自己承保的业务全部或扣除自留额后，通过集团在成员公司之间分保，各成员公司按约定比例接受，可根据业务性质的不同逐笔协商接受；集团自己一般不承担风险，少数集团有自己的自留额；并对超限额部分向集团外分保。

　　再保险集团的主要优点有节省管理费用并简化再保险手续；增强竞争能力，增加业务量；有助于达成合理的费率。

拓展阅读

中国再保险（集团）股份有限公司（以下简称"中再集团"），源于1949年10月成立的中国人民保险公司，2007年10月整体改制为股份有限公司。目前，中再集团直接控股5家境内子公司：中国财产再保险有限责任公司（以下简称"中再产险"）、中国人寿再保险有限责任公司（以下简称"中再寿险"）、中国大地财产保险股份有限公司（以下简称"中国大地保险"）、中再资产管理股份有限公司（以下简称"中再资产"）、华泰保险经纪有限公司（以下简称"华泰经纪"）。直接控股境外子公司主要包括中再UK公司、中再承保代理有限公司等；间接控股境外子公司主要包括：中再资产管理（香港）有限公司、桥社英国控股公司、中国再保险（香港）股份有限公司等。设有4家海外分支机构：新加坡分公司、伦敦代表处、香港代表处和纽约代表处。2015年10月26日，中再集团在香港联合交易所有限公司主板挂牌交易，成为上市公司。中再集团是中国境内唯一的本土再保险集团，再保险保险费规模亚洲最大、全球排名第八。

自2010年起，中再集团连续保持贝氏评级公司（A.M.Best）"A"（优秀）评级；自2014年起，中再集团连续保持标准普尔"A+""A"评级。

中再集团业务结构完善，主业突出，拥有涵盖再保险、直接保险、资产管理、保险经纪在内的完整保险产业链。

中再集团具有遍布全国的服务网络、庞大的客户基础以及多元化的境内外业务渠道，具备业务持续发展和盈利稳健增长的能力，是中国"一带一路"再保险共同体主席单位。

（四）劳合社承保组合

劳合社是世界最大的再保险市场，有水险、非水险、航空险、车险等各类承保人组合。承保组合代表会员接受业务，责任概由会员承担。劳合社承保组合全部通过再保险经纪人接受业务。

劳合社保险（中国）有限公司成立于2007年3月15日，公司坐落在上海市，经营除法定保险以外的下列保险业务：①财产损失保险、责任保险、信用保险、保证保险等财产保险业务；②短期健康保险、意外伤害保险；③非寿险再保险业务，包括中国境内的再保险业务，中国境内的转分保业务和国际再保险业务。

（五）专业自保公司

1. 专业自保公司的概念及其优缺点分析

专业自保公司（Captive Insurance Company）又称专属保险公司或自营保险公司，是由工商企业（大企业、大财团）自己设立的保险公司，旨在对本企业、附属企业以及与其相关的其他企业的风险提供保险，并办理再保险。同时也可以承保外来风险和接受分入业务。

专业自保公司是由非保险企业建立的风险转移与风险融资工具，是一种特殊类型的保险公司，还是一种在组织上隶属母公司控制的子公司，专门针对母公司的个性化保险需求提供服务，母公司直接影响并支配着该专业自保公司的运营。

《关于自保公司监管有关问题的通知》（保监发〔2013〕95号）中对自保公司的定义

为：由一家母公司单独出资或母公司与其控股子公司共同出资，且只为母公司及其控股子公司提供财产保险、短期健康保险和短期意外伤害保险的保险公司。专业自保公司的优点如下。

（1）化解信息不对称问题。专业自保公司的最大优势在于，自保公司和承保的项目同属一个集团管理，目标利益一致，通过自保公司可以从根本上解决原有保险双方信息不对称的问题。

（2）承保弹性大。专业自保公司可以尽量适应企业的需要，承保传统保险市场所不保的风险。专业自保公司可以不受费率或其他市场公会规定的约束。专业自保公司在关于保单条款的解释，缴付保费的时间以及赔款的处理等方面，都容易与企业协调一致。

（3）降低保险成本。专业自保可以降低企业风险管理的成本，加上纳税负担减轻，节约中介环节的佣金等费用支出，必然带来经营利润的增加。这是专业自保公司产生和发展的原因之一。

（4）自保与再保险结合。企业集团建立专业自保公司也不能完全承担企业集团的巨额业务，通常只承保一定范围和一定比例的业务，对于无法承担的风险，通过自保平台，可以使企业直接对接再保险市场，第一时间通过自保获得再保真实报价，有效控制整体保险成本，掌握保险安排的主动性，确保项目公司获得最大的利益，并且可以优先选择国际评级高、安全性强的再保险人，转移和分散风险。

（5）有效地预防和控制风险。专业自保公司的组建人，通过加强防灾防损和量化风险服务，使保险从事后赔付过渡到事前预防，从而实现集团和项目安全保障的最终目的。

（6）专业自保公司的经营方式灵活多样。专业自保公司的业务范围可以限定于组建人，也可以对外开放，即接受与组建人毫无关系的其他业务。事实上，现在有一些专业自保公司已经发展成常规的保险公司，这些公司的业务多数来自外部，从其母公司获得的业务只是少数。专业自保公司可以承保直接业务，也可以同时接受再保险业务。过去，专业自保公司只为其组建人提供直接保险服务，现在则已进入再保险市场，一些专业自保公司甚至只做再保险业务。

因此，专业自保公司实际上已成为母公司的风险管理工具。

然而，专业自保公司也会存在偿付能力不足的情况，其缺点主要表现在以下方面。

（1）业务量有限。虽然多数专业自保公司可以接受外来业务，扩大了营业范围，但大部分业务仍然来自组建人及其下属，因而风险单位有限，大数法则难以发挥其功能。

（2）风险品质较差。专业自保公司所承保的业务，多数是财产风险以及在传统保险市场上难以获得保障的责任风险。这些风险有时相当集中，损失频率高，损失幅度大，且赔偿时间可能拖得很久，因此经营起来难度很大。

（3）组织规模简陋。与传统的保险公司不同，专业自保公司的规模通常是比较小的，其组织机构也很简单。因此，专业人才不多，经营管理水平难以提高。

（4）财务基础脆弱。专业自保公司的资本金较小，财务基础脆弱，业务发展因此受限。虽然可以吸收外来业务，但若来源不稳、品质不齐，则更会增添财务负担。

2. 我国专业自保公司的进展

我国自保公司最初是以自保基金的形式存在的，20世纪80年代，我国陆续成立了中石油自保基金、中石化社保基金、铁路保价基金和交通运输行业的车辆安全统筹基金等，企业每年按照财产价值的一定比例提取自保基金。

虽然自保基金起到了自我留存风险资金的作用，但是也存在天生的缺陷，例如，风险只能自负，同时很难利用公司治理等现代工具来管理自己的风险。另外，税收方面缺乏政策支持；这是中国特有的形式，与国际不接轨。鉴于自保基金的局限性，自保公司的形式被引入中国。2000 年 8 月，中国海外石油总公司设立的中海油石油保险公司在香港注册成立，成为我国第一家真正意义上的专业自保公司。中国第一家自保公司是成立于 2013 年年底的中石油专属财产保险股份有限公司（以下简称"中石油专属"）。2015 年，中国铁路财产保险自保有限公司成立（以下简称"中铁路自保"）。2017 年，中远海运财产保险自保有限公司（以下简称"中远海运自保"）和广东粤电财产保险自保有限公司（以下简称"粤电自保"）也相继成立。在香港设立的自保公司除了中海油石油保险公司，还包括 2014 年成立的中广核保险有限公司以及 2013 年设立的中石化保险有限公司等。上海电气保险有限公司（以下简称"电气自保"）于 2018 年 12 月获得香港保险业监管局颁发的专属自保公司营业牌照，这是我国第 8 家专业自保公司。

我国对专业自保公司的设立条件、筹建和开业及经营范围作出了严格限定。根据《关于自保公司监管有关问题的通知》中的规定，"自保公司经营范围为母公司及其控股子公司的财产保险和员工的短期健康保险、短期意外伤害保险业务。自保公司可以在母公司及其控股子公司所在地开展保险及再保险分出业务；不设立分支机构的，应上报异地承保理赔等方案。自保公司再保险分入业务的标的所有人限于母公司及其控股子公司"。

目前，我国有专业自保公司 8 家，4 家在内地，4 家在香港，股东均为石油、电力、铁路、海运等具有特殊风险模型的大型央企、国企。

三、世界主要再保险市场

按照责任限制划分，再保险市场可以分为比例再保险市场、非比例再保险市场。按照区域划分，再保险市场可以分为国内在保险市场、区域性再保险市场和国际再保险市场。目前，世界上公认的国际再保险市场主要有欧洲再保险市场、伦敦再保险市场和美国再保险市场。

（一）欧洲再保险市场

欧洲再保险市场主要由专业在保险公司构成，中心在德国、瑞士和法国。欧洲再保险市场的特点是完全自由化、商业化，竞争非常激烈。2020 年，在国际上最大的十家经营再保险业务的保险公司和再保险公司中，欧洲占了七家。欧洲大陆最大的再保险中心是德国，德国的再保险市场在很大程度上是由专业再保险公司控制的，直接由保险公司开展的再保险业务量非常有限。

（二）伦敦再保险市场

经过近百年的发展，英国形成了立法严格、组织机构严密、网络发达、承保能力强、专业技术人才集中的保险及再保险市场。伦敦再保险市场主要包括劳合社再保险市场、伦敦保险协会再保险市场、伦敦再保险联营组织（集团）、伦敦保险与再保险市场协会等，是世界再保险中心之一。在世界保险市场上，60% 以上的航空航天保险及海事等保险的承保能力集中在伦敦再保险市场上。

（三）美国再保险市场

美国再保险市场的保费收入占全球保费收入的1/4以上，随着直接业务的发展，再保险市场的地位也越来越重要，其中最著名的是纽约再保险市场。再保险交易主要有三种方式：一是互惠交换业务；二是专业再保险公司直接与分出公司交易；三是通过再保险经纪人。其业务主要来源于北美洲、南美洲和伦敦市场。

四、中国再保险市场

近年来，我国再保险体系建设稳步推进，风险转移分散机制逐步完善。截至2022年，我国有专业再保险公司14家，其中有中资6家，外资保险公司8家。[①] 截至2021年年底，已有529家境外再保险机构在再保险登记系统完成登记，通过跨境交易方式服务我国再保险市场。2021年，中国再保险市场向境外市场分出保险费约1 050亿元。

再保险在保障资源、捍卫安全方面也发挥着重要作用。例如，中再集团为三农领域累计提供再保险保障超5 000亿元，支持辽宁、河北、广东等省份落地高标准农田建设保险试点，配合国家落实三大粮食作物完全成本保险和收入保险在主产省份、产粮大县的全覆盖；在保障能源方面，为国内核电项目全生命周期再保险保障超5 000亿元，为风电、光伏、水电等可再生资源企业和在建工程提供各类风险保障，合计保额近2 000亿元。

根据中研普华研究院《2022—2027年中国再保险行业市场深度调研及投资策略预测报告》显示：以人保再保险股份有限公司（以下简称"人保再"）为例，截至2022年，人保再为超过60个海上风电、光伏等清洁能源项目提供超过120亿元的再保险风险保障，为半导体芯片、显示面板相关行业20余个项目提供超过40亿元的承保能力支持，累计开发29个信息系统，拥有11项知识产权。

2011—2021年，中国保险市场一直是全球保险费增长的重要引擎，保险费收入在全球保险费收入的份额不断提升，2021年达到12%。外资再保险公司成为中国再保险市场的坚实力量。2023年10月，上海国际再保险交易中心正式启动运营，并迎来首批15家入驻机构。上海国际再保险交易中心的成立，一方面，将吸引更多的再保险业务流入中国，推动国内再保险市场发展壮大；另一方面也有利于引入国际先进的再保险理论、技术和管理经验，提升国内再保险业务的专业水平。总之，中国再保险市场保持良好发展态势。

> ### 📖 拓展阅读
>
> 2022年9月14日，在第七届中国—东盟保险合作与发展论坛上，中国—东盟跨境再保险共同体举办了启动仪式。中国人保旗下人保财险、人保再保险与人保香港等3家保险主体，与东盟地区保险机构合作，组建了中国—东盟跨境再保险共同体。目前，已与东盟7个国家12家保险主体签署了合作备忘录。通过建立中国—东盟再保险合作机制，整合区域内保险行业力量，一方面有效提升区域风险管理能力和承保供给能力，为中国—东盟及"一带一路"沿线国家和地区的经贸合作、发展安全提供多层次风险保障；另一方面搭建合作交流平台，扩大跨境保险交流互动，不断拓宽合作领域，共同推动中国—东盟保险合作向更高水平发展。

---

① 资料来源于新浪财经2023年6月4日：13个精算师。

本章小结

再保险，又称"分保"，是指保险人将自己所承保的部分或全部风险责任向其他保险人进行保险的行为。再保险是"保险的保险"。再保险与原保险是相辅相成、相互促进的关系。一方面，原保险是再保险的基础，再保险是由原保险派生而成的；另一方面，再保险是对原保险的保险，再保险支持和促进了原保险的发展。再保险又是独立于原保险的保险。

共同保险与再保险都有分散风险、控制损失、扩大承保能力、稳定业务经营的功能，再保险与共同保险之间既有联系，又有区别。

再保险无论是在宏观层面，还是微观层面都发挥着重要的作用。

按责任限制分类，再保险可以分为比例再保险和非比例再保险。比例再保险是按保险金额的一定比例确定原保险人的自留额和再保险人的分保额，也按该比例分配保费和分摊赔款的再保险。比例再保险包括成数再保险、溢额再保险和成数溢额混合再保险。

成数再保险是指原保险人将每一危险单位的保险金额按照约定的比例分给再保险人的分保方式。成数再保险是最典型，也是最简便的再保险方式。成数再保险适用于新公司、新险种、新业务；适合某些赔案发生频率高的业务；适合各类转分保业务；适合交换业务；适合集团分保业务。

溢额再保险是原保险人与再保险人在合同中约定自留额和合同限额。分出公司先按每一危险单位确定自留额，将超过自留额后的部分，即溢额分给接受公司。保额在自留额以内业务无须办理分保。溢额再保险对再保险业务的安排灵活而有弹性，有利于均衡风险责任，但手续烦琐，费时费力。溢额再保险是保险实务中应用最广泛的再保险方式，适用于各类保险业务。

成数溢额混合再保险就是将成数再保险和溢额再保险组织在一个合同内。

非比例再保险是以赔款金额为基础，当原保险人的赔款超过一定额度或标准时，由再保险人承担超过部分的赔款的再保险。也就是说，非比例再保险是通过分割未来赔款来确定原保险人的自负责任和再保险人的超赔责任的一种再保险方式。非比例再保险多有种形式，但最常用的有三种，即险位超赔再保险、事故超赔再保险和赔付率超赔再保险。

比例再保险与非比例再保险都是转移和分散原保险人责任的方式，但两者之间存在明显的差异，具体表现在：分配责任的基础不同；分保费计算方式不同；在提存保费准备金上存在区别；在是否支付手续费上存在区别；保险期限不同；赔款偿付方式不同。

再保险市场是指从事各种再保险业务活动的再保险商品交换关系的总和。再保险市场主体是由再保险买方、再保险卖方和再保险中介人组成。目前，世界上公认的国际再保险市场主要有欧洲再保险市场、伦敦再保险市场和美国再保险市场。

再保险人的组织形态包括兼营再保险的保险公司、专业再保险公司、再保险集团、劳合社承保组合及专业自保公司（专属保险公司）。

近年来，我国再保险体系建设稳步推进，风险转移分散机制逐步完善，市场保持良好发展态势。

本章关键词

再保险　分出公司　接受公司　成数再保险　溢额再保险　成数溢额混合再保险
比例再保险　非比例再保险　险位超赔再保险　事故超赔再保险　赔付率超赔再保险
再保险市场　再保险经纪人　再保险集团　专业再保险公司　劳合社承保组合
专业自保公司　中国再保险集团

复习思考题

1. 简述再保险与原保险、共同保险的关系。
2. 成数再保险与溢额再保险有哪些特点？
3. 比例再保险与非比例再保险存在哪些区别？
4. 简述再保险经纪人在再保险市场的作用。
5. 谈谈你对中国再保险市场的认识。
6. 再保险的组织形式有哪些？
7. 谈谈我国发展专业自保公司的意义。

第八章 保险市场

学习目标

1. 了解保险市场的构成与类型。
2. 了解影响保险需求与供给的因素。
3. 了解保险公司的组织形式。
4. 了解消费者购买保险产品的原则。
5. 掌握保险中介人的类型及其在保险市场中的作用。

第一节　保险市场的需求与供给

一、保险市场的构成与类型

（一）保险市场的要素

保险市场一般由保险主体、保险商品和保险价格三要素构成。保险市场有狭义和广义之分。狭义的保险市场是指保险商品交换的场所；广义的保险市场是指保险商品交换关系的总和。更好地实现保险市场的发展，需要通过保险展业来完成。

一个完整的保险市场主体一般包括投保人、保险人、保险中介。投保人是保险需求者，是保险商品的购买者；保险人是保险供给者，是保险商品的卖者；保险中介是保险商品交易的中介服务者，包括保险代理人、保险经纪人和保险公估人。

保险商品是保险市场的客体，是保险人在保险事故发生时向被保险人（或投保人）提供经济保障的承诺。保险合同是保险商品的外在形式，是保险商品的载体。

保险价格即保险费率，是被保险人为取得保险保障而由投保人向保险人支付的价金，通常以每百元或每千元的保险金额的保险费来表示。

保险展业即争取保户，又称为推销保单，是通过保险宣传、广泛组织和争取保险业务的过程，也就是说，保险展业的过程就是保险营销过程，它是整个保险经营不可缺少的环节。传统的保险市场展业有三种方式：保险人直接展业、保险代理人展业和保险经纪人展业。保险人直接展业是保险公司自己的专业人员直接推销保单，招揽业务。这种展业方式可以很好地保证保险业务的质量，但展业成本较高。保险代理人展业是代理人与保险人通过订立代理合同或授权书，收取保险人的代理佣金，在保险人所授予的职权范围内为保险人招揽业务。这种展业分为专业代理和兼业代理。专业代理是专门从事保险代理业务的保险代理公司根据保险人的授权进行的代理活动。兼业代理是在从事本身业务的同时指定专人代办保险人授权的保险业务的代理活动。例如，日本保险销售以保险代理人为主体，主要依靠公司外勤职员和代理店来进行，其性质属于兼业代理人。保险经纪人展业是由保险经纪人基于投保人的利益，经投保人同意代投保人参与保险合同订立过程，为投保人提供服务的展业活动，通常向保险公司收取佣金。

不论哪一种保险展业方式，都应该遵循展业前的准备和业务洽谈，包括了解消费者的喜好、经济实力以及实事求是地解答保户的疑问等。

（二）保险市场的特征

保险市场的特征主要有以下几个方面。

1. 保险市场具有直接交易风险

保险市场是直接风险市场。在普通的交易市场上，交易对象是商品或者劳务关系，而保险业是直接经营风险的行业，是投保人通过购买保单的方式将自己所面临的风险或潜在风险转嫁给保险公司，而保险公司在承保标的发生约定的保险事故时进行赔偿或给付。风险的客观存在是保险产生和发展的前提，无风险则无保险。随着现代科技的发展，在克服原有风险的同时也会出现新的风险，新风险的出现使保险公司不断开发新险种，不断升级老险种，从而推动保险市场的发展。

2. 保险市场交易具有承诺性

在普通商品交易市场上，买家和卖家在进行交易时一手交钱一手交货，钱货两清，而保险市场是一种非即时清结市场。在保险市场的交易过程中，由于风险的不确定性和保险合同的射幸性，在保险合同成立后，被保险人并不能立即获得保险赔偿金或给付金，使得保险金的给付与保险费缴纳总是分离的。只有在期限内标的发生约定的保险事故时，保险人才会按合同进行赔偿或给付，这也是保险市场非即时清结的原因。因此保险市场也是特殊的期货交易市场，保险双方交易的实际上是一种"损失期货"。

3. 保险市场信息不对称程度高

在普通的商品交易市场上，信息不对称往往是单向的，只存在交易中的一方。而在保险市场上，信息不对称存在交易双方当中，也就是保险人和被保险人都可能存在着信息不对称的情况。从保险人来看，保险人的专业性高、技术性强，保险人可能会存在利用被保险人对于保险有关知识的欠缺而对被保险人进行故意误导、隐瞒或欺骗，从而损害了被保险人的利益；从被保险人来看，由于被保险人更了解投保标的风险状况，被保险人可能存在故意隐瞒标的信息来实现有利于自己的投保，即出现了"逆选择"的问题。

4. 保险市场具有较高的交易成本

相对于普通商品市场，保险交易市场的交易成本更高。一方面，保险合同专业术语较多，消费者往往在阅读时更加吃力，许多消费者可能选择谨慎甚至放弃购买，这使得沉没成本提高；另一方面，即使保险合同所列出的情况基本覆盖，但还是有可能出现不可预期的意外事故。如果保险合同存在对该事故定义不清晰或范围不明确等情况，很大可能导致理赔纠纷，其解决成本往往非常高。

（三）保险市场的类型

按照不同的划分标准，保险市场主要分为以下几类。

1. 原保险市场和再保险市场

根据业务承保方式的不同，保险市场分为原保险市场和再保险市场。其中，原保险市场也称为直接保险市场，是指保险人与投保人之间通过直接订立保险合同而建立保险关系的市场；再保险市场也称为分保市场，是指原保险人将已承保的直接保险业务通过与再保险人订立再保险合同而转分给再保险人所形成再保险关系的市场。以世界第四大非寿险市场、世界第三大再保险市场的英国为例，英国再保险市场发展历史悠久，其再保险市场接受的再保险业务主要来源于海外。其中，在英国再保险市场成交的业务中，国外业务的比重非常高，以劳合社为例，美国的业务占比为60%，其余40%中的大部分业务来自世界100多个国家和地区的2 000多个保险公司，只有小部分业务来自本国。英国再保险市场有着市场规模大、交易集中高效、金融市场稳定和国际化程度高等特点，从市场主体到从业人员，从保费规模到产品服务种类，都具有明显的数量优势。同时，英国政府运用自由化和市场化的原则对金融保险体系进行管理，允许资本自由地在国际流动，不对外汇兑换或英镑供给进行管制，对外国投资者支付的股息和利息不征收额外的税赋，这些包容、开放的金融政策极大增强了对境外保险机构的吸引力。

2. 国内保险市场和国际保险市场

根据保险业务所涉及的地区不同，保险市场分为国内保险市场和国际保险市场。其中，国内保险市场是指在本国境内提供各种保险商品的市场，按经营地区的范围不同又分为全国性保险市场和区域性保险市场；国际保险市场是指在多个国家和地区之间或世界区域内通过交换保险商品而形成的保险市场。

3. 财产保险市场和人身保险市场

保险市场按照保险交易标的分类，分为财产保险市场和人身保险市场。其中，财产保险市场是专门从事各类财产保险产品交易的市场，如企业财产保险市场、家庭财产保险市场等；人身保险是专门从事各类人身保险产品交易的市场，如寿险市场、意外险市场、健康险市场等。自1980年起，我国财产保险业逐渐恢复发展，在发展的40多年的过程中，我国财产保险市场快速发展，主要呈现出"规模大、数量多"的特点。但是我国财产保险市场仍然存在许多问题，保险市场主体单一、产品的同质化严重等问题，在很大程度上不利于我国财产保险市场的多元化发展，因而推动我国财产保险市场的创新发展非常重要。近10年来，我国人身保险行业从业人数不断增长，人身保险公司数量也呈现出逐年上涨的趋势。我国人身保险市场的特点主要为地域保费收入不均衡、投资理财型保险商品比重较大、保险业集中度较高。受经济发展水平的影响，经济的发展从一定程度上可以带动保险业的发展，使得保费较高的区域主要集中在东部地区，而中西部地区由于经济相对落后，保险费较低。由于我国人身保险市场还处于发展阶段，人们对于保障型产品需求并没有投资理财型商品需求大，这使得保险公司为争取更多客户而更多的选择开发投资理财型的保险商品。

4. 自由竞争型保险市场、垄断型保险市场和垄断竞争型保险市场

按照保险市场竞争程度的不同保险市场可分为自由竞争型保险市场、垄断型保险市场和垄断竞争型保险市场。

自由竞争型保险市场是保险市场上存在数量众多的保险人，任何公司都可以依法自由进出、保险商品交易完全自由、价值规律和市场供求规律充分发挥作用的保险市场。

垄断型保险市场是由一家或几家保险人独占市场份额的保险市场，包括完全垄断型保险市场和寡头垄断型保险市场。完全垄断型保险市场也称为独家垄断型保险市场，是指完全由一家或少数几家保险公司垄断所有保险业务，市场价格由一家或少数几家保险公司制定，其余保险公司无法与其竞争的保险市场。在完全垄断型保险市场中没有市场竞争，没有替代品，消费者也没有选择的余地。完全垄断型保险市场有两种表现形式：一是专业型完全垄断，即在一个保险市场上同时存在两家或两家以上的保险公司各自垄断某一类保险业务，业务互不交叉；二是区域型完全垄断，即在一国保险市场同时存在两家或两家以上的保险公司各自垄断某一区域的保险业务，业务互不交叉。采用这种市场类型的国家或地区多为经济欠发达地区，保险业较为落后，如越南、朝鲜等国家。寡头垄断型保险市场是指市场被数量不多但规模较大的保险公司垄断分割，市场集中度高，其余保险公司较难进入的保险市场。这类保险市场的特点为：保险公司数量有限且公司之间相互依存，保险公司的行为事先难以确定。在这类市场中，国家对保险市场的发展规模控制较为严格，这使得新的保险公司难以进入，以日本较为典型。

垄断竞争型保险市场是指保险市场上存在许多保险公司，各个公司自由竞争并存，少数公司在保险市场中具有某种业务的部分垄断状态的保险市场。这类保险市场的特点是：保险公司较多且单个保险公司对保险费率（或保险价格）有一定的影响；资本进出较为容易；保险产品之间有所差别；没有一家保险公司可单独控制整个市场。美国保险市场和以英国为主的欧洲国家，就属于垄断竞争型保险市场。

我国目前属于寡头垄断型保险市场。其中，从总资产来看，2022年四季度末，保险公司总资产27.1万亿元，其中，中国平安总资产11.01万亿元，市场份额占比超过40%，这表明了我国的财险和人身险市场具有较高的垄断性。保险商品的差异性是另一个使我国保险市场形成寡头垄断的重要原因。我国目前的保险市场上存在着严重的产品种类单一、差异性低的问题，保险企业之间缺少竞争，这使得少数大保险公司在保险市场中形成寡头企业。由于政府政策的实施对保险业的发展和发展方向会产生很大程度的影响，因而政府为防止市场过度自由而采取行政性进入壁垒，对保险市场进行一系列干涉和管制措施。而新的企业缺乏许多相对于大保险企业所拥有的信息，形成信息壁垒，使得其进入保险市场或在保险市场上生存较为困难。以上多种情况共同影响并推动了我国保险市场形式的形成。

二、保险市场的需求

（一）保险市场需求的概念

保险市场需求是全社会在一定时期内购买保险商品的货币支付能力，包括保险商品的总量需求和结构需求。保险商品的总量需求是指在一定时期内社会对保险商品需求的总和，即保险商品在一个保险经济体系中任何可能价格水平下会被消费的保险商品总量，包括实际需

求和潜在需求。保险商品的结构需求是指各类保险商品占保险商品需求总量的比重。

（二）保险需求的影响因素

1. 风险因素

风险的客观存在是保险需求产生和存在的前提。无风险就无保险。风险的发生影响社会生产过程的稳定进行和家庭正常生活，因而产生人们对保险的需要。随着现代科技水平的发展，不确定因素不断增加，对保险的需求也在不断增加。保险需求总量与风险因素存在数量成正比，风险因素数量越多、范围越大，保险需求越大；反之保险需求则越小。

2. 社会经济与收入水平

保险是社会经济发展到一定阶段的产物。一方面，社会经济的不断发展使保险需求不断增加；另一方面，消费者收入水平的不断提高也使保险需求不断增加。从收入层面讲，受教育程度的增加会使人们找到更好的工作，得到更高的薪金，那么用于风险防控的资金越多，从而增加保险需求。保险需求收入弹性是衡量收入变化对保险需求量变化反应程度的指标。保险需求收入弹性是需求变化的百分数与收入变化的百分数之比。

3. 保险商品价格

保险商品价格即保险费率，保险价格也会对保险需求产生影响。在其他条件不变的情况下，保险需求与保险价格成反比，保险价格越高，保险需求越小；反之保险需求则越大。保险需求价格弹性是衡量保险价格变化对保险商品需求变化反应程度的指标，它是保险需求变化的百分数与保险商品价格变化的百分数之比。不同险种的保险需求价格弹性不同。

4. 人口因素

人口因素包括人口总量和人口结构。人口总量与保险需求成正比。在其他因素不变的情况下，人口总量越大，保险需求越大；反之，则保险需求越小。人口结构包括年龄结构、职业结构、文化结构、民族结构。年龄的变化、职业的变化、文化程度的不同以及民族的不同都会影响人们对保险的需求。例如，随着年龄的增长，家庭中会存在老年或少儿人口，使得家庭中的赡养负担增加，风险增加，通过购买保险商品以规避风险从而降低损失；从事高风险职业或与保险相关职业的人，对保险商品的需求会更大更多；人口的文化水平越高，对保险商品的了解越全面，对保险商品的认知和接受度也会相对越高，从而使保险需求量增加。

5. 市场经济的发展程度

商业保险是影响市场经济的重要因素，而市场经济又是商业保险的基础。市场经济的发展程度与保险需求成正比。市场经济越发达，保险需求越大；反之，保险需求越小。

6. 强制保险的实施

强制保险又称为法定保险，是以国家的有关法律为依据而建立保险关系的一种保险，是通过法律规定强制实施的保险，如汽车第三者责任保险、失业保险等。强制保险的实施扩大了保险需求。

7. 利率水平的变化

大多数寿险产品带有储蓄性质，人们在购买寿险时会与储蓄工具进行比较。因而利率的变化对储蓄型保险商品需求有影响。

三、保险市场的供给

（一）保险市场供给的概念

保险市场供给是指保险人在一定时期内通过保险市场可能提供给全社会的保险商品数量。保险市场供给包括供给总量和供给结构。供给总量即所有承保的保险金额之和。供给结构是指某种保险品种所提供的经济保障额度，体现为险种结构。

（二）保险供给的影响因素

1. 保险资本量

保险资本量是由全社会的保险人和其他保险组织所提供的，而保险公司经营业务必须有一定数量的经营资本。在一定的时期内，其社会总资本量是一定的，能用于经营保险的资本量在客观上也是一定的，那么有限的资本量在客观上制约着保险供给的总规模。在一般情况下，能够用于经营保险的资本量与保险供给成正比。保险资本量越大，保险供给越多；反之，则保险供给越少。

2. 保险供给者的数量和素质

一方面，保险供给者的数量越多也就意味着保险商品的供给量越大，因为保险人才越多，那么就可以生产出更多的保险商品；另一方面，保险供给者的素质越高，越容易创造出新的险种并推广出去，从而扩大保险供给。例如，精算师、承保员、理赔员等素质的提高使得其能开发出更多数量的险种。

3. 经营管理水平

保险经营的技术程度较高，在风险管理、险种开发、费率厘定等方面均须具有一定的专业知识，因而保险公司的经营管理水平与保险供给成正比。保险公司经营管理水平越高，保险供给越多；反之，则保险供给越少。

4. 保险商品价格

保险供给也会受到保险市场的影响。在保险成本和其他因素一定的条件下，保险商品价格与保险供给成正比。保险商品的价格越高，保险供给越多；反之，则保险供给越少。保险供给价格弹性是衡量保险商品价格变化对保险供给变化反应程度的指标，它是保险商品供给量变化的百分数与保险商品价格变化的百分数之比。

5. 保险成本

保险成本是在承保过程中的一切实际和隐含的货币支出。在我国保险市场上，保险成本仅指实际的货币支出，即"显成本部分"。保险成本主要由三部分组成：赔付金、营业费用和营业税收。在其他因素一定的条件下，保险成本与保险供给成反比。保险成本越高则保险供给越少，当保险成本越来越高时，保险人所得到的利润就会越来越少，那么保险人对保险业的投资就会缩小；反之，则保险供给越多。

6. 保险市场竞争

保险市场竞争对保险供给会产生多方面的影响。一方面，保险市场中互补品和替代品的出现，会对保险供给产生一定影响。保险商品的互补品数量与保险供给成正比，互补品的增多会促进保险需求的增多，从而推动保险供给的增加；保险商品的替代品数量与保险供给成反比，保险商品的替代品越多，对保险商品需求越少，保险需求的减少使得保险人缩小保险商品的供给量。另一方面，保险市场的竞争，会引起保险公司数量上的增减。从整个保险市场上来看，保险公司的增加会加剧保险商品竞争，那么可能使保险供给增加；与此同时，保险竞争使保险人不断完善经营管理，开发更优质的险种，提高保险服务水平，从而扩大保险供给。

7. 政府的政策

保险是通过集合风险实现其补偿职能的，是一种极为特殊的行业，各国对保险行业都实行严格的监管。政府政策在很大程度上决定了保险业的发展和发展方向，决定了保险经营的性质，决定了保险竞争的性质，因而政府政策的变化会对保险供给产生较大的影响。当政府对保险业采取支持政策时，保险供给增加；反之，保险供给减少。

保险市场供求平衡，是指在一定费率水平下，保险供给恰好等于保险需求的情况，也就是保险供给与保险需求恰好达到均衡点。这种平衡受到保险市场竞争水平的制约。保险市场竞争水平决定了保险市场费率水平。保险竞争水平不同，其保险供求均衡水平也不同。那么不同费率水平下的保险市场，保险供给与保险需求自然也不同。

保险市场供求平衡分为供求总量相对平衡和供给结构相对平衡。保险供求总量相对平衡是指保险供给规模与保险需求规模相平衡；保险供求结构相对平衡是指保险供给的结构与保险需求的结构相匹配，如保险供给的险种与消费者需求险种的匹配程度、保险费率与消费者缴费能力的匹配程度等。

第二节　保险公司

一、保险公司的类型

保险公司是依照保险法和公司法设立的公司法人，享有收取保险费、建立保险基金的权利。同时，当保险事故发生时，有义务赔偿被保险人的经济损失。按照所承担风险的类型不同，可以分为人寿与健康保险公司、财产与责任保险公司。此外，根据被保险人的不同，可以将保险公司分为原保险公司、再保险公司。以下简要介绍几种保险公司。

（一）人寿与健康保险公司

人寿与健康保险公司为广大消费者提供诸如定期寿险、终身寿险、万能寿险、变额万能寿险、医疗费用保险、伤残收入保险、年金保险、团体人寿和健康保险与退休计划等保险产品。上述产品的功能主要体现在以下三个方面：一是保护客户免受/减少经济损失，这是人寿与健康产品最重要的功能；二是帮助客户为未来进行储蓄；三是帮助人们投资。

（二）财产与责任保险公司

财产与责任保险公司主要为财产及责任等相关风险提供保障，给消费者提供海上保险、货物运输保险、火灾保险、运输工具保险、工程保险、农业保险、各类责任保险等产品。帮助投保人转移风险是这类保险产品的主要功能，即消费者通过缴纳一定的保险费用，将风险转嫁给保险公司，一旦发生灾害事故的损失，能够及时得到经济补偿，从而减少消费者自身的经济损失。

（三）原保险公司

原保险公司是经营原保险业务的商业机构。原保险又称直接保险，是指保险人对所承保的保险合同，在其发生保险事故时对被保险人或受益人进行赔偿或者给付的行为。在原保险中，保险公司直接向客户提供保险服务，承担客户所购买保险的风险，即直接承担保险责任，客户与保险公司签订的是一份完整的保险合同。而且在进行原保险时，保险公司需要先对客户进行风险评估，以风险评估结果为依据，确定保险费率。在评估过程中，保险公司需要考虑客户的年龄、性别、职业、健康状况等因素，以确定保险费率和保额。

（四）再保险公司

再保险是与原保险相对应的概念。再保险也称分保，是指在原保险合同的基础上，原保险人通过签订分保合同将其所承保的风险的一部分再转移给其他保险人，从而可以避免或减轻其在原保险中所承担的保险责任的一种行为。简单来说，再保险公司就是经营再保险业务的商业组织机构。

再保险业务中分出保险的一方为原保险公司，也称分出人，而接受再保险的一方为再保险公司，也称接受人。再保险公司只对原保险公司负责，与原投保人无直接利益关系，在一定程度上与原保险公司利益和风险共享，降低了原保险公司的风险因素，避免保险人风险过于集中，不致因一次巨大事故的发生而无法履行支付赔款义务，对经营保险业务起了稳定作用。

在国际市场上，再保险公司发展十分迅速，典型代表为瑞士再保险公司和慕尼黑再保险公司。与此同时，全球再保险业的发展在地域上呈现一定的不平衡状态，主要特征是：发展中国家再保险的需求旺盛，但再保险供给能力明显不足，导致发达国家再保险公司占据了很大的市场份额。为保证国内再保险需求，一些发展中国家和地区通过再保险方面的立法；同时，设立专门的再保险公司，以保护当地再保险市场。目前，中再集团是我国最大的再保险公司，也是我国唯一的国有再保险公司，占据了几乎80%的国内再保险市场份额。

二、保险公司的组织形式

保险经营组织是指依法设立、登记，并以经营保险为业的机构。国外，保险组织方式多种多样。从经营主体来看，可分为公营保险组织和民营保险组织。其中，公营保险组织是由政府或其他公共团体设立的经营保险业务的机构，而民营保险组织是私人或私法意义上的团体设立的经营保险业务的机构。就经营目的而言，可分为营利性保险组织和非营利性保险组织。其中，营利性保险组织是指以营利为目的的机构。一般而言，各国保险业的组织形式如下。

（一）国有保险公司

国有保险公司又称"国有独资保险公司"，是国家授权投资机构或政府投资设立的保险经营组织，由政府或其他公共团体所经营，其经营可能以营利为目的，也可能以政策的实施为宗旨，并无营利的动机。它又可分为两类：一是以增加财政收入为营利目的的，即商业性国有保险公司。这是我国保险公司重要的组织形式之一，在我国保险市场上占主导地位。它可以是非垄断性的，与私营保险公司自由竞争，平等地成为市场主体的一部分；也可以是垄断性的，具有经营独占权，从事一些特别险种的经营，如美国国有保险公司经营的银行存款保险。我国国有独资保险公司就经历了从垄断性到非垄断性的转变。二是为实施宏观政策而无营利动机的，即强制性国有保险公司。通常各国实施的社会保险或政策保险大都采取这种形式。

国有保险公司的基本特征为：①投资者的单一性，其出资主体往往是单一的，也就是说，股东只有一个人，一般是国家授权投资的机构或者是国家授权的部门，所以也称为"一人保险公司"。②财产的全民性，即财产为全民所有。③投资者责任的有限性，国家仅以出资额为限对公司承担有限责任，公司则以其资产为限承担责任。此外，在组织机构上，国有保险公司一般不设立股东会，只设立董事会、监事会与总经理。其优点在于：资金实力雄厚，能够带给被保险人可靠的安全感；一般经营规模庞大，风险较为分散，业务比较稳定；多采用固定费率，且保险费率较低；在公平经营基础上，注重社会效益，有利于实施国家政策。

由于国有独资保险公司具有产权不明晰、筹资能力有限、效率较低等缺点，国际上正涌动着国有独资保险公司逐步股份化的浪潮，一些国有独资保险公司转为国家控股的保险公司；而对从事政策性保险业务的，则仍然适合采用国有独资保险公司的形式。

（二）股份保险公司

股份保险公司是将全部资本分成等额股份，股东以其所持股份为限对公司承担责任，公司则以其全部资产对公司债务承担责任的企业法人，又称保险股份有限公司。它最早出现于荷兰，而后由于其组织较为严密健全，适合保险经营而逐渐为各国保险业普遍采用。其主要特点是：一是资本容易筹集，实行资本与经营分离的制度；二是经营效率较高，追求利润最大化；三是组织规模较大，方便吸引优秀人才；四是采取确定保费制，承保时保费成本确定，不必事后补交。

股份保险公司的内部组织机构主要由权力机构、经营机构和监督机构三部分组成：股东大会是公司的权力机构；公司的经营机构是董事会；监事会是公司的监督机构。其不足之处在于：第一，公司的控制权操纵在股东之手，经营目的是为投资者攫取利润，被保险人的利益往往被忽视；第二，对保险金的赔付，往往附以较多的限制性条款；第三，对那些风险较大、利润不高的险种，股份保险公司往往不愿意承保。

股份保险公司的优点在于能够分散风险、规模庞大，而且财力雄厚，因此，能带给被保险人较强的保障能力。因而，许多国家的保险业法也规定，经营保险业者必须采用股份有限公司的形式。现在，股份有限公司同样成为我国保险公司主要的组织形式，我国新成立的中资保险公司基本上采取这种组织形式。目前在我国，股份保险公司有中国平安保险（集团）股份有限公司、中国太平洋保险（集团）股份有限公司、新华人寿保险公司等。

（三）相互保险组织

相互保险组织是为参加保险的成员之间相互提供保险的一种组织。其组织形式如下。

1. 相互保险公司

相互保险公司是所有参加保险的人为自己办理保险而合作成立的法人组织，它是保险业特有的公司组织形态，为非营利性组织中最重要的一种。相互保险公司的经营方式是社员缴纳相当资金形成基金，用以支付创立费用、业务费用及担保资金，相当于公司的负债，当公司填补承保业务损失后开始支付债务利息，同时在全部创立费用、业务费用摊销并扣除准备金之后偿还基金。在相互保险公司中，社员兼具投保人与保险人双重身份，且双重身份可同时存在。这种组织形式相对适合承保保险合同有限期比较长、投保人变动不大的各种人身保险。目前，在日本保险业，这种形式相对比较发达。

相互保险公司与股份保险公司之间具有明显的差异，虽然按照我国法律规定，目前不允许经营保险业者采用相互保险公司的形式，但是在国际上，自20世纪以来，相互保险公司也逐渐呈现出股份化的趋势，即由相互保险公司转变为股份保险公司。从实际来看，了解这两种组织形式的差异对于今后在我国建立多元化的公司组织形式具有重要意义。具体来看，二者主要存在以下八点差异。

（1）企业主体不同。股份保险公司中成员由股东组成；而相互保险公司中成员由社员组成，同时社员必须为投保人，无股东，因此，在相互保险公司中，保单持有人兼具投保人与保险人双重身份。

（2）经营目标不同。股份保险公司的经营目的是追逐利润，相互保险公司不以营利为经营目的，主要是为了向保户提供较低保费的保险。

（3）权力机构不同。股份保险公司的最高权力机构为股东大会，相互保险公司的最高权力机构为社员大会或社员代表大会。

（4）资金来源不同。股份保险公司的资金来源为股东所缴纳的股本；相互保险公司则为基金，风险基金一般来源于会员缴纳的保险费，营运资金由外部筹措。

（5）保险费缴纳方式不同。股份保险公司一般采用定额保费制来缴纳保险费，而相互保险公司大多采用不定额保费制。

（6）所有者与经营者的关系不同。股份保险公司中所有者对经营者的控制程度相对较高，所有者一般可以采取"用手投票"的内部管理机制和"用脚投票"的市场机制对经营者加以约束。但在相互保险公司中，这种机制不复存在，所以相互保险公司中所有者对经营者的控制程度相对较弱。这种差异性导致股份保险的代理成本相对高于相互保险公司。

（7）风险防范不同。在股份保险公司中，股东追求较高的投资回报，投保人往往追求的是较低的保费，所以股东与投保者两者追求的目标不同，加之股份保险公司的股东比较分散，所以股份保险公司中欺诈行为比较常见。但在相互保险公司中，投保人即为所有者，二者目标一致，因此在很大程度上可以防范欺诈风险。

（8）经营规模不同。股份保险公司可以采取上市筹集资金的形式，而且其进行兼并收购相对比较容易，因此相对而言规模一般比较庞大，且扩大规模比较便捷。但对相互保险公司而言，经营规模相对较小，扩展规模往往比较困难。

从实际情况来看，我国相互保险公司与股份保险公司各有优势，并不存在好坏之分，保险经营者应该选择相对适合的组织形式。

2. 相互保险社

相互保险社是保险组织的前身，它是由一些对某种危险有同一保障要求的人组成的一个集团，当其中某个成员遭受损失时，由其余成员共同分担。相互保险社的保单持有人即为社员，社员不分保额大小均有相等的投票选举权。通常设一专职或兼职受领薪金的负责人处理业务并管理社内事务。其保费的收取采取赋课方式，即出险后由社员分担缴纳。目前，相互保险社在欧美国家仍普遍存在。

3. 交互保险社

交互保险社是由若干商人共同组成相互约定交换保险并约定其保险责任限额的组织，其在限额内可将保险责任比例分摊于各社员之间，同时接受各社员的保险责任。在交互保险社中，业务委托代理人经营并由其代表全体社员处理社内一切事务，各社员支付其酬劳及费用并对其进行监督。此外，保费的收取采取赋课制。此种保险组织形式多适用于火灾保险与汽车保险的经营。

（四）个人保险组织

个人保险组织是个人为保险人的组织。该组织的典型代表是英国伦敦的劳合社。劳合社是个人保险商的集合组织，它虽具公司形式但实际上是保险组合，负责提供交易场所，制定交易程序，与经营相比更偏重管理，类似证券交易所。劳合社市场上的保险人即为劳合社的承保成员，加入劳合社通常需要经过严格的资格审查。在劳合社中的成员常常组成承保小组，以小组为单位承保，每个成员以其全部财产承担有限责任。从保险业的实际情况来看，其市场占比不高，前途并不乐观。

（五）保险合作社

保险合作社是由一些对某种风险具有同一保障要求的人，自愿集股设立的非营利性保险组织。保险合作社是同股份有限公司与相互保险公司并存的一种保险组织，其典型特点是从事保险业务时以合作为原则。

1867 年在英国成立的合作保险公司是最早的合作保险组织，发展到今天，已经有超过30 个国家采用了这种组织形式，其中以英国的保险合作社数量最多，范围最大，是世界合作保险的中心。

一般来说，保险合作社与相互保险公司存在很多相似点，如：均为非营利保险组织；保险人相同，投保人即为社员；决策机关相同，均为社员大会或者社员代表大会；责任损益的归属相同，均为社员等。但二者也存在一些区别：第一，保险合作社属于社团法人，而相互保险公司属于企业法人；第二，从经营资金的来源而言，相互保险公司的经营资金为基金，而保险合作社的经营资金包括基金和股金；第三，保险合作社与社员间的关系比较永久，社员缴纳股本后，即使不再投保，与合作社之间仍保持关系；而相互保险公司中，保险关系与社员关系是一致的，保险关系建立，则社员关系存在，反之，则社员关系终止；第四，从适用的法律来看，保险合作社主要适用保险法及合作社法的有关规定，相互保险公司主要适用保险法的规定。

（六）行业自保组织

行业自保组织是指某一企业或行业为本企业或本系统提供保险保障的组织形式，常以自保公司命名。自保公司一般由其母公司拥有，母公司直接影响并支配其自保公司的运营。自保公司可以直接承担母公司及其下属公司的风险，或间接地通过为母公司及其下属公司的原保险公司办理再保险，向母公司及其下属公司提供保障。

行业自保公司存在诸多优点：其一，降低被保险人的保险成本；其二，增加承保弹性，即自保公司在承保业务方面的伸缩性较大，其可以承保那些对于传统保险市场所不愿承保的风险，以协助解决母公司风险管理上的困难；其三，减轻租税负担，设立自保公司的重要动机之一，在于可以获得税收方面的优惠；其四，加强损失控制，即建立自保公司的重要作用在于可以降低商业企业保险引起的道德风险，使母公司更加主动地监督其风险管理方案。

行业自保公司的缺点在于：第一，业务规模有限。虽然现今多数自保公司为了扩大营业范围，已经逐渐接受外来业务，但从根本上看，其大部分业务仍以母公司为主要来源，危险单位有限，使大数法则难以发挥功能。第二，风险品质较差。自保公司所承保的业务多为财产保险及不易由传统保险市场获得保障的责任保险，不仅容易导致风险的过分集中，且责任保险的风险品质较差，如损失频率颇高，损失额度大，损失补偿所需的时间常拖延甚久等，增加了业务经营的困难。第三，组织规模简陋。自保公司通常规模较小，组织较为简陋，不易罗致专业人才，无法采用各种损失预防或财产维护的措施，难以创造良好的业绩，仅能获得税赋较轻的利益而已。第四，财务基础脆弱。自保公司设立资本较小，财务基础脆弱，同时外来业务少，不易分散经营的风险。由于其存在的种种弊端，专属保险公司还不能广泛地被保险业所采用，但这种组织形式特别适合大型的跨国公司，因其业务规模庞大，资产遍及世界各地，分散保险相对比较困难。在我国，随着经济的发展，大型跨国公司日益增多，专属保险公司成为多元化保险公司组织形式的重要组成部分。

总体上看，世界上大部分国家大多采用保险股份有限公司、相互保险公司和保险合作社等组织形式。除此之外，近些年来，行业自保公司和专属保险公司在许多国家得到较大发展。建立多元化的保险组织形式，在一定条件下有利于满足差异化的保险需求。

> **拓展阅读**
>
> 截至 2022 年年底，国内保险机构法人共 241 家，其中保险集团（控股）公司 14家，财产保险公司 89 家，人寿保险公司 75 家，养老保险公司 10 家，健康保险公司 7家，资产管理公司 32 家，再保险公司 14 家（包括外国再保险公司分公司 7 家）。
>
> （资料来源：根据中国保险行业协会网站数据整理）

第三节　保险消费者

一、保险消费者的组成

1. 被保险人

被保险人是保险合同的关系人，是其财产或人身受保险合同保障，享有保险金请求权的人。被保险人可以是自然人，也可以是法人。当投保人为自己具有保险利益的保险标的而订立保险合同时，投保人也就是被保险人，即订立合同时他是投保人，合同订立后他便是被保险人；当投保人为具有保险利益的他人的保险标的而订立保险合同时，投保人与被保险人不是同一人。在财产保险合同中，被保险人必须是对被保险财产具有保险利益的人。投保人可以是被保险人，但是这种身份的变更以合同的生效为临界点：在合同订立但未成立生效时，投保人仅具有投保人的身份；在合同生效后，只要他们是为自己的利益订立合同，则投保人的身份转换为被保险人。

2. 受益人

受益人是保险合同的关系人，是由被保险人或投保人在保险合同中加以指定的享有保险金请求权的人。在《保险法》中，受益人仅仅存在于人身保险合同中。自然人和法人均可以成为受益人。受益人一般由投保人或者被保险人在保险合同中加以指定，并且投保人指定受益人时必须经被保险人同意。被保险人或者投保人可以变更受益人，但应当书面通知保险人。投保人不得单独变更受益人，必须经被保险人同意方可。

3. 保单所有人

保单所有人指拥有保单各种权利的人。保单所有人的称谓主要适用于人寿保险合同的场合。财产保险合同大都是一年左右的短期合同，保单没有现金价值；并且绝大多数投保人是以自己的财产为保险标的进行投保，在发生保险事故时得到保险赔偿的，因此，投保人、被保险人、受益人和所有人通常就是同一人，所有人在此没有太大意义。但在人寿保险中，由于大多数人寿保险合同所具有的储蓄性特征以及在许多场合，所有人与受益人并不是同一个人，这时所有人的意义就显得重要了。保单所有人的权利通常包括：①变更受益人；②领取退保金；③领取保单红利；④以保单为抵押品进行借款；⑤在保单现金价值的限额内申请贷款；⑥放弃或出售保单的一项或多项权利；⑦指定新的所有人。

上述各种人的职责并不是绝对"定格"的，换句话说，有人可以一身一任，有人可以一身二任，有人甚至可以一身三任。例如，在人身保险的场合，他们之间的关系可以有以下几种情形：

（1）投保人、保单所有人、被保险人和受益人均为一人。例如，张三以自己的生命为保险标的向保险公司投保，他自己缴纳保费，并指定自己为保单的受益人。在这种情况下，他既是投保人、被保险人，又是保单的所有人和受益人。这种情形在现实中并不常见，但不是没有可能。

（2）投保人、所有人与受益人为同一人，而被保险人为另一人。例如，张三以其妻子李四的生命为保险标的向保险公司投保，他自己缴纳保费，并指定自己为受益人。在这种情况下，张三是投保人、保单的所有人和受益人，而妻子是被保险人。

（3）投保人、所有人与被保险人为同一人，而受益人为另一人。例如，张三以自己的生命为保险标的向保险公司投保，他自己缴纳保费，指定其儿子张小明为受益人。在这种情况下，张三是投保人、被保险人和保单的所有人，而张小明是受益人。

（4）被保险人、所有人与受益人为同一人，而投保人为另一人。例如，张三以李四的生命为保险标的向保险公司投保，保单上载明：李四为保单所有人，同时还为受益人。在这种情况下张三为投保人，李四同为被保险人、保单所有人和受益人。

（5）投保人和所有人为同一人，被保险人和受益人为不同的对象。例如，雇主以雇员的生命为保险标的投保意外伤害保险（包括死亡险），雇主缴纳保费。在这种情况下，雇主既是投保人，也是所有人；雇员为被保险人；受益人则为雇员的家属。这一情形在团体寿险中很常见。

（6）投保人、被保险人、所有人和受益人均为不同的对象。例如，张三以李四的生命为保险标的向保险公司投保，张三缴纳保费，指定儿子张小明为受益人，女儿张小华为保单所有人。在这种情况下，张三为投保人，李四为被保险人，张小明为受益人，张小华为保单所有人。

二、保险产品的特性及其购买原则

我们若要理解保险产品的特性及其购买原则，首先要了解保险的特征、保险产品作为商品的特性以及保险市场的特性。

第一是保险的特征。保险的特征包括基本特征和比较特征，基本特征又包括经济性、互助性、契约性、科学性，比较特征体现在保险与赌博、保险与储蓄、保险与保证、保险与慈善这四方面，即保险的目的是互助共济，求得经济生活的安定；保险的手段是利己利人，以分散风险为原则，以转移风险为动机，以大数法则为计算风险损失的科学依据；保险的结果是变偶然事件为必然事件，变风险为安全，是风险的转移或减少；投保人必须对保险标的具有保险利益，保险的风险一般为纯粹风险。保险的赔付是不确定的，无论缴付了多少保费和交付时间长短，只有保险事故发生时，被保险人才能领取保险金；保险是集合多数经济单位所交的保险费以备将来赔付用，其目的在于风险的共同分担，且以严格的数理计算为基础；保险是多数经济单位所形成的共同准备财产，由保险人统一运用，只能用于预定的损失补偿或保险金给付，不得任意使用，被保险人一般无权干涉；保险为互助共济的行为，是自力与他力的结合；保险是多数经济单位的集合组织；保险以其行为本身的预想为目的，并不附属于他人的行为而生效，保险合同是独立合同；保险合同成立后，投保人必须交付保险费，保险人于保险事故发生时赔付保险金；保险基于合理的计算，有共同准备财产的形成；保险实行的是有偿的经济保障；保险当事人地位的确定基于双方一定的权利义务关系；保险机构是具有互助合作性质的经济实体；保险行为受保险合同的约束；保险共同准备财产的形成基于数学计算。

第二是保险产品作为商品的特性。保险也是一种商品，既然是商品，也就像一般商品那样，具有使用价值和价值。保险商品的使用价值体现在，它能够满足人们的某种需要。例如，人寿保险中的死亡保险能够满足人们支付死亡丧葬费用和遗属的生活需要，年金保险可以满足人们在生存时对教育、婚嫁、年老等所用资金的需要，财产保险可以满足人们在遭受财产损失后恢复原状或减少损失程度等的需要。同时，保险产品也具有价值，保险人的劳动凝结在保险合同中，保险条款的规定包括基本保障责任的设定、价格的计算、除外责任的规定、保险金的给付方式等，都是保险人智力劳动的结晶。

第三是保险市场的特性。保险市场同普通商品市场等其他市场有着相似点，例如，它们都是交换关系的总和，都要发挥价格机制、供求机制和竞争机制的基础性作用等，除此之外，保险市场的特性还包括：

（1）直接交易风险。保险市场上交易的是"风险"，具体来说，在保险市场上，投保人以购买保单的方式将自己所面临的特定风险转嫁给保险公司，而保险公司在被保险人发生约定保险事故时进行赔偿或给付。这样一种制度安排将投保人未来的"不确定性"所可能产生的严重后果限制在可预见的范围内，并"锁定"这种损失，由此在很大程度上将结果的"不确定性"变得"确定"，使人类可以在比较"成本"与"收益"的基础上进行合理的决策，并从事各种生产、经营活动。由此可见，通过保险市场的交易，投保人付出了保费，但却获得了保险公司所提供的经济保障。

（2）交易具有承诺性。在保险市场上，当保险合同达成之时，被保险人并不能立即获得保险赔偿或给付。这是因为，保险是保险人对被保险人未来的不确定性损失进行赔偿或给付的一种承诺，只有在保险合同期限内发生了约定的保险事故，保险人才会履行赔偿或者给付的义务；反之，如果被保险人没有发生约定的保险事故，则保险人没有义务进行赔偿和给付。因此，从这个意义上说，保险合同可以被视作一种看跌期权，而保险市场也可以被看成是一种特殊的期权市场。

（3）信息不对称程度高。在保险市场上，由于保险机制的固有特性，信息不对称是双向的，即被保险人和保险人都可能存在信息优势。首先，从被保险人来看，一方面，由于被保险人总是比保险人更了解保险标的风险状态，因此，被保险人在投保时容易通过隐藏信息作出有利于自己而不利于保险人的选择行为，即出现"逆选择"；另一方面，在购买保险之后，被保险人会出现疏忽大意甚至欺诈等败德行为，或者在风险发生之后消极减损，即出现"道德风险"。其次，从保险人来看，由于保险合同的专业性、技术性较强，保险人可能会利用被保险人的相关知识缺乏而对被保险人进行误导、隐瞒或欺骗，从而损害被保险人的利益。

（4）具有较高的交易成本。保险市场的交易成本要更高一些，这主要表现在两个方面：其一，合约阅读成本。保险产品涉及精算、法律、金融、医学等多学科的专业知识，条款相对复杂，用语比较严谨，普通顾客在阅读相关内容的时候往往不能完全理解，这客观上提高了合同的阅读成本。面对较高的阅读成本，许多顾客会谨慎购买甚至放弃购买，而保险营销人员在营销过程中也需要更多的努力。其二，合约不完全带来的成本。尽管保险合约在订立时力求严谨、详细，但可能还是无法涵盖所有不可预期的意外状况出现。如果保险合约对约定风险事故的定义不清晰，或者对损失范围的界定不明确，或者对法律责任的认定出现偏差，被保险人和保险公司之间就可能会产生理赔纠纷，而解决该纠纷的成本往往十分高昂。

（一）保险产品的特性

1. 与一般实物商品相比较的特性

1）保险商品是一种无形商品

保险商品具有特殊性，和普通一般商品相比，它并不是可以看得见、摸得着的，其商品效用无法立即感受到，保户只能根据很抽象的保险合同条文来理解其产品的功能和作用。由于保险商品的这一特点，它一方面要求保单的设计在语言上简洁、明确、清晰、易懂，另一方面要求市场营销员具有良好的保险知识和推销技巧。否则，投保人是很难接受保险产品的。保险商品的特殊性导致保险市场营销成为保险经营不可缺少的环节。保险商品属于无形商品且是一种承诺，因此必须通过大量的说服工作才能促使投保人投保。保险不是由投保人来购买的，而是推销出去的。

2）保险产品的交易具有射幸性

一方面，保险产品的交易具有承诺性。实物商品在大多数情况下是即时交易，例如，消费者去手机店购买手机这种实物商品，往往是一手交钱、一手交货，消费者付款后可以立即感受到手机所带来的便捷和各种效应。保险产品则不然，保险产品的交易并不是即时交易，而是具有承诺性，投保人与保险人订立保险合同，投保人或被保险人无法立即感受到保险产品所带来的效用，即无法立即获得保险金给付，可以理解为，保险合同的订立只是保险产品交易的开始，而保险人承诺对某被保险人是否赔付保险金依保险事故是否发生而定，该承诺的实质内容是：如果被保险人在保险期间发生了合同中所规定的保险事故，保险人将依照承诺作出保险赔偿或给付。出于保险产品承诺性交易的这一特点，对于保险人和投保人来说，相互选择就是非常重要的。从保险人的角度来说，他需要认真选择被保险人，否则会产生逆选择以及道德风险；从投保人的角度来说，他需要认真选择保险公司和保险产品，否则，不论是保持合同关系还是退保，都将给自己带来不必要的损失。

另一方面，保险产品的交易具有机会性。一般情况下，普通商品的交易是具有数量等价的特点，例如，苹果的标价是两元一斤（1斤＝500克），那么你付款两元，只能获得一斤苹果，其结果是确定的，不会获得额外的机会性收益。相比较下，保险产品的交易就具有机会性，一般情况下，保险金的给付数额是远大于保险费的，例如，各地市推行的惠民保，保费一年往往只有几十元钱，但是保险责任范围内的事故发生时，保险金给付数额可高达几十万元，因此投保人以少额的保险费获取大额保险金是具有机会性的。当然，如果保险责任范围内的保险事故未发生，保险合同自然终止，保险人不给付保险金，投保人无法获得保险金。正是由于保险产品交易的承诺性和保险产品的交易具有机会性，保险合同便具有了射幸性。

2. 与一般金融产品相比较的特性

1）保险产品是一种较为复杂的金融产品

投资者去银行存款，一般都有明确的利率，利息收入固定，即便是投资股票，股票购入与股票卖出都有一定差额，可以计算准确的收益。保险产品则不同，保险产品涉及保障责任的界定、保险金额的大小、保费的缴纳方式、责任免除、死亡类型、伤残界定等一系列复杂问题。况且，大部分保险事故的发生是不以被保险人和保险人的意志为转移的，很难明确计算出成本和收益。

2）保险产品在本质上是一种避害商品

投资者购买股票、债券等普通金融产品，本质是为了获得投资收益，是一种"趋利"商品。纵然保险产品中也有投资型保险产品，但这并不是保险产品中的主流，况且现在国家金融监督管理局要求"保险姓保"，保险要回归保障的基本功能，不能片面追求收益，而且保险的本质就是通过向保险人缴纳保费将风险转嫁给保险人，使自己的负担不会过重，缓解心理压力，因此保险产品本质上是一种避害商品。

（二）保险产品的购买原则

了解保险产品的特性，是为保险产品的甄选和购买打下了基础。为了更好地保障保险消费者的权益，提高交易质量，提升购买体验，我们就应该认识并把握正确的保险产品的购买原则。

1. 进行风险评估，制定购买计划

投保人在购买保险产品前一定要对个人所面临的风险进行分类，并对保险分类，按照程度的不同将需要购买的保险分为必不可少的保险、重要的保险和可选择的保险。必不可少的保险是应付那些保险事故一旦发生，足以使投保人家破人亡的风险，法律所要求的保险也在这个项下；重要的保险是应付那些保险事故一旦发生，投保人或被保险人需要进行借贷的风险；可选择的保险是应付那些保险事故一旦发生，有可能减少投保人当前的资产

和收入的风险。如果投保人未能根据自身情况制定合理的购买计划，那么就无法完全发挥出保险产品所带来的效用。保险的种类有很多，但是购买保险产品的资金是有限的，如何将有限的资金配置不同的保险产品以满足自身需求，这就需要遵循一些原则，例如，先保障，后理财；先大人，后小孩；先支柱，后成员等。首先，"先保障，后理财"的意思是保险产品分为投资型保险产品和保障型保险产品，国家金融监督管理局规定"保险姓保"，保险产品要回归保障的本质，要分清保险中保障和投资属性的主次地位，保障是基本功能，投资是辅助功能，制定购买计划时，先要配置保障型产品，把自己的风险损失降到最低，在满足保障损失的基本需求的基础上，根据自身的财力可以适当配置一些投资型保险产品以追求投资收益；其次，"先大人，后小孩"的意思是将有限的资金先配置给家庭里的大人，再给小孩购买保险产品，因为对于小孩来说，保险产品并不是他们最大的保障，大人才是他们最坚强的后盾；最后，"先支柱，后成员"的意思是谁发生风险对整个家庭的影响最大，损失最严重，那么首先应该给他购买保险产品，谁出险对整个家庭影响最大，损失最严重，那么首先应该给谁买。家庭成员购买保险的顺序，也理应根据挣钱能力来排序。这个先后顺序，有两方面含义：一是优先级上：如果预算有限，应先保障第一支柱；二是保额设置上根据收入比例来配置保额，收入高的，保额要更高些。

同时，为了更好地制定合理的购买计划，还要重视高额损失的原则和充分利用免赔方式的原则。

2. 重视高额损失

与损失的可能性相比较，损失的严重性是衡量风险程度更为重要的一个指标。例如，得癌症对于个人来说，这个风险发生的可能性不算大，但是一旦发生，便会带来不可承受的风险损失，不仅对于个人来说是灭顶之灾，对家庭带来的打击也是沉重的，会给家庭的心理和经济带来双重伤害。那么此时它的损失严重性就很高，投保人面临着高额损失。损失发生的可能性很小，但一旦发生，其严重程度很高的事件是适合保险的。高额损失正是这样一种损失，人们除了购买保险来对付它，没有别的更好的办法。因此，在决定购买什么样的保险、购买多少保险前，作为投保人，首先需要考虑的问题就是：你所面临的潜在损失的规模有多大。这个规模越大，你就越应当购买这种保险。

3. 充分利用免赔方式

保险中的免赔是指保险事故发生以后，被保险人自己需要承担的损失。免赔要求被保险人在保险人作出赔偿之前承担部分损失，其目的在于降低保险人的成本，从而使低保费成为可能。因为保险本身是一种经济方式，使自己的成本和收益达到理想的平衡状态，为了使购买保险变得"更划算"就不得不利用免赔方式，在充分保障自身风险的同时还能降低成本。例如，在财产保险中的汽车保险，如果你的汽车遭受了破坏，你可以在一定范围内承担修理等费用。但是，你可能需要保险人来支付你200元以上的损失。免赔方式允许你保留低额损失，在这个限额之上，再由保险公司来进行赔偿。对投保人来说，对于一些小额的、经常性的损失由自己来承担而不是购买保险就是更经济的，如果购买不包含免赔额的保险，即全部补偿的保险全部补偿保险的保费要比有100元免赔额的保险高出31%左右。之所以有这种差别，是因为每次保险事故发生，不论损失多小，保险公司都要支付所有的费用，而被保险人不需要支付任何费用，相比较之下，还是有免赔的产品更加划算。

这一原则也适用于其他类型的保险，例如，在健康保险中，如果被保险人购买的保险包含有"等待期"这一条款，那么，缴纳相同数额的保费就能购买到保险金额大得多的保险。健康保险中的等待期与财产保险中的免赔额是相同的概念，即在被保险人生病或由于其他原因不能工作一段时间以后，保险公司才开始支付保险金。因此，为了使购买保险这一行为变得更加经济，要充分了解到免赔方式或等待期方式所带来的便利，并且除了变得更加经济之外，如果被保险人可以自己承担一些小额损失，就不需要每次都经过索赔和理赔的程序，这必然会减少公司的费用。此外，由于被保险人需要承担部分损失，他们必然会关心防止损失的发生，由此降低了道德风险和行为风险。

第四节　保险中介

一、保险中介概述

保险中介又称保险辅助人，是指介于保险人和投保人之间，促成双方达成交易的媒介人，主要包括保险代理人、保险经纪人和保险公估人。

（一）保险中介产生的原因

在实践中，我们经常可以看到保险代理人、保险经纪人和保险公估人活跃的身影。近些年来，在中国，一谈到购买保险，尤其是一年期以上的险种，消费者购买过程中都少不了保险营销员的身影。那么，保险业为什么需要中介人呢？一个有趣的逻辑：客观上来说，人们是需要保险的，但主观上人们不愿意主动接触保险。

为了解决这个问题，比较有效的办法就是消费者通过保险中介实现其潜在的保险需求。这可以从以下三个方面得到解释。

1. 保险产品的特性要求保险中介参与

保险行业有句名言，"保险不是由投保人来购买的，而是由保险中介来卖出的"，这句话有很大的客观性。国际经验表明，在大多数情况下，保险是通过保险代理人或保险经纪人出色的工作送达到投保人或被保险人手中的。为什么会是这样呢？我们可以从两个方面来理解。

第一，在保险事故发生之前，消费者通常对风险认知不够，或者对产品合同条款看不懂，就需要专业人士帮助消费者弄明白。在保险事故发生在自己"身上"之前，消费者通常对风险是"熟视无睹"的。

第二，保险的本质是避害的，往往涉及灾难、死亡、伤病、残疾等大多数人不愿谈论的问题。而风险是客观存在的，人们在生活工作中不可避免地会遇到各种风险。这就产生了矛盾：人们在客观上需要保险，但又不愿意主动地接触保险。为了解决这一矛盾，保险代理人和保险经纪人成为实现人们潜在保险需求的有效方式。

2. 社会分工的精细化造就了保险中介

由于社会分工日趋精细，人们不可能涉猎所有领域的知识，专业的事情应该由专业的人负责。因此，在诸多领域中，人们需要聘请具备专业知识和技能的专业人士来完成相关活动。在保险行业中，代表保险公司的保险代理人、代表投保人的保险经纪人和站在第三方立场上的保险公估人都是随着社会分工的细化而发展起来的。雇佣专业的保险代理人、保险经纪人和保险公估人在保险经营活动中具有重要意义，能够有效发挥专业化优势，降低保险公司的经营成本，同时消费者也能够更好地选择适合自己的保险产品。

3. 供求关系的变化要求专业中介的参与

随着中国保险市场的不断发展，保险主体数量越来越多，产品不断丰富，消费者的购买需求也愈发多元，很多客户开始主动购买保险，对不同保险产品和保险公司的了解也逐渐加强。由此，在需求和供给的多元性增加的情况下，营销体制必然由卖方主导逐渐过渡到以客户需求为中心的方式，而这就需要专业的保险中介参与到保险市场当中。

（二）保险中介的资格认定

保险是一项公众性很强的事业，保险中介作为连接保险公司和消费者沟通的桥梁，有责任保护保险人及被保险人双方不受损害，并推动全社会保险事业的发展。一般来说，各国保险业对中介人都有以下共同要求。

（1）具有民事权利和民事行为能力；

（2）掌握国家相关的经济法律法规和政策，熟悉所从事的保险种类的业务知识；

（3）按照规定的程序，向有关主管机关登记并取得资格证书，接受由国家金融监管总局委托的机构组织的培训、考试和资格审查；

（4）接受国家指定机关对其业务及财务进行检查、指导、监督和审计；

（5）确保遵守主管部门制定的限制性规定。对自身工作失误所造成的投保人或保险人的损失负有赔偿责任。

因此，一般来说，保险人可以在保单上注明对保险代理人权利的限制。例如，保单上规定，在赔偿案件发生时，投保人需要向当地的保险理赔代理人提出，在这种情况下保险代理人只被授权处理赔偿案件。

2015年6月13日，中国保险监督季员会要求各中国银行保险监督管理委员会不得受理保险销售（含保险代理）、保险经纪从业人员资格核准审批事项，不再委托中国保险行业协会组织保险公估从业人员资格考试，这意味着保险中介的资格考试正式取消，当然这并不代表降低了代理人的门槛。

（三）保险中介的作用

在发达保险市场上，保险中介机构提供的服务对于价格形成、信息传递、交易维护等市场功能至关重要。保险中介的搜索行为减少了保险市场上投保人和承保人的不确定性，因为保险需求会随着被保险人对风险规避需求的波动而变化。保险中介机构通过识别不同的风险需求来降低被保险人的交易风险；同时，保险中介机构还会根据被保险人的实际情况来设计符合其需求的保险产品组合方案；被保险人通过保险中介机构购买保险产品能降低交易风险。保险中介搜索信息的优势保障保险产品的高质量。因此，保险中介通过降低交易成本和优化市场交易，使通过保险中介的交易比直接交易具有优势。

二、保险中介的类型

尽管世界各国的保险中介制度不尽相同，但总体而言，保险中介主要包括保险代理人、保险经纪人、保险公估人三种。他们在保险市场上扮演着不同的角色。

（一）保险代理人

根据《保险法》第一百一十七条的规定，保险代理人是根据保险人的委托，向保险人收取佣金，并在保险人授权的范围内代为办理保险业务的个人机构或。

保险代理人是我国保险市场出现最早、发展最迅速的中介人，特别是 1992 年引入美国友邦人寿保险营销机制以来，我国寿险市场的营销员制（寿险个人代理制）得到了快速发展。

1. 保险代理人的分类

（1）保险专业代理机构。保险专业代理机构是指依法设立的专门从事保险代理业务的保险代理公司及其分支机构。根据《保险专业代理人监管规定》，保险专业代理公司的组织形式为有限责任公司和股份有限公司。

（2）保险兼业代理机构。保险兼业代理机构是受保险人的委托，在从事自身业务的同时指定专人为保险人代为办理保险业务的机构。其中包括业务经办单位代理、企业主管部门或企业代理、金融部门代理。

（3）个人保险代理人。个人保险代理人是受保险人的委托，向保险人收取代理手续费，并在保险人授权的范围内代为办理保险业务的自然人。

2. 保险代理人的特征

（1）在一般代理关系中，只有经过被代理人追认，代理人超越代理权的行为才会使被代理人承担民事责任；而在保险代理中，为了保障善意投保人的利益，保险人对保险代理人越权代理行为也承担民事责任，除非存在恶意串通的情况。

（2）保险代理人在代理业务范围内所知道或应知道的事宜，均可推定为保险人所知，保险人不得以保险代理人未履行如实告知义务为由拒绝承担民事责任。

3. 保险代理与一般代理的共同之处

就一般代理行为而言，它指的是代理人根据法律规定或者依据被代理人的授权，以被代理人的名义同第三者所进行的民事法律行为。《中华人民共和国民法典》第一百六十二条规定：代理人在代理权限内，以被代理人名义实施的民事法律行为，对被代理人发生效力。在法律关系上，保险代理与一般代理有相同之处，主要体现在以下几个方面。

（1）代理关系涉及三方，即委托人（保险人）、代理人和第三方（投保人）。委托人通过授权给代理人与第三方订立保险合同而建立代理关系；代理人根据与被代理的保险公司订立的代理协议取得代理权。

（2）代理人的权利来自委托人即保险人，这种代理权既可以是明示的，也可以是默示的。

（3）代理人在授权范围内行使权利。被代理人可以委托代理人代理承保业务，也可以委托代理人负责收取保费或处理理赔工作等。

4. 保险代理与一般代理的差异

（1）当保险代理人在运用代理权时超出其授权范围，而被代理人在得知后虽未追认，但也未加以拒绝，即可视为保险人在事实上赋予了代理人这种权利。保险人不得以自己未明示授权而否认代理行为的法律效果。这样规定是为了保障投保人的利益。

（2）代理人所知晓的事情都假定为保险人所知。因此，只要被保险人对代理人履行了告知义务，保险人就不得以不了解被保险人的危险情况为由拒绝履行自己的赔偿责任，即使由于保险代理人的过错致使保险人未获知晓，也是如此。因为从投保人或被保险人的角度来看，保险代理人就等同于保险公司，代理人所具有的常识就是保险人的常识。正因如此，保险代理人须对保险人承担忠实和谨慎的责任。保险人如果因为代理人超越代理权而受到损失，有权请求保险代理人赔偿。

5. 保险代理人的作用

（1）可为保险公司节省直接营业费用，同时带来大量业务。

（2）为社会各层次的保险需求提供方便、快捷、直接的服务，也为保险消费者的风险转移发挥了桥梁作用，提高了公众的风险管理意识。

（3）推动国内保险公司的经营机制转换，促使保险公司根据自身情况建立适应市场需求的营销机制。

（4）保险代理的发展能提供大量就业岗位，在国家就业安置和稳定社会方面发挥积极作用。

（二）保险经纪人

保险经纪人是基于投保人的利益，为投保人与保险人订立保险合同提供中介服务，并依法从保险人处收取佣金的人。通常保险经纪人既可以是个人，也可以是公司。在中国，其组织形式只能以保险经纪公司及其分支机构的形式设立。

保险经纪人制度的不足是，由于保险经纪人不依托于任何保险公司进行独立的中介活动，如果缺乏对保险经纪人市场行为的严格规范，可能导致保险经纪人利用信息优势开展不利于消费者或保险公司的行为。

1. 保险经纪人的特征

（1）保险经纪人提供服务的专业性强。

（2）保险经纪人是投保人和被保险人的代表，投保人、被保险人如因经纪人的过失而招致损失，经纪人需依法承担赔偿责任。

（3）按照国际惯例，当保险经纪人完成其居间性行为后，依法向保险人收取佣金，而非投保人或被保险人。保险经纪人的居间行为效力作用于自身，而代理行为的效力直接对委托人（投保人或者被保险人）产生效力。

2. 保险经纪人的作用

（1）扩大保险需求增加保险收入。保险经纪人拥有较高的专业水平，能够有效识别保险费率和投保人承担水平，为保险市场解决很多销售的障碍；同时，通过其专业、周到的服务，可以提升消费者对保险业的整体形象，增进全社会对保险的信心，从而使更多人投保。

（2）促进保险产品更新。保险消费者可以通过保险经纪人把保险需求传达给保险公司，使其完善现有条款，开发出更多新保险产品来满足市场需求。同时，保险消费者在购买保险产品时，往往会在产品实惠、公司实力雄厚的保险中选择，促进保险市场的优胜劣汰。

（三）保险公估人

保险公估人又称保险公证人，是指站在第三者的立场依法为保险合同当事人一方或双方办理保险标的的勘查、风险评估、鉴定、估损及赔款的理算等业务，并出具公估（评估）报告的保险中间人。公证书虽然不具备强制性，但它可以作为有关部门处理保险争议的权威性依据。

1. 保险公估人的特征

（1）居间公正性。保险公估人在从业过程中需遵循独立公正的原则，不能偏向任何一方当事人；其公估报告是否被保险合同双方当事人所接受，取决于评估报告的真实性与公正性。

（2）专业技术性。保险公估人必须具有各种专业背景，并熟悉保险业务。他们的核心职能是评估，包括勘验、鉴定、估损和理算。

（3）相对独立性。保险公估人既可接受保险人的委托，亦可接受被保险人的委托，佣金由委托人支付，要求公估人保持相对独立、客观，而不受任何一方的制约。

2. 保险公估人的作用

保险公估人的存在有助于体现公平原则，解决保险争议。鉴于保险公估人在特定领域具备专业知识和权威性，并且作为第三方存在，与保险合同当事人及保险标的均无经济利害关系，因此，保险公估人所出具的公证报告能够更好地确保客观和公正，从而最大限度地维护各方保险合同当事人的利益；同时也易于为保险合同当事人双方所接受，有利于解决保险争议。

（四）保险中介的区别与界限

理论上，保险经纪人、保险代理人和保险公估人之间存在着明显的差异，但目前在我国保险市场上，三者的界限并不十分清晰。但实际上，三者之间存在明显的不同。

1. 法律地位不同

保险代理人代表着保险人的利益，保险经纪人代表着投保人或被保险人的利益，保险公估人则处于中立第三方的地位。

2. 名义不同

保险代理人从事保险业务时，必须以保险人的名义进行；保险经纪人从事保险业务时，若为投保人代为投保或代被保险人索赔，则以委托人的名义进行，若从事居间活动或咨询活动，则必须以自己的名义进行；而保险公估人从事保险公证活动时，只能以自身的名义进行。

3. 业务要求不同

保险经纪人需要比保险代理人更熟悉产品和业务流程；对保险公估人的业务要求更高，保险公估人必须是某领域的专家，如医学、汽车等行业。

4. 行为后果的承担方不同

保险代理人根据保险人的授权代为办理保险业务，由此给被保险人造成损失的，其行为后果一般由保险人承担；而保险经纪人和保险公估人因其过错给当事人造成的损失，则通常自行承担损失赔偿责任。

（五）保险中介制度发展现状与发展前景

在国际保险市场，英国是一个典型使用保险经纪人进行保险营销的国家。英国劳合社只接受劳合社保险经纪人安排的业务。

与英国保险市场不同，美国保险市场主要依赖保险代理人。在财产和责任保险领域，美国保险经纪人占据主导地位。尤其是在大城市，保险代理人控制了相当一部分财产和责任保险市场。在某些情况下，独立代理人也以经纪人的身份将接受的业务安排给他们选中的保险公司，此时他们扮演着保险经纪人的角色。

在日本的保险市场中，保险代理展业和保险公司直接展业是保险公司营销的主要手段，而对保险经纪人制度长期持保守态度。这主要是因为日本的保险公司与企业集团密切相关。除了三和集团，日本六大企业集团中每个集团都有一两家人寿保险公司和财产保险公司。1996年，日本进行了保险业的改革，并修订了《保险业法》，允许保险经纪人进入保险市场。

中国香港和台湾地区也实施保险经纪人制度。在香港，保险中介只有保险代理和保险经纪两类，其中保险代理代表保险公司利益，保险经纪代表客户利益。台湾的保险中介制度形成和发展是由台湾的制度环境所决定的，受台湾传统文化习惯、居民偏好、保险业发展历程以及自身实际情况等因素的共同影响。台湾保险市场是新兴保险市场的代表之一，在保险市场发展初期，保险公司要想迅速拓展业务必须依赖业务员作为中介人。

与发达国家保险中介市场相比，我国中介市场尚处于"多散乱"发展阶段。截至2022年12月末，全国保险专业中介机构数量为2 582家。其中，保险中介集团5家，保险代理机构1 708家，保险经纪公司492家，保险公估公司377家。同比2021年数据，减少了28家，其中保险代理机构减少了27家，保险经纪公司减少了1家。截至2022年9月，保险中介渠道实现保费收入3.56万亿元，占全国总保费收入的87.46%。

总的来说，保险专业中介机构正发挥越来越大的作用，保险中介行业的并购日渐活跃，但从市场竞争格局来看，目前我国整体中介市场相对分散，业务收入波动较大。在财险市场，保险中介早已成为行业销售的主力，而在寿险市场仍只占5%左右。跨界资本争相布局保险中介赛道，优胜劣汰的行业格局日益凸显。

本章小结

保险市场一般由保险主体、保险商品和保险价格三要素构成。保险市场有广义和狭义之分。狭义的保险市场是指保险商品交换的场所；广义的保险市场是指保险商品交换关系的总和。更好地实现保险市场的发展，需要通过保险展业来完成。

保险公司是依照保险法和公司法设立的公司法人，享有收取保险费、建立保险基金的权利。同时，当保险事故发生时，有义务赔偿被保险人的经济损失。按照所承担风险的类型不同，可以分为人寿与健康保险公司、财产与责任保险公司。此外，根据被保险人的不同，可以将保险公司分为原保险公司、再保险公司。

保险也是一种商品，既然是商品，也就像一般商品那样，具有使用价值和价值。保险商品的使用价值体现在，它能够满足人们的某种需要。例如，人寿保险中的死亡保险能够满足人们支付死亡丧葬费用和遗属的生活需要，年金保险可以满足人们在生存时对教育、婚嫁、年老等所用资金的需要，财产保险可以满足人们在遭受财产损失后恢复原状或减少损失程度等的需要。同时，保险产品也具有价值，保险人的劳动凝结在保险合同中，保险条款的规定包括基本保障责任的设定、价格的计算、除外责任的规定、保险金的给付方式等，都是保险人智力劳动的结晶。

保险中介又称保险辅助人，是指介于保险人和投保人之间，促成双方达成交易的媒介人，主要包括保险代理人、保险经纪人和保险公估人。

根据《保险法》第一百一十七条规定，保险代理人是根据保险人的委托，向保险人收取佣金并在保险人授权的范围内代为办理保险业务的机构或个人。

保险经纪人是基于投保人的利益，为投保人与保险人订立保险合同提供中介服务，并依法从保险人处收取佣金的人。通常既可以是个人，也可以是公司。在中国，其组织形式只能以保险经纪公司及其分支机构的形式设立。

保险公估人又称保险公证人，是指站在第三者的立场依法为保险合同当事人一方或双方办理保险标的的勘查、风险评估、鉴定、估损及赔款的理算等业务，并出具公估（评估）报告的保险中间人。公证书虽然不具备强制性，但它可以作为有关部门处理保险争议的权威性依据。

本章关键词

保险市场　保险市场需求　保险市场供给　股份保险公司　相互保险组织　保险合作社
行业自保组织　保险消费者　保险中介　保险代理人　保险经纪人　保险公估人

复习思考题

1. 保险市场的构成要素是什么？
2. 保险市场有哪些特征？
3. 影响保险市场需求的因素。
4. 影响保险市场供给的因素。
5. 保险公司的组织形式有哪些？
6. 相互保险公司和保险合作社的异同点有哪些？
7. 谈谈行业自保组织的优缺点。
8. 比较保险代理人与保险经纪人。

第九章　保险监管

📖 学习目标

1. 掌握保险监管的概念、原则与目标。
2. 了解保险监管的方式。
3. 了解保险监管的内容。
4. 了解我国保险业监管的发展历程。

第一节　保险监管的概念、原则与目标

一、保险监管的概念

保险监管是一个国家政府对保险业监督管理的简称，是政府为保护被保险人的合法利益对保险业依法监管管理的行为。一个国家的保险监管制度由两大部分构成：一是国家通过制定保险法律法规，对本国保险业进行宏观指导与管理；二是国家专门的保险监管职能机构依据法律或行政授权对保险业进行行政管理，以保证保险法规的贯彻执行。

二、保险监督管理的原则

（一）依法监督管理的原则

保险监督管理部门必须依照有关法律或行政法规实施保险监督管理行为。

不同于民事行为，保险监督管理行为是一种依职权或授权行事的行政监管行为。

（二）独立监督管理原则

保险监督管理部门应独立行使保险监督管理的职权，不受其他单位和个人的非法干预。

（三）公开性原则

保险监督管理须体现透明度，除涉及国家秘密、企业商业秘密和个人隐私以外的各种

监管信息应尽可能向社会公开，这样既有利于保险监督管理的效率，也有利于保险市场的有效竞争。

（四）公平性原则

保险监督管理部门对各监督管理对象要公平对待，必须采用同样的监督管理标准，创造公平竞争的市场环境。

（五）保护被保险人利益原则

保护被保险人利益和社会公众利益是保险监督管理的根本目的，也是衡量保险监督管理部门工作的最终标准。

三、保险监管的目标

（一）保护被保险人的合法权益

保险合同是要式合同，保险条款和保险费率是保险人事先拟定的，保险合同的附和性特点使被保险人在与保险人进行交易时处于相对不利的位置，即使被保险人可以通过保险经纪人办理保险业务，但与保险公司的地位和能力相比，被保险人还是处于相对不利的地位，因此需要通过保险监管来保证保险合同的公平与公正，并以此来维护被保险人的利益。

（二）保证保险公司的偿付能力

保险经营是负债经营，保险公司的偿付能力是保险监管的核心。通过国家监管机构对保险行业实行监督管理，可以及时发现保险企业经营管理上的隐患，促其整改，最大限度地避免保险公司偿付能力不足的情况出现，从而保证被保险人的利益，促进保险企业稳健经营。

（三）维护保险市场的秩序

保险市场是一个竞争性的市场，监管的另一目的是维护保险市场秩序，为保险业提供公平竞争的机会和环境。为了保证社会资源在保险业中的公平合理配置，保证不同的保险公司享有均等的业务经营机会。对于保险公司采取不正当、不合理的竞争手段的行为，监管机构采取严格的监管措施，纠正不规范的竞争行为，从而保证保险公司之间公平竞争，保证保险市场的健康发展。

（四）维护保险体系的整体安全与稳定

维护保险体系整体的安全与稳定是保护被保险人合法权益、维护保险市场公平竞争秩序的客观要求与本能延伸，这是基础和前提。需要注意的是，维护保险体系的安全与稳定不能以损害被保险人利益、抑制竞争和效率为代价，同时也不排除某些保险机构或保险中介机构因经营管理不善而自动或者强制退出市场。

第二节　保险监管体系

保险监管体系是指控制保险市场参与者市场行为的完整体系，该体系由保险监管者和保险被监管者及其行为构成。

保险监管体系有狭义和广义之分。狭义的保险监管是指政府监管，相应的监管部门是政府部门，即政府的保险监管部门；广义的保险监管包括政府监管、行业自律和第三方评级机构，相应的监管部门主要包括政府的保险监管部门、保险行业中的那些自律组织以及负责保险评级的一些机构。政府是保险监管的基础，自律组织是保险监管工作的补充和有力成分，保险信用评级则是保险监管中的一个重要辅助工具。

一、政府保险监管

从世界各国保险实践来看，政府监管是保险监管的核心和基础，各国保险监管的主要职能由依法设立的保险监管部门行使。政府保险监管通常通过保险监管法律法规和保险监管机构来完成。

保险监管法律法规是调整国家对保险行业进行监督和管理过程中所形成的权利和义务关系的一种法律规范，它一般包括对保险监管对象的规定和对保险监管机构授权的规定。

保险监管机构是国家为有效地行使保险监督管理权而设立的专门机构。国外保险监督管理机构一般分两种情况：一是设立直属政府的保险监督管理机构；二是在直属政府的机构如财政部、商务部、中央银行、金融管理局等机构下设保险监管机构。

保险监管的架构模式也迥异，如分业监管模式、双峰模式、央行外加双机构模式、综合监管模式以及难以归类的模式等。目前比较有代表性的是英国双峰模式、美国的复杂监管模式、日本的综合监管模式等。

英国自 2013 年 4 月开启"双峰"监管模式，其主要特点是由央行负责宏观审慎监管，另一家监管机构负责行为监管。英国负责保险行为监管部门是金融服务局（Financial Services Authority，FCA）。在新的"双峰"监管框架下，英国央行的监管权力得到提升，央行内设金融政策委员会（Financial Policy Committee，FPC），下设审慎管理局（Prudential Regulation Authority，PRA），负责宏观审慎监管，监管对象涉及所有事关金融稳定的重要金融机构以及金融基础设施；撤销金融服务监管局 FSA（Financial Services Authority），成立金融行为监管局（FCA），负责行为监管和消费者权益保护职责，以及不受 PRA 监管的金融机构微观审慎和行为监管。此外，存款保险职责由金融服务赔偿计划（Financial Services Compensation Scheme，FSCS）承担，独立于英国监管机构，由财政部负责；特别说明的是，养老金监管职责直接由英国政府的养老金监管局（The Pensions Regulator，TPR）负责。

英国作为老牌的世界金融中心，其金融保险行业的发展历程比之其他国家显得更为漫长而久远，其金融监管的历史也很悠久。1998 年前，英国政府的贸工大臣享有对保险业实行全面监督和管理的权力，具体监管机构为贸工部下属的保险局。1998 年之后，英国金融监管格局发生了大变动，新成立的英国金融服务监管局（英文字头缩写为 FSA）成为集银行、证券、保险三大监管职能的综合监管机构。2013 年 4 月开始实施"双峰"模式监管。

美国属于多头、伞形与分业的复杂金融监管模式。美国对保险业实行联邦政府和州政府双重监管制度，联邦政府和州政府拥有各自独立的保险立法权和管理权。其保险监管体系是由全美保险监督官协会（National Association of Insurance Commissioners，NAIC）和州保险监督机构构成。在全美保险监督官协会的努力下，美国各州保险法的内容已没有太大差别。

1850 年，新罕布什尔州首先设立了第一个保险委员会，对该州保险业进行监管，这是美国最早的保险监督管理机构。到 1871 年，几乎所有州建立了保险监管机构。1871 年，NAIC 成立，它是一个非营利性组织，是负责对美国保险业执行监管职能的部门。该组织由美国 50 个州，哥伦比亚特区以及 4 个美国属地的保险监管官员组成。该协会成立的目的在于协调各州对跨州保险公司的监管，尤其着重于对保险公司财务状况的监管。与此同时，该协会也提供咨询和其他服务。

值得一提的是，NAIC 拥有一个全美范围内保险公司财务状况的数据库，各州保险监管部门以及其他的数据使用者可以通过计算机网络从中获取信息。由于 NAIC 要求保险公司有统一的财务报表及会计准则，它的数据库信息包括了近 5 000 家保险公司最近 10 年内的年度财务信息以及最近两年的季度财务信息，并且某些年度信息数据可以追溯到 20 世纪 70 年代中期。

每个州保险监管部门的计算机都与全美保险监督官协会的网络相连。各州保险监管者及协会官员可通过各类应用系统取得数据，并制成规范报告或税务状况报告，以满足特定的要求。NAIC 的财务数据库在帮助各州进行保险业监管、对保险公司的偿付能力进行监控和实现其他金融分析等方面起到了重要的作用。此外，协会还拥有一些其他的数据库，其中包括"监管信息追溯系统"（Regulatory Information Retrieval System，RIRS）和"特别行动数据库"（Special Activities Database，SAD），这两个数据库使监管者掌握个人或保险公司因涉嫌违法或违规交易而受到检查的信息。作为"监管信息追溯系统"和"特别行动数据库"的补充，协会还开发了全国客户投诉数据库、关于保险公司职员及经理的数据库以及一个总系统。

日本属于集中单一的监管体制。大藏省是日本保险业的监管部门。大藏大臣是保险监管的最高管理者。大藏省下设银行局，银行局下设保险部，具体负责保险监管工作。进入20 世纪 90 年代以后，日本金融危机加剧，金融机构倒闭频繁。为了加强金融监管，1998年 6 月，日本成立了金融监管厅，接管了大藏省对银行、证券、保险的监管工作。2000 年7 月金融监管厅更名为金融厅，将金融行政计划和立案权限从大藏省分离出来。金融厅长官由首相直接任命，以确保其在金融监管方面的独立性。

二、保险行业自律

保险行业自律是指保险市场主体为了共同的权益组织起来，通过行业内部协作、调节与监督，实行自我约束、自我管理。这种形式对保险业的监督管理起着不可忽视的重要作用。

保险行业自律是保险监督管理活动的重要组成部分。保险行业自律组织的性质决定了其工作方式不同于政府保险监督管理和保险企业的自我管理。保险行业自律主要是保险行业协会或者保险同业公会来组织和实施的。保险行业自律组织主要通过制定行规行约和建立例会制度等方式开展保险监督管理工作。

保险行业自律的作用主要表现为：一是有利于国家对保险业的监督管理，二是有利于行业经营和协调内部关系，三是有利于协调社会关系和提供社会服务。

保险行业自律组织对保险行业自身进行管理的主要内容包括以下几个方面。

（一）制定保险行业的发展目标与规划

保险行业自律组织从保险业与整个国民经济的协调发展出发，制定本行业在较长时期的发展目标与规划，在保证保险企业经济效益的同时增进保险业的社会效益。

（二）制定行业自律规则

保险行业自律组织通过自我管理、自我约束机制的强化，一方面促使会员之间开展积极的竞争，激发其经营活力，另一方面积极组织协作，杜绝盲目、过度竞争，提高整个行业生存与发展的能力。

（三）对保险合同的监管

保险行业自律组织一般会规定统一的保险条款格式，甚至使用统一的保险单。这样可以避免保险人利用保险条款进行不公平交易欺骗投保人，有利于保险市场的公平竞争。保险行业自律组织一般也会制定保险合同的解释规则，如按商业惯例解释，或按文义解释，或按意图解释，或按有利于被保险人的方式进行解释。

（四）对保险费率的监管

为了减少保险费率上的不公平待遇和保险组织破产的可能性，各国保险同业组织亦会要求会员统一遵守的保险费率标准。另外，行业组织还规定统一的手续费（即佣金）标准，防止保险同业间的盲目竞争。

（五）对保险产品的开发和监管

目前，许多国家通过保险同业公会制定保险产品开发条款，由行业条款委员会审定后，保险企业再付诸实施。若制定的条款违背公众利益和法律法规，国家通过行业公会进行干预。

（六）对保险中介的培训与监管

保险行业自律组织凭借自身的优势，组织技术力量，采取多种形式，对中介人开展培训，并组织专业技术资格考试，进行纪律管理，甚至进行市场准入监管。

现实中，保险行业组织对保险中介的监管分为两个层次：一是保险行业组织根据监管部门的授权对保险中介的监管；二是保险中介的行业自律。

（七）举办保险教育、培训和专业考试

保险业务教育和人才培训是保险行业组织的重要工作内容之一，与此同时，保险行业组织还举办各种专业考试如从业人员的资格考试等，如英国特许保险学会每年都组织英国保险界雇员进行 CII 保险资格考试，美国也会组织各种保险资格考试等。

三、保险信用评级

保险信用评级是指独立于保险人和政府机构之外的社会信用评级机构，采用一定的评级方法对保险公司的财务能力和经营稳定能力进行评价，在此基础上对保险公司信用等级进行评定，并用一定的符号加以表示，从而为市场参与者提供服务的一种机制。

保险信用评级作为对保险公司财务稳健性和信用风险的整体评估，可以为保险公司的财务实力和信誉提供指导意见，也因此成为很多外部参与者评判保险公司偿债能力和财务实力的决策参考，与保险公司的品牌信誉息息相关。

保险信用评级具有中立性、专业性、科学性和便利性的特征。中立性是指评级机构具有独立的第三方立场；专业性和科学性是指评级机构一般拥有具备专业知识和丰富实践经

验的分析人员，他们能够通过科学而专业的方法从繁杂的信息中总结出规律性的东西；便利性是指评级结果一经向社会公布，市场参与者能够根据简单的符号判断被评公司的信用状况，从而作出理性选择。

目前，国际上著名的保险评级机构集中在美国，主要有标准普尔 S&P Global（Standard & Poor Global）、穆迪（Moody's Investors Service）、A. M. Best 和惠誉。

标准普尔历史可追溯到 1860 年，1971 年开始对保险公司的财务实力进行评级。采用的评级标准是"理赔能力等级"——考察保险公司的资本是否足以承担其所担负的长期/短期保单责任。标准普尔依据对保险人的财务实力的评定，分长期信用评级和短期信用评级。长期信用评级安全级中的等级类别从 AAA 到 BBB，指保险人的资本实力与所承担的保单责任相符，具有偿付能力；脆弱级中的等级类别从 BB 到 CC，指保险人的资本实力处于脆弱状态，难以承受经济恶化及承保条件的变化。

穆迪公司由约翰·穆迪于 1909 创立，总部位于纽约。1986 年，该公司引入保险信用等级评估制度，从财务状况和业务状况两方面对保险公司进行分析，重点分析业务基础，包括财务因素、特许经营价值、管理和组织结构，针对公司能否按时支付理赔和保险责任的能力给出评估意见，评级反映当前财务实力、索赔能力以及承受未来财务困难时期的能力。

A. M. Best 是美国一家专门从事保险公司评级的信用评级机构，成立于 1899 年，目前总部在美国新泽西州，是美国证券交易委员会（SEC）和全国保险专员协会（National Association of Insurance Commissioners）指定的美国国家认可的统计评级机构（NRSRO）。A. M. Best 公司评级体系由字母等级（运用得最为广泛）、财务效益等级和财务规模等级三套指标构成，字母等级的变化范围从 A++ 到 F，对应于从优到差的评级结果。A. M. Best 公司主要以保险公司年度报告为依据，从资产负债实力、运营业绩以及业务概况三个方面进行综合的定性和定量分析，其中财务实力评级主要衡量保险公司支付索赔的能力，并提供保险公司破产可能性的专业意见。

惠誉国际创办于 1914 年，总部位于纽约。惠誉通过定性分析（管理层访谈、行业、专家意见）和定量分析（财务和部分指标预测）相结合，并结合对保险公司如期履行债务或其他义务的能力和意愿的考察，侧重对未来偿债能力和现金流量的分析评估，揭示受评对象违约风险的大小。惠誉评级的长期信用评级按字母顺序分配，从"AAA"到"D"，于 1924 年首次推出，后来被标准普尔采用并获得许可。其短期评级表明 12 个月内潜在的违约水平，分别是 F1+、F1、F2、F3、B、C、D。1975 年美国证券交易委员会指定惠誉为全国公认的统计评级机构之一（NRSRO）。

第三节　保险监管的方式与方法

一、保险监管的方式

利用保险法律法规对保险行业的监督和管理是世界各国政府的保险监督管理机关所采取的主要手段，因历史阶段和市场结构不同，各国的监督管理方式也各不相同。从目前国际保险市场看，各国保险监管的方式主要有以下三种。

（一）公示方式

公示方式亦称公告管理，指国家对保险行业的经营不进行直接监督，而将其资产负债、财务成果及相关事项公布于众的管理方式。公告管理是国家对保险行业最为宽松的一种监督管理方式，适用于保险行业自律能力较强、社会保险意识较强且对保险经营有正确判断的国家。该方式为保险行业的发展提供了较大的自由空间。

1994 年以前的英国采取该监管方式。随着现代保险业的发展，该方式因不能有效地保障被保险人的利益而被很多国家放弃。

（二）规范方式

规范方式亦称准则管理，是国家对保险业颁布一系列涉及保险行业经营和运行的法律法规等相关经营准则，要求保险行业及其从业者共同遵守的一种监管方式。规范方式较公示方式具有一定的可操作性，但因其仅强调了保险经营形式的合法性，并未涉及保险业经营管理的实体，而保险经营技术有一定的复杂性，相关法律法规很难起到严格有效的监管作用，因此容易流于形式。该方式适用于保险法律法规比较健全的国家。

（三）实体方式

实体方式亦称实体管理，是国家保险管理机关在制定保险法规的基础上，根据保险法规所赋予的权力，对保险业实行全面有效的监督管理措施。实体方式赋予了监管部门较高的权威性和灵活性。其监管的内容涉及保险业的设立、经营、财务乃至倒闭清算。其监管的内容具体实际，有明确的衡量尺度，是对保险业监管中最为严格的一种。

世界很多国家采取实体方式监管，如美国、日本、中国等。随着保险业的发展，该方式有放宽的趋势。

二、保险监管的方法

保险监管的方法是指保险监管机构对监管对象进行监督和管理的方法，主要有现场检查和非现场检查两种。

现场检查是指保险监管机构（包括派驻机构）对保险机构进行实地的检查。现场检查的重点是保险机构内控制度和治理结构是否完善、财务信息是否真实准确、保险投诉处理是否合理等。现场检查的内容根据实际状况会有所不同。现场检查有定期检查和临时检查两种，定期检查要对被检查机构作出综合评价，临时检查一般只对某些专项进行检查。

非现场检查是指监管机构审查和分析保险机构的各种报表和报告，根据报表和报告放映的内容审查保险机构对法律法规规章和监管要求的执行情况。其目的是反映保险机构的潜在风险，起到风险预警的作用。

第四节　保险监管的内容

保险市场行为的监管对象包括保险人和保险中介，这两类市场主体的作用和地位各不相同，监管的内容也不尽相同。目前，各国监管的重点是对保险人的监管，监管的内容主要有四个方面：保险组织监管、保险市场行为监管、公司治理与内控监管和偿付能力监管。

一、保险组织监管

市场准入是保险监管系统最重要的组成部分之一，是实现保险监管的第一步。对保险组织的监管主要集中在四个方面：一是对保险人组织形式的限制。二是保险公司设立的许可。目前，保险公司的设立大致有两种制度，一种是登记制，即申请人只要符合法律规定的市场准入条件，经政府主管机构登记核准后就可以进入保险市场；另一种是审批制，即申请人要经过保险监管部门审查批准后才能进入保险市场。我国是审批制。三是对保险人停业解散的监管。如果保险监管机构发现保险公司存在某些违法行为，可以依法责令其限期整改，若在限期内未改正，保险监管机构可以依法依规决定对其进行整顿；对于违法违规严重的公司，保险监管机构可对其实行接管；被接管公司资不抵债的，经监管机构批准可依法宣告破产。四是对保险公司股权变更的监管。保险监管机构有权对股权（控制权）的变更进行评估并采取相应的措施。

二、保险市场行为监管

保险市场行为监管主要是指保险监管部门采取及时有效的监管措施，通过逐步建立和完善市场行为准则，采用现场检查和受理投诉等方式，监督和检查保险人和保险中介机构在保险销售、承保、理赔和客户服务等各个环节是否违法违规、存在损害被保险人利益以及妨碍保险市场健康发展的行为，以此支持合法经营和公平竞争，处罚违规行为，促进保险公司完善经营管理和规范发展。

从实现监管目标的角度，可将保险市场行为监管的主要内容分为两大方面：一是直接保护保险消费者合法权益，例如，对经营范围进行监督和管理，对保险条款和保险费率进行监督管理，对再保险进行监督管理，对网络保险进行监督管理，对衍生金融工具进行监管，对跨境保险业务进行监管，等等；二是通过规范保险市场秩序，间接保护保险消费者合法权益，例如，利用市场准入规则确定市场主体、增强保险交易的信息披露、防止保险欺诈等。

三、公司治理与内控监管

公司治理是居于企业所有权层次，授权给职业经理人并针对职业经理人履行职务行为行使监管职能。国际保险监督官协会（International Association of Insurance Supervisors, IAIS）在 2004 年年会上第一次提出将公司治理、偿付能力和市场行为并列为保险监管的三大支柱。公司治理是保险监管的基础，是审慎稳健监管的有效补充。完善的公司治理结构是内控制度实施的前提。保险公司的公司治理关键是明确保险公司内部决策的权利和义务关系，有一系列完整的确保董事会、监事会和高级管理人员等管理层对保险公司生存发展负主要责任的规章体系。

内部控制是保险公司的一种自律行为，是公司为完成既定的工作目标、防范经营风险，对内部各种业务活动实行制度化管理和控制的机制、措施和程序等。内部控制制度一般包括业务流程控制、授权经营控制、财务会计控制、人事劳动关系管理等。

四、偿付能力监管

保险公司偿付能力是保险公司的灵魂和根基，对保险公司的偿付能力实施监管，是保护投保人、被保险人和受益人利益，促进保险业健康发展，防范保险业经营风险的重要手段，是保险监管的底线和最后的"堡垒"。保险公司的偿付能力，是指保险公司以资产偿付到期债务和承担未来责任的能力。

保险公司的偿付能力反映了保险公司资产和负债的关系。保险公司在任何时候都要在总资产和总负债之间保持一个足够大的量，以应对可能发生的实际损失大于预期损失时的赔偿责任，这个量是保险公司的偿付能力额度（Solvency Margin），即赔偿准备金。偿付准备金构成了保险偿付能力的经济内涵，但偿付准备金的大小并不能评估保险公司的偿付能力是否充分，同时也必须考虑保险公司的业务量。通常，将偿付能力与保费收入对比，这个对比指标就是偿付能力额度。偿付能力额度是衡量保险公司偿付能力的指标，用以反映偿付能力的大小。偿付能力额度越高，表明保险公司偿付能力越强；反之，则反映保险公司偿付能力越弱。

偿付能力额度是指在任何一个指定日期，保险公司资产负债表的资产和负债的差额。从偿付能力管理的不同角度出发，偿付能力额度引申出三个概念——最低偿付能力额度、实际偿付能力额度和法定偿付能力额度。

最低偿付能力额度是指保险公司为了履行其赔偿和给付的义务，在理论上应该保持的偿付能力额度。最低偿付能力额度是运用数理基础精确得出的理论结果，是法定偿付能力制定的依据。

法定偿付能力额度是指保险公司根据业务规模实际应该保持的偿付能力额度，是根据法律规定保险，公司应该保持的最低偿付能力。对于不同保费规模的财产、人身保险公司，其最低偿付能力的警戒线也有所不同，保险公司必须具有与其业务规模相适应的最低偿付能力。

实际偿付能力额度是指保险公司根据业务规模保持的实际偿付能力额度，是认可资产减去认可负债的差额。认可资产是指根据监管法规、会计准则调整后的认可资本。保险公司的认可资产减去认可负债的差额必须大于保险法规规定的金额，否则保险公司会被认定为偿付能力不足。

对保险人偿付能力监管的主要内容包括资本额和盈余要求、产品和定价、保险投资、再保险、准备金、资产负债匹配等。偿付能力监管的核心指标有核心偿付能力充足率、综合偿付能力充足率、风险综合评级。这三个指标是有机联系的。核心偿付能力充足率是指核心资本与最低资本的比值，是衡量保险公司高质量资本的充足状况的指标；综合偿付能力充足率是指实际资本与最低资本的比值，也是衡量保险公司高质量资本充足状况的指标；风险综合评级是指保险监管机构对保险公司偿付能力综合风险的评价，是衡量保险公司总体偿付能力风险大小的指标。

保险中介是保险公司和客户之间的一个桥梁，对保险中介进行监管是保护消费者利益、维持保险市场有序发展的一个重要环节。

保险中介监管是指监管部门为维护保险中介市场秩序，保护保险双方及社会公众利益，对从事保险中介活动的机构和人员实施的监督和管理。其含义有两层：第一，保险中介监管的主体是享有监督和管理权力并实施监督和管理行为的政府部门或机关；第二，保险中介监管的性质是以法律和政府行政权力为依据的强制行为。为保证保险业的健康有序发展，规范保险中介市场，优化保险中介资源配置，各国保险法几乎对保险中介都规定了一些禁止性行为，如欺诈行为、诱导行为、侵占行为等。对于严重违规行为将处以罚款、吊销许可证、支付赔偿金等惩罚性措施。

第五节　我国保险监管

自中华人民共和国成立以来，按照监管重点的不同，我国保险业监管分为三个阶段：1979—1998 年的初级阶段、1998—2006 年的市场行为监管和偿付能力监管并重阶段，以及 2006 年以来的"三支柱"监管阶段。

一、初级阶段（1979—1998 年）

在此阶段，中国没有独立的保险监管机构，保险监管的职责主要由中国人民银行履行，保险监管以市场准入和市场行为监管为主。

1979 年 2 月，中国人民银行在全国分行行长会议中提出恢复国内保险业务的提议。同年 4 月，国务院做出"逐步恢复国内保险业务"的重大决策。之后，中国人民银行颁布《关于恢复国内保险业务和加强保险机构的通知》，对恢复国内保险业务和设置保险机构进行了具体部署；同年 11 月，中国人民银行召开了全国保险工作会议，会议作出决定，自 1980 年起恢复国内保险业务，同时大力发展涉外保险业务。在此背景下，国家出台了四部重要的法律法规，保险监管以市场准入监管和市场行为监管为主。

1983 年 9 月，国务院颁布《中华人民共和国财产保险合同条例》。该条例依据《中华人民共和国经济合同法》有关财产保险合同的规定制定，对财产保险合同的订立、变更、转让，投保方的义务、保险方的赔偿责任等作出了相关规定。

1985 年 3 月，国务院颁布《保险企业管理暂行条例》。该条例对保险企业的设立、中国人民保险公司、偿付能力和保险准备金、再保险等相关行为作出了规定。该条例的颁布，打破了国内保险公司由中国人民保险公司一家垄断的格局。1986 年，新疆生产建设兵团农牧业保险公司成立；1988 年，平安保险公司成立；1991 年，太平洋保险公司成立。

1992 年 9 月，中国人民银行发布《上海外资保险机构暂行管理办法》。该办法对上海外资保险机构的设立与登记、资本金和业务范围、业务管理、投资、清理与解散、罚则等作出了规定。中国人民银行要求中国人民银行上海市分行按照该办法对美国国际保险集团（AIG）在上海设立的分公司即美国友邦保险公司上海分公司进行日常监督和管理，并要求对实施中的有关问题，随时报告总行。

1995 年 6 月，《保险法》通过。这是中华人民共和国保险业的第一部基本法，具体内容包括保险合同、保险公司、保险经营规则、保险业的监督管理、保险代理人和保险经纪人、法律责任等，为中国保险业发展和保险监管提供了基本准则。

二、市场行为监管和偿付能力监管并重阶段（1998—2006 年）

1998 年以后，中国保险监管开始注重偿付能力监管，提出"市场行为监管和偿付能力监管并重"，并于 2003 年初步建立了中国的保险偿付能力监管体系。保险监管的职责主要由中国保险监督管理委员会（简称"中国保监会"）[①] 负责。其间主要的监管事件如下。

1998 年 11 月，国务院批准设立中国保监会，其职能是依照法律法规统一监督管理全国保险市场。保监会成立之后，保险监管的专业性大大增强，其中重要的一项就是"偿付能力监管"。

1999 年 1 月，中国保监会成立后的第一次全国保险系统工作会议提出，"目前，由于我国保险市场发育不成熟，保险法制还不健全，企业自我约束能力不强，因此，目前保险监管的主要内容必须是市场行为监管和偿付能力监管并重"。

2003 年 3 月，中国保险监督委员会发布《保险公司偿付能力额度及监管指标管理规定》，中国保险监管步入了从以市场行为监管为主的阶段逐步过渡到市场行为监管和偿付能力监管并重的阶段。同年，在参考欧盟偿付能力和美国偿付能力监管体系（RBC）的基础上，中国第一代偿付能力监管制度体系开始构建，至 2007 年基本构建了一套较为完整的体系，包括保险公司内部风险管理制度、偿付能力评估标准和报告制度、财务分析和检查制度、监管干预制度、破产救济制度五个部分。在"偿一代"的体系下，最重要的衡量指标是偿付能力充足率。

三、"三支柱"监管阶段（2006 年以来）

2006 年 1 月，中国保监会发布《关于规范保险公司治理结构的指导意见（试行）》，指导意见强化主要股东义务、加强董事会建设、发挥监事会作用、规范管理层运作、加强关联交易和信息披露管理、治理结构监管等。以此为指引，中国保监会明确提出推进保险公司治理结构改革。自此，以市场行为监管、偿付能力监管和公司治理监管为核心的"三支柱"保险监管框架初步形成。在此期间，履行保险监管职能的主要部门是成立于 1998 年的中国保险监督委员会、成立于 2018 年的中国银行保险监督管理委员会和成立于 2023 年的中国金融监管局。

2012 年开始建设，2016 年正式实施的"中国风险导向的偿付能力体系"（C-ROSS，简称"偿二代"）标志着我国保险行业监管从规模导向转为风险导向，建立了定量、定性的资本要求以及市场约束三大支柱，实现多层次监管。与"偿一代"不同的是，"偿二代"中保险最低资本与资产负债匹配、流动性、投资风险等挂钩，对保险资金提出了更高要求。

"三支柱"监管框架的第一支柱是定量资本要求，即通过对保险公司提出量化资本要求，防范保险风险、市场风险、信用风险三类可资本化风险；第二支柱是定性监管要求，即在第一支柱基础上，防范操作风险、战略风险、声誉风险和流动性风险四类难以资本化

[①] 中国保监会成立于 1998 年 11 月，其主要职责是统一监督管理全国保险市场，维护保险业的合法、稳健运行。2018 年 3 月，根据《第十三届全国人民代表大会第一次会议关于国务院机构改革方案的决定》，中国保险监督管理委员会撤销，同时中国银行保险监督管理委员会成立。中国银行保险监督管理委员会主要职责是依照法律法规统一监督管理银行业和保险业，维护银行业和保险业合法、稳健运行，防范和化解金融风险，保护金融消费者合法权益，维护金融稳定 2023 年 3 月，中共中央、国务院印发《党和国家机构改革方案》。在中国银行保险监督管理委员会基础上组建国家金融监督管理总局，不再保留中国银行保险监督管理委员会。5 月 18 日，国家金融监督管理总局正式揭牌。

的风险；第三支柱是市场约束机制，即在第一支柱和第二支柱基础上，通过公开信息披露、提高透明度等手段，发挥市场的监督约束作用，防范依靠常规监管工具难以防范的风险。"三支柱"监管框架如图 9-1 所示。

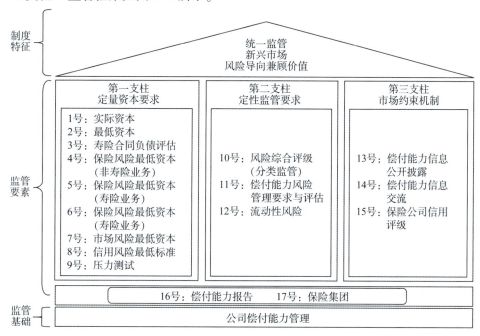

图 9-1 "三支柱"监管框架

2014 年，国务院发布了《国务院关于加快发展现代保险服务业的若干意见》。该意见提出"立足于服务国家治理体系和治理能力现代化，把发展现代保险服务业放在经济社会工作整体布局中统筹考虑"等相关要求，对保险监管提出了更高的要求。

2018 年 3 月，中共中央印发《深化党和国家机构改革方案》，决定将中国银行业监督管理委员会和中国保险监督管理委员会的职责整合，组建中国银行保险监督管理委员会。由此，中国的保险监管进入了一个新的时代。

2021 年中国银保监会修订发布了《保险公司偿付能力管理规定》，自 2021 年 3 月 1 日起实施。该管理规定将"偿二代"监管规则中原则性、框架性要求上升为部门规章，并进一步完善了监管措施，以提高其针对性和有效性，更好地督促和引导保险公司恢复偿付能力。

该管理规定共六章三十四条，包括以下内容。

一是明确偿付能力监管的"三支柱"框架。结合我国保险市场实际和国际金融监管改革发展趋势，将"偿二代"具有中国特色的定量资本要求、定性监管要求和市场约束机制构成的"三支柱"框架体系，上升为部门规章。

二是完善偿付能力监管指标体系。《保险公司偿付能力管理规定》将偿付能力监管指标扩展为核心偿付能力充足率、综合偿付能力充足率、风险综合评级三个有机联系的指标。三个指标均符合监管要求的保险公司，为偿付能力达标公司。

三是强化保险公司偿付能力管理的主体责任。《保险公司偿付能力管理规定》通过要求保险公司建立健全偿付能力风险管理的组织架构，建立完备的偿付能力风险管理制度和机制，制定三年滚动资本规划等，进一步强化了保险公司偿付能力管理的主体责任。

四是提升偿付能力信息透明度，进一步强化市场约束。《保险公司偿付能力管理规定》明确，银保监会应当定期披露保险业偿付能力总体状况和偿付能力监管工作情况；保险公司应当每季度披露偿付能力季度报告摘要，并在日常经营有关环节，向保险消费者、股东等披露和说明其偿付能力信息。

五是完善偿付能力监管措施。《保险公司偿付能力管理规定》明确，对于偿付能力不达标公司，银保监会应当根据保险公司的风险成因和风险程度，依法采取有针对性的监管措施，并将监管措施分为必须采取的措施和根据其风险成因选择采取的措施，以进一步强化偿付能力监管的刚性约束。

2023年3月，中共中央、国务院印发了《党和国家机构改革方案》，决定在中国银行保险监督管理委员会基础上组建国家金融监督管理总局，不再保留中国银行保险监督管理委员会。5月18日，国家金融监督管理总局揭牌。

国家金融监督管理总局在中国银行保险监督管理委员会基础上组建；将中国人民银行对金融控股公司等金融集团的日常监管职责、有关金融消费者保护职责，中国证券监督管理委员会的投资者保护职责划入国家金融监督管理总局。

国家金融监管总局统一负责除证券业之外的金融业监管，强化机构监管、行为监管、功能监管、穿透式监管、持续监管，统筹负责金融消费者权益保护，加强风险管理和防范处置，依法查处违法违规行为，作为国务院直属机构。国家金融监督管理总局的成立，有助于加强金融监管的协调性和一致性，提高金融监管的效率和水平；有助于加强对金融机构的监管和风险评估，防范和化解金融风险；有助于保障金融市场的稳定和健康发展以及推进金融改革和创新。

本章小结

保险监管是一个国家政府对保险业监督管理的简称，是政府为保护被保险人的合法利益对保险业依法监管管理的行为。保险监管有其目的和原则。

保险监管体系是指控制保险市场参与者市场行为的完整体系，该体系由保险监管者和保险被监管者及其行为构成。保险监管体系有广义和狭义之分。狭义的保险监管是指政府监管，广义的保险监管包括政府监管、行业自律和第三方评级机构。

从目前国际保险市场看，各国保险监管的方式主要有以下三种：公示方式、规范方式和实体方式。保险监管的方法是指保险监管机构对监管对象进行监督和管理的方法，主要有现场检查和非现场检查两种。

保险市场行为的监管对象包括保险人和保险中介，这两类市场主体的作用和地位各不相同，监管的内容也不尽相同。目前各国监管的重点是对保险人的监管。监管的内容主要有四个方面：保险组织监管、市场行为监管、公司治理与内控监管和偿付能力监管。

我国保险业监管分为三个阶段：1979年至1998年的初级阶段、1998年至2006年的市场行为监管和偿付能力监管并重阶段，以及 2006 年以来的"三支柱"监管阶段。2023 年 5 月 18 日，国家金融监督管理总局成立。

本章关键词

保险监管　保险监管目标与原则　保险监管体系　保险行业自律　保险行业评级
实体监管方式　现场检查　非现场检查　保险组织监管　市场行为监管
公司治理与内控监管　偿付能力监管

复习思考题

1. 简述保险监管的原则和目标。
2. 简述保险监管体系。
3. 简述保险监管的内容。
4. 简述保险监管的方式。

第十章　社会保险

学习目标

1. 掌握社会保险的特征。
2. 了解社会保险的功能与执行原则。
3. 了解社会保险费的承担方式。
4. 掌握我国社会保险的主要类型。

在现实经济生活中，有一些损失是由基本风险引起的。基本风险是非个人性的风险，或者说至少是个人所不能承担的风险，它影响的是一个大的组织或者群体，甚至是整个社会，而不仅仅是个人的损失。基本风险并不被个人控制，因此，应当由社会而非个人来承担。在此情况下，社会保险应运而生。

第一节　社会保险的起源及特征

社会保险是指通过国家立法的形式强制实施的保险，是一项以劳动者为保障对象，以劳动者的年老、疾病、伤残、失业、死亡、生育等特殊事件为保障内容的社会保障制度。

一、社会保险的起源

（一）社会保险的起源及其发展

1880 年，德国陆续颁布与实施了《疾病保险法》《工伤保险法》等。当时，德国的工人阶级和资本家之间的矛盾，在种种社会原因下加速激化，在此背景下，政府当局制定了禁止工人聚会和罢工的法案。此法案的出台使阶级矛盾进一步升级。为避免发生更大规模的冲突，德国首相俾斯麦废除了国会的法案，随后制定了社会保险法送交国会。该法提出，在国民及家属生活遇到困难或遭遇不幸时，可以领取保险金。其目的在于安抚劳工的情绪，缓和阶级矛盾。从 20 世纪初开始，德国的社会保险为西欧各国所效仿，并在 40 年代迅速发展，80 年代后逐步扩大至世界上 140 多个国家和地区。从社会保险的需求来看，它是在资本主义国家发展过程中，伴随着劳工与资方之间的矛盾而逐渐产生并进一步发展的。

（二）社会保险产生的现实基础

社会生产力的发展为社会保险的产生提供了五个现实基础。

（1）劳动力迁移带来的社会保障需要。在社会化大生产的发展过程中，大批小生产者从农村涌入城市，从手工作坊走入大生产企业，但这些小生产者除了劳动力外一无所有，他们一旦丧失劳动力或者失去工作，生存就难以得到保障。短时间内，他们也许可以依靠慈善机构或者同事、亲友的接济，但这并不是长久之计。

（2）技术进步带来的保障需求变化。在社会化大生产中，技术与设备不断更新迭代，市场环境也不断地发生变化。在这种情况下，企业的生产规模随之经常发生变动，产品与产业结构也频繁进行调整，这些变化会增加非自愿失业人数。如果不能很快恢复就业来获得收入，没有经济来源的失业者的生活难免会陷入困境。

（3）就业危险系数增加导致保障需求增加。随着高科技、新工艺的应用，机械化操作在社会化大生产中越来越普遍，劳动节奏大大加快，操作难度也随之不断增加，这导致劳动作业的危险性和意外事故发生的概率不断增大。为了保护劳动者的身心健康，越来越多的人要求政府提供特定险种项目。

（4）社会、家庭结构关系变化对劳动保障提出新的要求。随着社会化大生产的发展，家庭结构和人际关系不断地发生深刻的变革。家庭结构不断小型化与家庭功能不断简单化成为当代家庭发展的趋势。随着职业女性的不断增加，传统社会中家庭所具有的对老、弱、病、残、孤、寡人员的照顾与服务的功能日益转向社会，因此，越来越多的家庭和公民都寄希望于社会保险，希望通过这种方式来解除他们的后顾之忧。

（5）社会财富积累为劳动保障发展提供一定物质基础。在社会化大生产中，劳动生产率的不断提高与社会财富的不断积累为国家和社会推行社会保险制度奠定了可靠的物质基础。

二、社会保险的特征

社会保险与商业保险可以用营利性作为评判依据，营利性是区分二者最重要的标志。但是若仔细分析，二者还存在诸多差异。我们可以从社会保险与商业保险的对比分析中，看出社会保险的特征。

（一）非营利性

社会保险是一种非营利性保险，其宗旨是贯彻社会政策，而不以营利为目标。社会保险的运作，固然需要借助准确的测量方法，但是不能将经济效益的高低作为判断依据，来决定社会保险项目的取舍和保障水平的高低。如果社会保险财务出现赤字影响其运作，则最终责任归于国家财政。商业保险在财务上实行独立核算、自负盈亏，在任何情况下，国家财政不应负担其开支需求。

（二）强制性

社会保险是一种强制性保险。其强制性是指国家通过立法强制实施，要求劳动者个人和所在单位都必须依照法律的规定参加社会保险。国家或地方政府的法律、法规对社会保险的缴费标准和待遇项目、保险金的给付标准等进行统一规定，劳动者个人对于是否参加社会保险、参加的项目和待遇标准等，均没有权利随意选择和更改。这种强制性是为了确保社会保险的实施以及社会保险基金有可靠的来源。与社会保险不同的是，商业保险的投保以自愿性为主，其原则是"谁投保、谁受保，不投保、不受保"。保险合同中险种的设计、保费的缴纳、保险期限的长短、保险责任的大小、权利与义务的关系等必须按照保险合同的规定实施。保险责任在合同履行终止时自行消除。

（三）普惠性

社会保险对社会所属成员具有广泛的保障责任，不管被保险人的年龄、就业年限、收入水平和健康状况如何，一旦丧失劳动能力或失业，政府即依法提供收入损失补偿，以保障他们的基本生活需求。除了收入补偿，社会保险还为劳动者提供医疗护理、伤残康复、职业培训和介绍、老年活动等多方面的服务。社会保险的根本目的在于通过保障大多数劳动者的基本需求来稳定社会秩序。而商业保险只是对参加保险的人提供对等性的经济补偿，它只能在一定程度上满足被保险人的短期急需，弥补其部分损失，并不具有普遍保障的功能，也不具备调节收入水平、维护社会公平的职能。

（四）权利与义务的匹配性

社会保险待遇的给付通常与个人劳动贡献没有直接联系。保险使用者虽然要做出贡献，但是其获得保险待遇与其贡献并无完全匹配标准，因为弱势群体的存在，政府需要一定的转移支付对弱势群体进行再分配。因此，社会保险分配制度是以有利于低收入阶层为原则的，因为同样的风险事故对于低收入劳动者影响更大。商业保险则遵循权利与义务完全匹配的原则，这意味着投保人权利的享受需要满足对等的交换条件，即多投多保，少投少保，不投不保。被保险人享受的保险金额大小取决于其是否按照合同规定缴纳保费，以及投保期限的长短。一旦保险合同期满，保险责任自行消除，权利与义务随之消失。

第二节 社会保险的运行

一、社会保险的功能

（一）维护社会安定

在任何一种社会形式中，劳动都是人类获取生存所需的主要方式。因此，当劳动力丧失就业技能时，就无法通过劳动来获得收入，本人及家属的生活水准将难以维系。随着社会的发展和劳动工种的增加，就业环境的危险因素与日俱增。若大量劳动者面临的种种不同的劳动危险和收入损失，得不到及时解决，就会成为社会不稳定因素。社会保险制度的建立，保证了劳动者的基本生活需求，极大地消除了社会不稳定因素。社会保险制度还有效地缩小了社会收入分配差距，对于缓解社会矛盾、维护社会稳定和促进经济发展具有重要意义。

（二）保障劳动生产的有序运行

劳动过程中的危险时刻存在，就业人群可能会遇到疾病、意外伤害等危险因素，对身心造成影响，进而对劳动生产过程产生影响。社会保险制度的实施，为劳动者在面临上述情况时，提供了所需的物质保障，从而保证了劳动力再生产的顺利进行。例如，失业保险所提供的保险金和转业培训费，可以有效地预防劳动力由于失业而萎缩和落伍；医疗保险对员工提供医疗补助和必要的治疗服务，相当于劳动力的修理费用；生育保险使女职工能尽快回到工作岗位，也使新的劳动力得以延续。生产的发展由劳动力的维持与劳动者素质的提高共同决定。社会保险制度的实施，可以减轻享受者的家庭负担，从而将一部分钱用于智力投资，提高劳动者的素质。除此之外，社会保险可以通过对待遇水准、费用分配、项目范围等制度规定进行调整，间接地调节劳动力的生产、分配、使用和调整。从宏观和微观上来看，这些措施都对社会劳动力的再生产起到了保证和促进的作用，从而为社会经济提供一个稳定可靠的发展环境。

（三）改善就业结构，优化产业格局

在实施社会保险制度的国家，一方面，职工保险责任应当由企业主承担一部分；另一方面，社会保险机构为企业提供资金上的扶持。在发生经济危机的时候，要向雇主支付职业调整费和职业发展费，并帮助雇主对雇员进行教育和技术培训，包括支付部分培训费用，组织职业培训课程，向雇主提供提高和发展雇员专业技能的服务、提供与职业培训有关的技能和经验，以及为职业培训人员的国际交往提供条件等。这些举措不仅使劳动者的素质得到提升，就业结构得到改善，就业机会得到扩展，而且对企业发展起到了促进作用。

（四）促进社会公平分配，带动社会需求的提高

可以说，社会保险就是国家以法律为保障，以经济为手段直接干预社会个人消费品分配的一种制度。这种干预的基本目标是调节劳动者收入中过大的差距，将其控制在适度的范围内，以达到社会公平这一普遍诉求。实现这一基本目标，对消除社会矛盾、协调劳动者关系，维持社会经济的稳定具有积极作用。国家通过将各种税收收取的保险费重新分配给低收入者和失去收入来源的工人，帮助他们应对困难，这样既可以补偿工资分配在"事实上的不平等"，也在一定程度上达到了社会公平分配的目的。更重要的是，它在一定程度上刺激了社会需求，从而使供求保持平衡。这是因为经济的不景气与消费水平的下降是紧密相关的。社会保险制度的建立，使社会财富的一部分向低收入者群体转移；当低收入者的收入增加时，他们的需求就会随之增加，消费就会增多，从而带动整个社会需求水平的提高，避免供给过剩而导致萧条。

二、社会保险的执行原则

（一）量体裁衣，按需分配

社会保险的建立与发展，要符合国情和国力的实际情况，需要与二者相结合。因为社会保险是一种特殊性质的对个人消费品的分配形式，生产力的发展水平决定了社会可供分配的消费品的数量。社会保险的项目和水平如果超过生产力的发展水平，就会对生产的发展产生影响；反之，又会使社会保险因缺少坚实的物质基础而陷入困境。

（二）公平合理与效率兼顾

公平合理原则是指社会保险的享受者只有在确定发生的年老、患病、生育、伤残、死亡或失业等情况符合法律规定的前提下，才能得到保险的保障。它对缴纳了保险费的职工

来说是人人有权、机会均等的，但不是人人有份。为了确保公平，首先必须统一立法，创造一个公平的竞争环境，并且规定在社会保险法范围内的所有单位和劳动者都必须参加。

（三）事后补偿与事先预防并重

社会保险不仅要起到事后补偿的作用，也要在国民经济、社会治理中发挥积极预防性的能动作用。例如，可以建立有效的奖惩制度，鼓励企业减少工伤事故，节省保险费，如提高事故率增加者的保险费率，降低事故率下降者的保险费率。又如，在失业保险中规定，允许保险机构对领取失业补助金期间内的提前就业者发放部分再就业补助金，以鼓励失业者早日就业，避免出现不愿就业或等失业救济金用完之后才开始就业、就业不报等现象。

（四）通盘筹划，合理布局，全面推进

社会保险不仅是社会保障体系的核心，而且在整个社会经济发展中起着举足轻重的作用。它的建立、发展与完善受到诸多因素的影响和制约。因此，在实施过程中必须要做到统筹兼顾。在重视社会保险的普遍保障性的同时要考虑到国家的财政经济状况，在照顾重点的同时要考虑到不同地区、不同部门、不同所有制及不同收入水平劳动者之间的利益分配，从而形成一个合理的格局和待遇水平层次。

三、社会保险保费的承担

（一）保费比例的影响因素

和商业保险类似，社会保险也是以保险费为基础进行经营的。但与商业保险的自愿性与营利性决定了保险费的缴纳是个人的问题所不同的是，社会保险的非营利性、强制性、普遍保障性和权利与义务的基本对等性决定了保险费的缴纳主体并不是单一的而是多元的。这就引出了一个如何确定社会保险费负担比例的问题，即由什么因素来确定不同主体所承担的保险费的比重。在我国，保险费的决定主要取决于三个方面，即保险险种的性质，不同主体（投保人、用人单位与政府）对保险费的承担能力以及国家的社会保险政策。

1. 保险险种的属性

社会保险费的负担比例是由保险险种的性质决定的，也就是说，保险费的分担比例是由保险险种所保障的对象和保障范围来确定的。这里存在一个原则：风险原因决定论。风险原因决定论是确定保费负担比例的关键原则之一。这一原则意味着，如果是由自然性因素导致的风险，那么缴纳保费的责任应当主要由个人来承担。例如，生老病死是每一个劳动者一生中都会遇到的事情，因此，像养老保险、疾病保险等，应当由个人缴纳保险费；而像失业（非自愿失业），是社会经济发展中出现的一种不平衡现象，在多数情况下与劳动者个人无关或者说不受劳动者个人的控制，因此政府应承担保险费用的大部分或全部；再如，工伤保险是以劳动工作中发生的风险事故为保险标的的，是对劳动者所付出代价的补偿，与生产过程有直接关系，因此，雇主应负担大部分保险费。

2. 不同主体（投保人、用人单位与政府）对保险费的承担能力

1952 年，《社会保障最低标准公约》（第 102 号公约）在第 35 届国际劳工大会通过。该公约规定，社会保险保费（包括管理费用）应来自缴纳的保险费或税收，或两者兼而有

之；考虑到投保人的经济情况，投保不会对生活造成困难；雇员负担的保险费用总额不能超过社会保险保费的 50%。目前，在大多数国家，投保人个人所负担的份额都低于雇主负担的份额，政府则根据国家财政状况给予适当的补贴。

3. 国家政策制度

社会保险本质上是一种由国家组织的强制性保险，因此，国家对于社会保险的目标、覆盖范围及组织的险种等都可以采取一定的政策。政府可根据本国的实际情况，为部分险种确定各方应负担的法定比例。国家财政补贴所占的份额则取决于不同的社会保险理念。在实行普遍社会保险的国家，国家财政承担着较大的责任；在实行自助型社会保险的国家，则强调个人和雇主的责任，社会保险税是其社会保险基金的主要来源。此外，如果国家想要发展或者限制某些险种，也可以通过调整保费负担比例大小的办法来促进或限制其发展。

（二）社会保险费的承担方式

世界上常见的社会保险费承担方式主要有以下几种。

1. 雇主和被保险人共同承担

这种方式由来已久。1883 年，德国第一次引入社会保险时，疾病保险的保险费就规定由被保险人和雇主共同承担。目前，世界上大部分国家的疾病保险依然采取这样的承担方式。

2. 政府和被保险人共同承担

这种方式中，被保险人通常只承担一小部分，绝大部分由政府承担。

3. 雇主和政府共同承担

确切地说，这种方式是雇主承担、政府补助。在此基础上，通过政府与雇主的共同努力，来降低被保险人的经济负担，扩大社会保险范围。

4. 雇主、政府和被保险人三方共同承担

这种方式最早在德国于 1889 年实行的年金保险中出现。目前大多数国家采用了这种方式。

5. 被保险人全部承担

这种方式仅被少数国家用在少数险种上。

6. 雇主全部承担

这种方式具有特定性。例如，工伤保险通行的是"绝对责任补偿原则"，规定保险费由雇主全部承担，以加强雇主的安全规定，更好地履行确保工人安全的责任。

7. 政府全部承担

财力充足并且实行全民保险的国家通常采用这种方式。需要注意的是，我们在谈论各种保费的承担方式时并没有特指哪一个险种、哪一个国家，它可能是变化的。例如，在一些国家，某种险种在目前是由雇主和政府共同承担的，但在 10 年前可能是由雇主、政府和个人三方共同承担的，或者情况正好相反；某些险种在甲国可能由被保险人和政府共同承担，在乙国可能就只由政府一方承担。

四、社会保险费的衡量

社会保险必须以各种风险事故的发生频率、给付范围与给付标准为依据，提前对给付

支出总额进行估算，确定被保险人应承担的比例，以此作为制定保险费率和征收保险费的标准。

(一) 社会保险费的影响因素

社会保险所保障的范围非常广泛，因而其损失率也有很多种类，例如伤害率、生育率、残废率及死亡率等。尽管有很多自然因素在起作用，但与此同时，它也与医学进步、生产方式、工厂的防护设施等社会因素紧密相关，如退休率、职业伤害率、失业率等在很大程度上取决于社会因素。由于社会因素千变万化，需要考虑各相关方的经济承担能力，因此，在计算社会保险保险费率时，必须在基本因素之外，对其他相关因素也进行全面的考量，才能做到公平、合理。

(二) 社会保险费的测算方式

社会保险费个人份额的计算大都采用比例制，也就是将被保险人的工薪收入作为基准，规定一定的百分比，然后在此基础上进行计算。在这种计算方法中，保费的计算依据是保险费率与被保险人的收入。之所以采用比例制，是因为社会保险的首要目标是对被保险人在遇到风险事故期间所失去收入进行补偿，以保证他们最基本的生活需求。衡量给付的标准与计算保费的基础都取决于被保险人通常赖以生存的收入，从而使被保险人收到的保险金给付与其缴纳的保费这两个方面能够与实际情况相符。在不同的规定和限制下，比例制又分为固定比例制、差别比例制和累进比例制三种。

1. 固定比例制

这种方法意味着，不管被保险人实际收入的高低，都要收取相同百分比的保险费。即使被保险人的收入时高时低，这个比例也是固定的。这种方法易于计算，因此被大多数国家采用。

2. 差别比例制

这种方法是根据被保险人的工薪收入分为若干等级，并为每一等级设定一个标准收入，然后根据标准收入与规定的相应等级所对应的比例进行计算，以此确认保险费。

3. 累进比例制

这种方法意味着根据被保险人的实际收入规定不同的征收比例。低收入的被保险人征收比例较低，高收入的被保险人征收比例较高，并且收保险费的百分比也会随着收入的增加而增加。

五、社会保险基金

(一) 社会保险基金的含义

社会保险基金是社会后备基金的一种，具有专款专用的特点。它是由国家补助、企事业单位和被保险人个人缴纳规定数量的保险费而建立起来的，是为了社会劳动者在丧失劳动能力或失去工作机会的情况下能够维持基本生活。按照规定，社会保险基金为了确保社会保险机构与被保险人的经济利益，只能用于社会保险项目的补偿或给付。可以看出，社会保险基金是一种具有特定用途的专项资金，它由责任准备金、意外准备金和保险费收支结余三部分组成。

1. 责任准备金

责任准备金是社会保险机构根据保险事故和给付的性质从收取的保险费中按一定的比例划拨的资金，依据的是保险给付总额与保险责任相平衡的原则。与商业性保险公司一样，社会保险机构承担的也是未了责任和预期责任。对于在什么时候发生赔付、赔付额有多大，是很难在事先就精确预测的，因此，社会保险机构必须从其所收取的保费中提取责任准备金，以保证社会保险资金的稳定和保险赔偿的顺利进行。

2. 意外准备金

这是社会保险机构每年积累起来的资金，用以应对重大的、无法预见的风险。尽管在长期的社会实践中，人类已经掌握了部分保险事故的发生规律，但是仍有部分意外事件的发生，以及它们所带来的伤害，是无法预测和测量的。例如，气体爆炸、船舶触礁，尤其是地震、海啸、核污染等重大事故的发生，都会消耗大量的人力、物力和财力，需要花费大量的社会保险补偿金，这就不可避免地会给社会保险财务带来短期内难以支付的困难。为了应对这种突发性的特殊事件，社会保险机构必须储备意外准备金，在责任准备金不够支付时使用。

3. 保险费收支结余

各保险机构每年收到的保险费，除去各种费用及必要的储备，有些年份甚至还有盈余。在某些情况下，可以将其用来补充社会保险基金。

（二）社会保险基金的使用

社会保险基金的使用，就是将其用于经济建设活动中。基金的使用一方面是为了促进其发挥筹资、紧急援助和弥补经济发展不足的作用，另一方面是为了提高社会保险的偿付能力。一般来说，社会保障资金的使用主要有储蓄、对外投资、投资房地产、购买证券等。

1. 储蓄

它是指社会保险机构将社会保险基金的全部或部分存入银行并从中获得利息。这种方式具有安全、可靠和流动性强等优点，不足之处在于回报率低，易受通货膨胀的影响。

2. 对外投资

它是指社会保险机构作为信贷机构，直接将其掌握的社会保险基金用于对外贷款进行投资。与银行贷款资金相比较，社会保险基金具有特殊的优势，具体表现在：第一，资金具有稳定性、长期性和规律性。从长期来看，社会保险基金的资金来源与给付都存在一定的规律。生产经营活动的长期延续性、社会保险的相对长期性与社会保险的强制性，这几个方面加在一起，对社会保险基金也产生了一定影响，从而使其中的一部分资金也具有了长期性。另外，因为保险机构与参保人之间的责任和权利均通过合同来确定，因此，社会保险基金所受到的外部因素的影响也就相对较小。第二，社会保险基金在一定程度上具有无偿性。银行资金的最显著特点就是有偿使用，它的支出是以偿还为前提的。但社会保险集中的资金从整体上来看是先收后付，它的补偿是有条件的，这就使得一定比例保险基金具有局部的无偿性。社会保险基金的上述特点决定了它可以在一定的时间内，自由地选择变现较快、流动性较好的短期流动资金进行贷款，或者对稳定、回报率高的中长期技术或设备进行投资贷款。因为其平均成本较低，所以可以获得比同类银行贷款更高的收益。需要注意的是，社会保险基金的首要用途是用于经济补偿，因此，在使用社会基金进行投资时，本利都必须按时足额收回，以备补偿的需要。如果稍有不慎，出现众多的呆账与投放出去的资金收不回来等情况，无法及时支付赔款，就会带来非常严重的后果。

3. 投资房地产

它是指社会保险机构在有关部门的支持下，以多种方式进行土地开发、住房建设以及进行老城区改造和新市区建设等开发性投资。对于社会保险基金而言，房地产投资虽然具有安全性、收益性和社会性等特点，但是由于生产周期长、需求资金量大，所以它的流动性不是很好。

4. 购买证券

它是指将社会保险基金用于购买股票、债券等有价证券。一般来说，股票投资回报率高，易于兑现，特别是在通胀期间，可以很好地保存其价值，但同时也存在较大的投资风险；债券投资具有风险较小、安全性高的特点，但与股票相比，其收益性相对较差。综上所述，社会保险机构应结合其所处的市场环境以及各类投资方式的特征来合理地进行投资分配。一个最基本的原则就是"鸡蛋不能都放在一个篮子里"。

第三节　社会保险的主要类型

社会保险基本包含养老、失业、疾病、生育、工伤等方面。虽然不同国家的社会保险保障内容有所不同，但是社会保险作为一种保证社会稳定的重要的制度安排，目的都是为社会成员提供广泛的基本保障。根据《中华人民共和国社会保险法》（简称《社会保险法》）第二条规定，我国社会保险包括养老保险、医疗保险、工伤保险、失业保险及生育保险。

一、养老保险

养老保险是国家通过立法对劳动者达到规定的年龄界限而解除劳动义务，由国家提供一定的物质帮助保障其基本生活的一种社会保险。它的社会面广，影响较大，直接影响到一国的经济发展和社会的持续稳定，所以特别受各国政府的重视。

（一）养老保险给付标准

在大部分国家中，养老保险的给付条件是综合性的。所谓综合性，就是指被保险人必须符合两个以上的给付条件，才可领取养老保险金。其基本条件一般包括：①被保险人必须达到法定年龄；②保险费必须缴满一定期间或满一定年限的服务；③被保险人完全退休；④被保险人必须为本国公民，或永久公民，或在本国居住满一定年限。由于各国养老保险金给付条件不同，侧重点也不同，所以，各方面所要求的条件也不一样。

（二）养老保险的给付标准

养老保险金以年金制度为标准形式，即保险金不是一次发放，而是按年金的方式给付，即按月或按年支付。因为不断变化发展的社会经济，一次性给付的养老保险金容易受到各种因素的影响，由此影响到领取人的生活水平，从而使养老保险发挥不了应有的稳定作用。养老保险金的给付标准在世界各国各有不同，但总体来说，可以分为以下两大类、五种形式。

1. 以工资的一定比例进行计算

这是一种强调工资的方式，即强调工龄、保险金给付占工资的比重。世界各国大都采用此法，分为三种形式。

（1）倒比例法。工资越低，比例越高；反之，则比例越低。

（2）统一报酬比例，即保险金给付与工资收入成正比，保险金给付是按照劳动者近几年平均工资的一定比例计算的。

（3）基本比例加补充比例。基本给付率为被保险人平均工资收入的一定比例，补充比例为每超过最低投保年限一年，则另加比例。

2. 以生活费为基础来计算

该制度在社会保险发展较为发达的国家比较流行，主要分为两种形式。

（1）规定一个基础年金，并在此基础上附加比例。如基础年金 1 000 元，单身人士为此基数的 90%，已婚夫妇为基数的 160% 等。

（2）全国居民均按照统一数额给付，给付金额随国民生活费用指数变动进行相应调动。

（三）养老保险基金筹措模式

从当前实行养老社会保险制度来看，大致有三种保险基金筹指模式，即现收现付制、完全积累制和部分积累制。

1. 现收现付制

现收现付制是指从全社会的角度来说，把今天的缴费用于今天社会保障的养老、失业和医疗需求，今天从事经济活动的人为今天那些没能参加经济活动的人提供资金支持，而不必对未来进行储备积累。虽然终有一天他们也会不再参与经济活动，但是在这种社会保障制度下，那些正在参与经济活动的劳动者，将按法律的要求提供给这些曾经为社会保障体系做过付出的人以经济支持。现收现付制要求先确定近年内可能支付的养老保险费总额，然后以此为参考依据，制定出参加养老保险的投保人应缴纳的保险费标准，并以筹集到的养老资金来支付退休人员的养老金。现收现付制实际上是一种静态平衡模式。

2. 完全积累制

完全积累制是指社会成员在具有劳动能力的时候，从参与经济活动创造的财富中，按法律的要求拿出一部分，为自己将来的退休养老金、医疗保障和实业等积累后备金，社会成员在从业期间所缴纳的保险费，与退休后所享受的养老待遇密切相关。国家通过立法，采取强制措施，要求每一个社会劳动者参加国家或社会其他机构举办的养老保险，在劳动就业期间，按规定时间和缴费办法缴纳保险费，年老退休后，所有缴费人有权根据自己工作年限的长短及缴纳保费额度，定期或一次性地领取养老金。不过，作为储备基金的费用不全由个人负担，其中有相当一部分是由雇主或企业负担的，还有一部分来自国家的补助。

3. 部分积累制

部分积累制是介乎现收现付制和完全积累制两种模式之间的养老保险金筹集模式，具有两者的长处，又回避了两者的短处。部分积累制对已退休人员实行现收现付制，对新参加投保的劳动者实行完全积累制。

总之，三种养老资金筹指模式都需要根据社会情况合理选择，不存在绝对的标准。

 拓展阅读

中国养老保险制度改革

养老保险是社会保障体系组成的重要部分，是国家为了满足老年人的基本生活需求，为其提供可靠的生活来源的一种社会保险制度。目前，社会老龄化加速致使养老问题更加突出，养老保险更加成为社会焦点。在这里，我们主要对养老保险的发展历程和发展特征进行介绍。

（一）发展历程

阶段一：试点阶段

1986年，我国在上海、重庆、辽宁、天津等地进行了试点，建立了城市职工基本养老保险制度。这意味着我国的养老保险制度正式启动实施。

阶段二：制度建设阶段

1997年，我国开始建立农村居民养老保险制度，并逐步对城市职工基本养老保险制度进行完善，建立了企业年金制度和个人商业养老保险制度。

阶段三：全面推广阶段

2014年，我国开始了全面推广城乡居民基本养老保险制度的工作，实现了养老保险制度在全国范围内的覆盖。同时，还强化了养老保险基金的管理和监管，以确保养老保险制度的可持续发展。

（二）发展特征

1. 养老保险制度步入正轨。

自改革开放以来，我国的国民经济长期高速增长，人均收入水平逐步提高，但同时也面临着不断增长的老龄化人口，养老保险制度问题愈加需要关注。1986年，人社部门颁发了第一批地方性养老保险试点文件，随后在全国范围内陆续启动实施了城镇职工基本养老保险的试点工作。这些试点和改革对养老保险制度的完善是至关重要的。

1997年7月，国务院发布《关于建立统一的企业职工基本养老保险制度的决定》，全国统一的企业职工养老保险建立。2009年9月1日，国务院发布《国务院关于开展新型农村社会养老保险试点的指导意见》，我国启动了新农保实践。2011年7月1日，《中华人民共和国社会保险法》开始实施，我国社会保险制度有了法律保障。2014年将新农保与城镇居民社会养老保险合并，标志着全国统一的城乡居民基本养老保险制度建立。中国养老保险进入了一个新发展时期，从单一的城镇职工基本养老保险，向更多的区域和人口群体进行拓展，逐渐构成了一个更为完善的社会养老保险体系。

2. 社会养老保险扩大覆盖面。

养老保险的起步是建立在城镇职工基本养老保险的基础之上的，但随着城乡居民经济状况的不断发展，社会养老保险的需求越来越大。自2005年起，国务院决定在个别地市进行农村居民养老保险的试点工作，随着试点效果的不断提高，养老保险的覆盖面逐渐扩大。

到了 2019 年，国务院又出台相关文件，明确提出要进一步提升养老保险的覆盖率。

与此同时，养老保险在覆盖面上的改革也引起了投资领域上的改变，养老资金开始向道路、桥梁、机场等基础设施建设、科技创新等领域倾斜，为国家的经济发展提供了新的动力。

3. 养老保险费用收入不断提高。

中国是一个人口众多的大国，但养老保险费用的收入却一度无法满足日益高涨的养老保险负担。不过，近年来随着养老保险制度的逐步健全，养老保险的收入在不断增加。

据官方数据，截至 2021 年年底，我国城乡居民基本养老保险基金收入达 5 339 亿元。同时，各地养老保险基金积极开展股权投资、固定收益投资等运作，保证养老保险基金安全、稳健地运营，使各类保险基金实现了良好的收益。

此外，我国政府还通过财政补贴等手段，提高政府在养老保险中的投入比例，为我国的养老保险提供了更为可靠的经济保障。

4. 养老保险制度持续改革。

尽管我国的养老保险制度已经逐渐趋于健全，但在运行中一些问题仍在不断涌现。为此，政府部门出台了一系列的改革方案，以保障养老保险制度的可持续发展。

另外，政府还提出用户和企业参与养老保险投资的政策，鼓励社会资本进入养老保险服务领域。这些改革措施的持续推进，将有利于养老保险制度的长远、稳定发展。

中国养老保险在经历了一个漫长、曲折的历程之后，逐渐走上了正轨，并扩大了覆盖面。不断提高的养老保险费用和不断增加的政府投资，为我国的老年人群体带来了更好的养老环境和养老保障。未来，中国养老保险仍需要不断改革和完善，以满足老年人群体不断增加的需求，保证老年人群体的生活质量。总而言之，养老保险制度的发展是我国社会保障体系建设的重要组成部分，也是保障老年人基本生活的重要保障。我们应该加强养老保险制度的建设和管理，为老年人提供更好的保障和服务。

（资料来源：365 知识网）

二、医疗保险

医疗保险是一项社会保险，旨在为因疾病（包括非因公负伤）而暂时丧失劳动能力的职工提供必要的物质帮助。疾病指的是一般性疾病，其发病与劳动无直接关系，因此，它属于福利性质和救济性质的社会保险。医疗保险的实施目的在于尽快恢复劳动者的身体健康和劳动能力，使其能够重新回到工作岗位并进行生产。通过医疗保险，国家和企业能够向职工提供医疗和康复服务，以确保他们在患病时获得必要的照顾和支持。这对职工来说非常重要，因为医疗保险可以缓解他们在患病期间面临的经济困难，也可以帮助他们更快地恢复健康，重回工作和生产的状态。

（一）医疗保险给付标准

各个国家对医疗保险的给付条件有不同的规定，归纳起来，主要有以下几点：①被保险人获得给付必须是其患病且由此失去工作能力，而后停止工作，进行治疗。②被保险人从事有收入的工作，但由于患病而无法从雇主处获得正常工资或病假工资。③一些国家规定被保险人必须在最低期限内缴足保险费。该规定旨在确保被保险人所领取的保险金中至少有一部分是由自己缴纳的保险费，减轻国库负担。此外，该要求有助于防止被保险人在发生损失时放弃支付保险费而未获得保障。④有些国家规定了等待期，这意味着在规定期限内不提供疾病补助。如果病程较长，未在规定期内支付的补助将会抵扣后期的医疗费用。设立这一规定的目的是减轻工作量，省去核实病情所需的人力、物力、财力和时间，从而节省开支。这也有助于商家更好地规划其预算，同时保证医疗保险有更好的财政支持。⑤有的国家规定了最低工作期限。还有少数国家规定，被保险人事先必须获得基金会会员的资格，才能享受医疗保险给付。

（二）医疗保险给付方式

医疗保险的给付有两种，分别是现金给付和医疗给付。

1. 现金给付

现金给付又可分为疾病现金给付、残疾现金给付和死亡现金给付三种。

（1）疾病现金给付。疾病现金给付是指被保险人出现疾病时给予的现金赔偿。它含有两个方面的内容：给付期限和给付标准。不同国家对给付期限有各自的规定，根据其国情和财力来决定。1969年国际劳工大会规定至少52周的给付期限，而对于有希望治愈的被保险人继续给付。目前，许多国家将给付期限规定在39~52周，但也有一些国家将其延长至2~3年，还有一些国家未作出具体规定。对于给付标准，不同国家也有差别。1969年国际劳工大会规定，根据被保险人的原有收入支付60%的现金赔偿。有的国家规定该赔偿标准则规定为80%、90%，甚至是100%。无论标准如何，这一赔偿标准均应在法定范围内，以确保合理性和有效性。

（2）残疾现金给付和死亡现金给付。残疾现金支付和死亡现金支付是指在被保险人因疾病致残或死亡时，保险人向其支付现金。这些付款方式与因伤害致残或死亡所支付的方式相似。大多数国家规定，如果疾病导致的现金支付已达到最高限额且被保险人并未完全康复，支付现金将转为支付残疾年金。

2. 医疗给付

医疗保险是一种以医疗服务形式为被保险人提供医疗保障的保险类型。由于经济和医疗水平的差异，各国提供的医疗服务类型和水平存在较大的差异。一般来说，医疗服务至少应包括各科的治疗、住院治疗及必要的药物供应。此外，一些国家还提供专业人员服务及病人使用的辅助器具。不同国家医疗服务的期限以及医疗保险的范围也不同。

 拓展阅读

中国城镇职工的基本医疗保险制度改革

我国的医疗保障制度改革始于20世纪50年代，它基于中国城乡长期的二元分割状态，由面向城镇居民的公费医疗、劳保医疗和面向农村居民的合作医疗三种制度构成。

在总结各地改革和探索经验的基础上，1994年4月，经国务院批准，国家体改委、财政部、劳动部和卫生部联合颁布了《关于职工医疗保险制度改革的试点意见》，先是在江苏省镇江市、江西省九江市进行试点，后又把试点扩大到四十多个城市。改革的目标是"建立社会统筹医疗基金与个人医疗账户相结合的社会保险制度"。

在对若干重大问题进行深入调查和分析的基础上，1998 年 12 月，国务院下发了《国务院关于建立城镇职工基本医疗保险制度的决定》，部署全国范围内全面推进职工医疗保险制度改革工作。同时，这次改革还提出要发展企业补充医疗保险和商业医疗保险等。职工基本医疗保险制度的主要内容为：①基本医疗保险费由用人单位和职工共同缴纳；②建立医疗保险统筹基金和医疗保险个人账户；③加强医疗保险费用的支出管理；④推进医疗服务配套改革。

在《国务院关于建立城镇职工基本医疗保险制度的决定》的基础上，《城镇职工基本医疗定点零售要点管理暂行办法》《城镇职工基本医疗保险定点医疗机构管理暂行办法》《城镇职工基本医疗保险诊疗项目管理、医疗服务设施范围和支付标准意见》于 1999 年相继颁发，对城镇职工基本医疗保险制度改革作出了更加具体的规定。2000 年颁布了《关于实行国家公务员医疗补助的意见》，2002 年颁布了《关于加强城镇职工基本医疗保险个人账户管理的通知》《关于妥善解决医疗保险制度改革有关问题的指导意见》，2003 年颁布了《关于进一步做好扩大城镇职工基本医疗保险覆盖范围工作的通知》《关于城镇灵活就业人员参加基本医疗保障的指导意见》，2004 年颁布了《关于推进混合所有制企业和非公有制经济组织从业人员参加医疗保险的意见》。这些法律法规为医疗保险制度改革中的重要方面和问题的解决提供了指导，为进一步扩大和完善基本医疗保险制度指明了方向。

2009 年 3 月，《关于深化医药卫生体制改革的意见》发布。根据该意见要求，医改的总体目标是到 2020 年建立覆盖城乡的基本医疗卫生制度，该意见还明确了近期的五项主要任务：扩大医保覆盖面，建立基本药物制度，社区卫生机构建设，基本公共卫生服务均等化，推行公立医院改革试点。

2016 年 1 月，国务院印发《关于整合城乡居民基本医疗保险制度的意见》，提出整合城镇居民基本医疗保险和新型农村合作医疗两项制度，加快建立城乡统一的居民医保制度。党的十八大以来，全民医保改革纵深推进，在破解看病难、看病贵问题上取得了突破性进展。截至 2021 年年底，我国已建成世界上覆盖范围最广的基本医疗保障网，基本医疗保险覆盖超过 13.6 亿人，参保率稳定在 95% 以上。职工和居民医保政策范围内住院费用报销比例分别达到 80% 和 70% 左右，统筹基金最高支付限额分别达到当地职工平均工资和当地居民人均可支配收入的 6 倍左右。医疗保障基金收支规模和累计结存稳步扩大，整体运行稳健可持续。2023 年 2 月 23 日，中共中央办公厅、国务院办公厅印发了新的《关于进一步深化改革促进乡村医疗卫生体系健康发展的意见》，要求各地区各部门结合实际认真贯彻落实。同时经国务院同意，国家卫生健康委、国家发展改革委、财政部、人力资源社会保障部、国家医保局、国家药监局联合印发《深化医药卫生体制改革2023 年下半年重点工作任务》，明确了 2023 年下半年深化医改的重点任务和工作安排。

（资料来源：人力资源和社会保障部网站）

三、工伤保险

（一）工伤保险的概念

工伤保险是国家通过立法对被保险人因生产、工作中遭受意外事故或职业病伤害提供一定物质帮助以维持其基本生活的一种社会保险。

工伤保险对于任何年代的劳动者都具有相当重要的意义与作用，尤其是近年来生产技术的更新迭代，虽然促进了社会经济的发展，但也相应带来了一些新的职业风险。因此，建立完善的工伤保险制度，对伤残者提供相应经济补偿来保障其基本生活，是很必要的。

社会保险的主要目的在于保障劳动者的基本生活，因此工伤保险的补偿范围应具有严格的界定。对于直接影响职工本人及家属生活的工资收入，工伤保险给予适当补偿；对于劳动者其他收入，如兼职获取的收入不予补偿。

对于工伤的定义，各国的解释均有所不同。根据我国有关规定，工伤是指劳动者在从事职业活动或者与职业责任有关的活动时所遭受的事故伤害和职业病伤害。例如，在工作时间和工作场所内，因工作原因受到事故伤害；患职业病的；上下班途中，受到机动车伤害等。

（二）工伤保险的基本原则

纵观工伤保险的发展历程，其是以各国劳工法为基础建立起来的一种社会保障制度。在工伤保险发展初期，工伤保险主要遵循过失责任赔偿原则，即以雇主在工伤事故中是否有过失来确定是否赔偿。但在认定过程中，雇主很容易运用"风险已知原则""雇员疏忽原则"等来保护自己。当前，虽然各国工伤保险内容有所不同，但需要遵循的基本原则大致相同。具体来说，通常遵循以下原则。

1. 采取无过失或绝对责任制

该原则是指在工伤事故中，只要被保险人不是自己故意行为所致的伤害，受害者就可以得到相应的工伤赔偿。工伤赔偿与一般的民事损害赔偿还是有一些区别的。为了使被保险人在工作中受到更充分的保障，更好地维护劳动者的相应权益，许多国家的劳工法采取无过失或绝对责任制，即工伤导致的损失由雇主承担，并不以雇主是否有过失为前提，而是以社会政策和劳动政策为基础。

2. 立法强制

因为工伤事故发生的数量大，且受害者众多，由此造成的结果常常是职员的死亡或伤残，从而导致受害者本人以及其家庭陷入生存困难。这一问题如果仅仅靠企业或者雇主是无法解决的，只有依靠国家制定完善的工伤保险法规，并强制实施和建立工伤保险基金，才有机会真正保护劳动者的权益。因此，政府也需要强有力的行政手段来保证工伤保险政策的实施。

3. 损害赔偿

工伤保险与养老保险不同，被保险人失去的不仅仅包括劳动的代价，还有身体和生命的代价，故工伤保险必须实施损失赔偿的原则来确定给付标准，即工伤保险不仅要考虑伤害程度与性质等，还要考虑被保险人受伤害前的收入水准、家庭负担等。因而在社会保险分支体系中，工伤保险的保险金给付一般来说是最高的。

4. 严格区分工伤与非工伤

一般而言，劳动者遭受的伤亡可以分为因工受伤和非因工受伤两类。因工受伤是指劳动者在从事职业活动过程中遭受的职业伤害等，而非因工受伤与职业无关。故对工伤事件实行工伤保险制度，对非因工受伤采取社会救济。

5. 因工致残或致死

因工致残或致死，均以年金方式按月或按年给付，而不是一次性给付。

（三）工伤保险的基本内容

工伤保险主要包括性质区分、伤害程度鉴定和现金给付标准等内容。

1. 性质区分

社保机构首先要区分事故是工伤还是非工伤，对工伤事故采取工伤保险制度办理，对非工伤事故遵循非工伤事故条例处理。工伤领取工伤保险金，非工伤领取社会救济，二者不可等同。

2. 伤害程度鉴定

事故发生，并确定属于工伤的范畴后，还需要由专门的机构进行伤害程度鉴定。一般来说，伤害程度包括"全部丧失劳动能力""部分丧失劳动能力""暂时丧失劳动能力"等情况。此外，各国对于伤害程度鉴定的标准是不相同的，这是工伤保险中十分严格且技术性非常高的一个环节。

3. 现金给付标准

现金给付旨在保障被保险人及其家属因伤害事故所导致的收入减少或中断的损失，它主要包括暂时伤残给付、永久性伤残年金和死亡给付三项。

1) 暂时伤残给付

暂时伤残给付是指被保险人因工受伤而损失的工资收入，由保险公司给予相对于的补偿，维持被保险人的基本生活，给付金额需要考虑给付标准、给付期限和给付等待期等问题。①给付标准：一当面考虑劳动者的生活水准，另一方面要考虑雇主、保险人等多方的负担能力。②给付期限：许多国家规定给付期限为 26 周，最长给付期限也有超过 52 周的。与此同时，一些国家还规定，医疗期满的被保险人需要接受后续治疗的，可以延期。还有一些国家没有治疗期限的限制，可以直至伤愈为止。③给付等待期：等待期是指被保险人受伤后，必须经过一段相当长的期间才能获得保险金给付。目前，大多数国家要求保险机构在被保险人丧失劳动能力的第一天就必须支付暂时伤残金，没有等待期。

2) 永久性伤残年金

永久性伤残可以分为永久性局部伤残和永久性全部伤残两种。永久性局部伤残是指永久性丧失部分工作能力；永久性全部伤残是指永久丧失全部工作能力。永久性部分伤残的给付以伤残部分的轻重为依据；永久性全部伤残的给付一般采用年金的方式，给付金额为被保险人过去工资收入的 66%~75%。

3) 死亡给付

死亡给付由逝者丧葬费用与遗属给付构成。丧葬费用的给付通常是一次性的；遗属给付分为一次性给付和年金给付，但多以年金的形式出现。通常规定支付金额不低于最高工资限额 33%~50%，年金支付总金额不高于被保险人工资总额。

我国的工伤保险制度

我国的工伤保险制度建立于20世纪50年代初，原属于劳动保险制度的一项内容，并与劳保医疗、生育待遇混合在一起，由单位负责组织实施，是典型的单位保障模式。改革开放以后，我国对这一制度进行了一定的改革和调整，以适应市场经济改革的需要。

1996年8月，劳动部颁布了《企业职工工伤保险试行办法》。这是我国建立符合市场经济的工伤保险制度的一个重要探索。几年的实践表明，这一规章适应了市场经济的要求，维护了工伤职工的合法权益，减轻了企业的工伤风险，受到了广大企业和职工的欢迎。

为了进一步规范和完善我国的工伤保险制度，更好地保障广大职工的利益，2003年4月27日，《工伤保险条例》颁布，并于2004年1月1日起正式实施。《工伤保险条例》的颁布，不仅大大提高了工伤保险的法律层次，而且增强了执法的强制力和约束力，是我国工伤保险制度建设迈出的重要一步，对于我国社会保障法律体系的健全也具有重要的意义。

《工伤保险条例》是对我国长期以来工伤保险制度改革工作的总结，同时也借鉴了其他国家的经验。在《工伤保险条例》出台后，我国又相继出台了《工伤认定办法》《因工死亡职工供养亲属范围规定》《非法用工单位伤亡人员一次性赔偿办法》等一系列政策措施，进一步推进了工伤保险各项工作。在2010年与2020年国务院都通过了对《工伤保险条例》进行修改的决定，两次修改符合经济社会的发展，有利于解决工伤保险制度面临的一些新情况、新问题。2017年以来，全国新开工建筑项目参保率保持在97.7%以上。截至2022年年底，全国工伤保险参保人数达到2.9117亿人，全年工伤保险基金收入规模达到1 053亿元，全年有204万人享受工伤保险待遇。越来越多的劳动者获得了职业伤害保障。

四、失业保险

失业保险是国家通过立法对劳动者在遭受本人所不能控制的失业风险而暂时失去收入时，提供一定的物质帮助以维持其基本生活的一种社会保险。目前，全世界实施失业保险的国家约40多个，其中80%是第二次世界大战之后实施的。究其原因是失业已成为社会问题，必须由社会解决。因此，失业保险是社会保险的一个重要险种。

（一）失业保险给付标准

保障非自愿失业者的基本生活是失业保险的根本目的，通过在非自愿失业者失业时提供物质保障，帮助其渡过难关，促使其重新就业。此外，为避免实施过程中的逆选择，实施失业保险的各国严格规定了失业保险金的给付条件。下面是归纳的相关条件：

1. 失业者需符合法定劳动年龄

该条件规定，享受失业保险的被保障人必须是处于法定最低劳动年龄和退休年龄之间的劳动者。该条件是为了保护未成年儿童，让未成年儿童能够健康成长。此外，各国均明令禁止使用童工。未成年人没有参加社会劳动，自然不存在失业问题；而退休后的老人有养老保险金的保障，也不列入失业保险保障的范畴。由此可见，失业保险是失业后的一种补助行为，是一种在职保险。

2. 失业为非自愿失业

失业者必须是非自愿失业的，该条件中的非自愿失业是指劳动者遭受本人所不能控制的失业风险所导致的失去收入来源。通常包括以下四种情况：①结构性失业，由于生产方式的革新，劳动者不能满足生产需要而失业；②不景气失业，这是由于经济的不景气导致裁员或者遭遇金融危机导致的失业；③摩擦性失业，一般由企业经营不善倒闭引发的失业；④季节性失业，属于一种暂时过渡性失业，如新疆棉花收获季节招录的采棉人等。

3. 失业者需满足基础条件

为落实社会保险权利和义务对等这一基本准则，世界各国普遍对失业者享有保险给付所应具备的资格作出规定。这些资格条件一般可划分为四类：一是就业的期限条件；二是居住期条件；三是缴纳保费期限条件；四是投保年限条件。

4. 失业者具备劳动能力和就业意愿

该条件规定失业保险保障的是那些积极寻求就业机会的失业者。失业者是否具备该条件，由失业保险主管机构根据失业者提供的申请报告和体检报告来确定，对于因伤残、年老以及生育等问题失业的，由社会保险其他分支来保障。各国为了检验失业者的就业意愿，在法律法规中作了相关规定，包括以下几点：①劳动者失业后必须在规定时间内到失业保险机构或职业介绍所办理失业登记，并要求重新就业。②失业期间必须定期与失业登记机构联系，并汇报个人就业情况，这种情况是为了进行失业认定，避免失业者找到工作后仍领取失业保障金，占取社会资源。失业认定后，失业保险机构发放保险金，及时了解失业者的就业状态。③失业者需接受职业训练与合理的工作安排。假如失业者拒绝失业保险机构合理的就业安排，且自身并无工作，可理解为失业者失去了就业意向，失业保险机构可以暂停发放其失业保险金。失业保险机构对待合理就业这个问题，主要从失业者年龄、工作时间长短、失业时间和劳动力市场状况，以及新增安置工作和失业前职业之间的相关关系，即劳动特点、工作能力、工作收入、技术业务类型和转业训练科目等方面进行考量；另外还应该考虑到工作地点和家庭居住地之间的距离等问题。

（二）失业保险给付原则

在确定失业保险给付水平时，应从保障的目的出发，各国普遍遵循以下原则。

1. 给付标准一般低于失业者在职时的工资水平，并在一定时期内给付

为避免逆选择，失业保险金金额一般低于失业者在职时的工资水平，如果失业保险金给付过高，不仅会增加社会保险机构的压力，而且会导致失业者产生依赖心理，消极就业。此外，如果超出规定的期限，对于失业保险金的给付按社会救济水平发放。

2. 维持基本生活需要原则

因为劳动者失业后，失业保险金是失业者的主要收入来源，所以失业者及其家庭生活水平主要依靠保险金给付的水平。为了保护劳动力，维持失业者的正常生存，失业保险机构应向被保险人提供基本的生活保障。

3. 权利与义务对等原则

劳动者在失业时享有基本生活保障权需要建立在对社会履行劳动义务和交纳保险费的基础之上，所以失业保险给付要与投保人的工龄、缴费年限及原工资收入挂钩，这样工龄越长，缴费次数越多，原工资收入越高，失业者领取失业保险金的机会就越大。

（三）失业保险给付考虑的内容

根据以上三个原则，在具体确定失业保险给付时，需要考虑两方面的内容：一是给付期限，二是给付比率。

1. 给付期限

失业保险的给付期限一般根据平均失业时间来确定，因为失业发生在一定的时间内，失业保险金的给付不可能像养老保险等社会保险分支一样无限期给付。因此，失业保险属于短期社会保险。对于失业保险的给付期限，各国均有规定，一般为半年；有些国家还规定，失业保险金给付期满后，被保险人的收入仍处于一定标准之下，被保险人可以领取相应的救济金和失业补助。有些国家按照劳动者失业前缴纳保费的次数与期限来决定给付期限的长短。

2. 给付比率

对于失业保险的给付比例，各国均有所不同，计算方法也不同。大致分为两种情况：①均一制，即不论失业者失业前工资高低，均按同一金额发放。②工资比例制。按被保险人失业前某一时点的工资水平或一定时间段内的平均收入水平，根据缴纳年限、工作年龄等确定百分比计算。其中，计算的百分比包括累进、累退与固定三种，工资基数分为标准工资、税后工资以及工资总收入等。此外，某些国家还规定了工资基数的最高与最低数额。

（四）失业保险基金筹措方式

从失业保险的实施过程来看，大多数国家的失业保险的筹资方式采用现收现付制，即当期收取的保费收入用于当期保费支出。采用现收现付的方式，不需要为将来提取准备金，从而使未来保险费收入的现值等于未来保险费给付的现值，责任准备金为零。同时，随着给付情况变化调整保险费率，调整的频率一般分为 1 年、3 年或 5 年。但是，为应对实际风险发生率以及给付率的变化，增加失业保险金的安全，一般需要提存失业保险准备金来应对大规模失业风险的紧急需求。此外，现收现付的筹集方式有两个缺陷：第一，各国管理或者政治上的问题可能会影响保险费率的调整，从而引发财政困难；第二，需经常评估财务结构，调整保险费率，操作上较为麻烦。为了应对这些问题，各国一般在法律上明确规定采用弹性保险费率，授权机构可根据实际需要调整保险费率，满足实际开支的需要。

 拓展阅读

中国失业保险制度改革

失业保险是指国家通过立法强制实行的，由社会集中建立基金，对因失业而暂时中断生活来源的劳动者提供物质帮助的制度。它是社会保障体系的重要组成部分，是社会保险的主要项目之一。在这里，我们主要对失业保险的发展历程、主要内容以及改革和发展进行介绍。

（一）中国失业保险制度的发展历程

阶段一：失业保险制度初建期（1986—1992 年）

1. 中华人民共和国成立初期，为解决旧中国遗留的失业问题，1950 年政务院颁布了救济业工人的暂行办法。

2. 1957 年我国宣布消灭了失业，失去了建立失业保险制度的基础和要求。

3. 1986 年，国务院颁布了《国营企业实行劳动合同制暂行规定》，标志着对我国传统体制所形成的行政配置劳动力和终身就业制度的变革。劳动用工制度的改革意味着失业问题将出现在我国的经济生活中。

4. 为适应国有企业改革的需要，国务院颁布了《国营企业职工待业保险暂行规定》，标志着我国建立失业保险制度工作的开始。

阶段二：失业保险制度的发展期（1993—1998 年）

1993 年国务院颁布了《国有企业职工待业保险规定》，与 1986 年《国营企业职工待业保险暂行规定》相比较，在制度规定和具体实施措施上均有了较大的进步。

1. 实施范围扩大了。

2. 待业保险的实施对象由 4 类职工扩大到 7 类职工。

3. 企业缴纳失业保险金的基数不同，由按企业全部职工标准工资的 1% 缴纳保险费，改为按企业全部职工工资总额的 0.6%~1% 缴纳，从而保证了保险基金的来源。

4. 失业保险金的发放标准不同。1993 年失业保险金的支出标准规定为相当于当地民政部门规定的社会救济金额的 120%~150%，这符合失业保险金应该高于社会救助标准的国际惯例。

5. 失业保险金的统筹层次有所不同。1993 年的规定中提出，待业保险基金可以实行市、县统筹，省、市、自治区可以集中部分待业保险基金调剂使用，直辖市可以根据需要统筹使用全部或部分待业保险基金。

6. 管理机构的不同。1993 年的规定确定了失业保险管理机构为地方待业保险机构；虽然仍隶属于劳动行政主管部门，但已有失业保险管理事务社会化的迹象。

阶段三：失业保险制度完善期（1999 年以来）

1999 年 1 月，国务院颁布了我国第一部《失业保险条例》，在 1993 年规定的基础上，对原制度框架的若干重要方面作了大量修正，表现在：

1. 将保险制度正式称为"失业保险"；对失业保险待遇的定义，也由 1986 年开始一直沿用的"待业救济金"正式改为"失业保险金"。

2. 扩大了失业保险覆盖面。

3. 扩大了资金来源渠道，提高了缴费比例和统筹层次。

4. 把农民合同制工人纳入了失业保险体系中。

5. 明确规定了失业保险金的标准应该为低于当地最低工资标准、高于城市居民最低生活保障标准的水平，并由省、自治区、直辖市人民政府具体规定。

6. 包括了监督、罚则等内容。

（二）中国失业保险制度的主要内容

1. 失业保险的范围。

我国失业保险的实施范围已包括所有的城镇企业、事业单位的职工。这里所指的城镇企业是指国有企业、城镇集体企业、外商投资企业、城镇私营企业以及其他城镇企业。

2. 失业保险的资金来源。

失业保险的资金主要有四方面的来源：城镇企事业单位、城镇企事业单位职工缴纳的失业保险费，失业保险基金的利息，财政补贴，依法纳入失业保险基金的其他资金等。

3. 享受失业保险待遇的条件。

《失业保险条例》规定，具备符合下列条件的失业人员，可以领取失业保险金：按照规定参加失业保险，所在单位和本人已按照规定履行缴费义务满1年的；非因本人意愿中断就业的；已办理失业登记，并有求职要求的。

4. 保险金的领取期限。

失业保险金的领取期限为：失业人员失业前所在单位和本人按照规定累计缴费时间满1年不足5年的，领取失业保险金的期限最长为12个月；累计缴费时间满5年不足10年的，领取失业保险金的期限最长为24个月；重新就业后再次失业的，缴费时间重新计算，领取失业保险金的期限合并计算，但最长不得超过24个月。

5. 失业保险金发放标准。

失业保险金的发放标准，按照低于当地最低工资标准、高于城市居民最低生活保障标准的水平，由省、自治区、直辖市人民政府确定。

6. 失业保险金支付项目。

失业保险金的支付项目有失业保险金、领取失业保险金期间的医疗补助金、领取失业保险金期限内死亡失业人员的丧葬补助金和其供养的配偶、直系亲属的抚恤金、领取失业保险金期间接受职业培训和职业介绍的补贴、国务院规定或批准的与失业保险有关的其他费用等。

7. 失业保险待遇的停止发放。

失业人员有下列情况之一的，失业保险机构将停止发给其失业保险金及其他费用：重新就业的；应征服兵役的；移居境外的；享受基本养老保险待遇的；被判刑收监执行或者被劳动教养的；无正当理由，拒不接受当地人民政府指定的部门或机构介绍的工作的；有法律、行政法规规定的其他情形的。

8. 失业保险的管理。

国务院劳动保障行政部门主管全国的失业保险工作，县级以上地方政府劳动保障行政部门主管本行政区内的失业保险工作，失业保险经办机构具体承办失业保险工作。

(三) 中国失业保险制度的改革和发展

1. 失业保险制度的局限性。

(1) 失业保险制度规定中对失业概念的界定过于狭窄，基本上不包括城镇下岗职工、农村剩余劳动力、新增劳动力人口、失业而未登记者等，因此失业保险的覆盖面比较狭窄。

(2) 失业保险基金来源渠道单一、金额偏少、保障水平低。

(3) 失业保险基金的管理缺乏有效监督机制。

(4) 失业保险对于保障和促进失业者再就业的功能发挥不明显。

2. 我国失业保险制度的改进措施。

（1）树立全民的失业保险意识，提高全民参加失业保险的责任意识和权利意识；提高失业保险的普遍性和覆盖面。

（2）失业保险基金要多渠道筹集，加强管理监督，合理有效使用。

（3）坚持就业优先和就业保障的取向。

（4）明确政府在促进就业中的责任，可以通过突出就业导向、完善培训体系、建设就业信息网、合理扩大适用范围等措施，使失业者获得政府支持下的就业保障，实现我国失业保险制度与世界的接轨。

（资料来源：百度文库 中国失业保险制度）

五、生育保险

生育保险是在妇女劳动者因生育子女而暂时丧失劳动能力时，由社会保险机构给予必要的物质保障的一种社会保险。

（一）生育保险的给付标准

生育保险的给付条件包括三点：①被保险人在产假期间不再从事任何有报酬的工作，雇主也停发了其工资。②被保险人所缴纳的保险费的时间必须在规定标准以上。③根据我国社会发展和计划生育政策的需要，生育保险的被保险人必须是符合计划生育政策、已达到结婚年龄且生育的女性职工。其工作时间也必须满足一定年限的要求。

（二）生育保险的待遇

不同国家的生育保险待遇一般分为现金给付和医疗给付两类。现金给付主要包括一次性和短期的生育补助，如生育津贴、生育补助费和看护津贴等。在多数国家，生育现金给付的标准定为工资的100%。医疗给付是指提供给产妇的助产医疗服务，通常包括一般医疗治疗、住院及必要药物供应、专科医疗治疗、生育照顾、病人转运、家庭照护服务等。

 案例

我国的生育保险制度改革

我国的生育保险制度是在20世纪50年代建立的。其中，企业职工的生育保险制度建立于1951年，而国家机关和事业单位的生育保险制度建立于1955年。

1986年，卫生部、劳动人事部、全国总工会、全国妇联印发了《女职工保健工作暂行规定（施行草案）》，开始了生育保险制度的改革。1988年，国务院颁布了《女职工劳动保护规定》，将机关事业单位和企业的生育保险制度统一起来。1988年7月26日，江苏省南通市人民政府颁布《南通市全民、大集体企业女职工生育保险基金统筹暂行办法》，率先揭开了女职工社会保险统筹改革的序幕。此后，许多地方政府纷纷颁布地方性法规，进行生育保险制度的社会化改革试点。

在生育保险制度社会化改革试点的基础上，劳动部于1994年12月14日颁布了《企业职工生育保险试行办法》，并规定从1995年1月1日起在全国实施。《企业职工生育保险试行办法》将生育保险的管理模式由用人单位管理逐步转变为实行社会统筹，由各地社会保障机构负责管理生育保险工作。它标志着我国生育保险制度的发展进入了一个新阶段。

2001年4月24日，劳动和社会保障部印发了《劳动和社会保障事业发展的第十个五年计划纲要》，该纲要关于生育保险的政策措施主要体现为：进一步规范和完善生育保险政策，稳步扩大覆盖面；逐步实现生育保险地（市）级社会统筹，提高社会化管理服务水平；加强生育保险基金管理，实现基金收支平衡。2005年8月28日，第十届全国人民代表大会常务委员会第十七次会议通过了《〈中华人民共和国妇女权益保障法〉修正案》，其中增加了"国家推行生育保险制度，建立健全与生育相关的其他保障制度"的规定。2010年10月28日第十一届全国人民代表大会常务委员会第十七次会议通过了《中华人民共和国社会保险法》，这是我国社会保险体系中颁布的最高层次的法律，使社会保险事业的发展真正做到有法可依。2019年国务院办公厅印发《关于全面推进生育保险和职工基本医疗保险合并实施的意见》，要求各省高度重视，有序推进相关工作。

自1994年开始生育保险改革以来，国家发布的各项政策法规，都与我国的经济发展水平和保障人民利益、维护社会稳定的诉求相统一，不仅发展和完善了我国的生育保险制度，而且对于维护人民利益，尤其是企业女职工的利益发挥了重要作用。相比较而言，生育保险在我国五项社会保险中进展相对滞后。人口老龄化和生育政策的变化给生育保险带来了新的挑战。我国生育保险制度改革亟待提速。

（资料来源：人力资源和社会保障部网站）

本章小结

社会保险是指通过国家立法的形式强制实施的保险，是以劳动者为保障对象，以劳动者的年老、疾病、伤残、失业、死亡、生育等特殊事件为保障内容的一项社会保障制度。社会化大生产和商品经济的发展是社会保险得以产生的客观条件。

社会保险具有非营利性、强制性、普惠性以及权利与义务的匹配性等特征，与商业保险具有显著的差异，是一种不同的保险形式。

社会保险的功能主要有：维护社会安定；保障劳动生产的有序进行；改善就业结构，优化产业格局；促进社会公平分配，带动社会需求的提高。

社会保险的实施原则主要包括量体裁衣，按需分配；公平合理与效率兼顾；事后补偿与事先预防并重；通盘筹划，合理布局，全面推进。

社会保险保费负担比例的决定因素主要有：保险险种的性质；不同主体（投保人、用人单位与政府）对保险费的承担能力；国家政策制度。社会保险费可由雇主、被保险人和政府中的一方或者多方负担。社会保险保费的计算大部分采取比例保费制。

社会保险基金是社会后备基金的一种，具有专款专用的特点。它是由国家补助、企事业单位和被保险人个人缴纳规定数量的保险费而建立起来的，是为了社会劳动者在丧失劳动能力或失去工作机会的情况下能够维持基本生活，通常由责任准备金、意外准备金和保险费收支结余三部分组成。社会保险基金的运用主要有储蓄、对外投资、房地产投资和购买证券等方式。

养老保险是国家通过立法对劳动者达到规定的年龄界限而解除劳动义务，由国家提供一定的物质帮助保障其基本生活的一种社会保险。它的社会面广，影响较大，直接影响到一国的经济发展和社会的持续稳定，所以特别受各国政府的重视。养老保险的标准形式是年金制度，年金领取额的计算主要有以工资为依据和以生活费水平为依据两种。从世界范围内来看，养老保险的筹资模式主要有现收现付制、完全积累制和部分积累制。

医疗保险是一项社会保险，旨在为因疾病（包括非因公负伤）而暂时丧失劳动能力的职工提供必要的物质帮助。疾病指的是一般性疾病，其发病与劳动无直接关系，因此，它属于福利性质和救济性质的社会保险。从各国目前的做法来看，医疗保险的给付包括现金给付和医疗给付两种。

工伤保险是国家通过立法对被保险人因生产、工作中遭受意外事故或职业病伤害提供一定物质帮助以维持其基本生活的一种社会保险。工伤保险的给付主要包括事故性质的确定、伤害程度鉴定及现金给付标准等内容。

失业保险是国家通过立法对劳动者在遭受本人所不能控制的失业风险而暂时失去收入时，提供一定的物质帮助以维持其基本生活的一种社会保险。失业保险的领取人必须符合一定的条件，失业保险金的给付也必须遵循一定的原则。目前大多数国家的失业保险采取现收现付的筹资方式。

生育保险是在妇女劳动者因生育子女而暂时丧失劳动能力时，由社会保险机构给予必要的物质保障的一种社会保险。各国生育保险给付一般分为现金给付和医疗给付两种。

本章关键词

社会保险　执行原则　保费负担　保费计算　社会保险基金　养老保险　现收现付
失业保险　医疗保险　工伤保险

复习思考题

1. 社会保险与商业保险的主要区别是什么？

2. 社会保险与商业保险的未来发展趋势各是什么？

3. 社会保险费的计算有哪些？试对比分析各种方式的优劣。

4. 社会养老保险的给付条件是什么？社会养老保险主要有哪些筹资模式？我国目前的社会养老保险采取什么样的筹资模式？

5. 在社会失业保险的给付条件中，为什么规定失业者必须具有劳动能力和就业愿望？社会失业保险主要的筹资方式是什么？

6. 社会医疗保险的给付条件是什么？社会医疗保险与商业医疗保险有什么区别？

7. 我国对于工伤是如何定义的？社会工伤保险为什么采取绝对责任制和立法强制？

参 考 文 献

[1] 郝演苏. 保险学教程 ［M］. 北京：清华大学出版社，2004.
[2] 陈继儒. 新编保险学 ［M］. 北京：立信会计出版社，1996.
[3] 魏华林，林宝清. 保险学 ［M］. 北京：高等教育出版社，2017.
[4] 孙祁祥. 保险学 ［M］. 6 版. 北京：北京大学出版社，2017.
[5] 袁中蔚. 保险学 ［M］. 北京：首都经贸大学出版社，2000.
[6] 王绪瑾. 保险学 ［M］. 6 版. 北京：高等教育出版社，2017.
[7] 潘履孚. 保险学概论 ［M］. 北京：中国经济出版社，1995.
[8] 孙蓉，兰虹. 保险学原理 ［M］. 5 版. 成都：西南财经大学出版社，2021.
[9] 度国柱. 保险学 ［M］. 9 版. 北京：首都贸易大学出版社，2020.
[10] 江生忠. 保险学理论研究 ［M］. 北京：中国金融出版社，2007.
[11] 张洪涛，保险学 ［M］. 4 版. 北京：中国人民大学出版社，2013.
[12] 李淑娟，保险学 ［M］. 北京：中国人民大学出版社，2021.
[13] 王国军，保险投资学 ［M］. 2 版. 北京：北京大学出版社，2014.
[14] ［美］乔治·E. 瑞达，迈克尔·J. 麦克纳马拉，风险管理与保险原理，刘春江，
     译. 12 版. 北京：中国人民大学出版社，2015.
[15] 王绪瑾. 财产保险 ［M］. 3 版. 北京：北京大学出版社，2022.
[16] 谷明淑. 财产保险 ［M］. 北京：经济科学出版社，2018.
[17] 许飞琼. 财产保险 ［M］. 北京：高等教育出版社，2014.
[18] 许飞琼. 财产保险案例分析 ［M］. 北京：中国金融出版社，2004.
[19] 许谨良. 人身保险原理和实务（修订本）［M］. 上海：上海财经大学出版社，2002.
[20] 张连增. 寿险精算 ［M］. 北京：中国财政经济出版社，2010.
[21] 赵苑达. 再保险学 ［M］. 北京：中国金融出版社，2003.
[22] 魏巧琴. 保险公司经营管理 ［M］. 上海：上海财经大学出版社，2021.
[23] 刘冬姣. 人身保险 ［M］. 北京：中国金融出版社，2020.
[24] 韩天雄. 非寿险精算 ［M］. 北京：中国财政经济出版社，2010.
[25] 卢仿先，张琳. 寿险精算数学 ［M］. 北京：中国财政经济出版社，2006.
[26] 江生忠，邵全权. 保险中介教程 ［M］. 3 版. 北京：首都贸易大学出版社，2013.
[27] 樊启荣. 《保险相关法规汇编》应试指南 ［M］. 北京：中国金融出版社，2002.
[28] 李艳荣. 人身保险 ［M］. 2 版. 杭州：浙江大学出版社，2022.
[29] 李虹. 保险学教程 ［M］. 成都：西南财经大学出版社，2010.
[30] 王贞琼. 保险学 ［M］. 北京：经济科学出版社，［M］，2010.

［31］段文军. 保险学概论［M］. 成都：西南财经大学出版社，2009.

［32］李平安. 保险事故赔偿实务［M］. 北京：中国检察出版社，2008.

［33］唐金成. 现代保险理论与实践［M］. 北京：中国人民大学出版社，2018.

［34］陈朝先. 发展新型人寿保险产品应该注意的几个问题［J］. 中国保险管理干部学院学报，2001（2）：7-9.

［35］梁丽丽. 银保合作推进金融扶贫协同机制创新的探索［J］. 北方经贸，2016（12）：112-113.

［36］焦永刚. 分红保险特性研究［D］. 天津：南开大学，2013.

［37］陈婷婷，李秀梅. 首设负面清单 团体人身险迎新规［N/OL］. 北京商报，2023-06-12（007）. DOI：10. 28036/n. cnki. nbjxd. 2023. 001922.

［38］张静竹. 意外伤害保险之"意外"认定研究［J］. 保险研究，2017（12）：60-66+100.

［39］李靖. 意外伤害保险合同纠纷中"意外伤害"的司法认定问题研究［D］. 长春：吉林大学，2021.

［40］靳先德. 意外伤害保险诸法律问题研究［D］. 烟台：烟台大学，2017.

［41］"惠民保"发展模式研究课题组. "惠民保"发展模式研究［J］，保险研究，2022（1）：3-20.

［42］黄恋. 国内外完善养老保险制度研究的文献综述［J］. 财政科学，2021（3）：73-82+102.

［43］许闲，邹逸菲. 主要发达国家视角下的再保险市场演进与发展［J］. 上海保险，2023（2）：12-18.

［44］任曙明，原毅军，兆文军. 保险中介制度的优势与中国保险中介的发展［J］. 中国软科学，2004（4）：79-85.

［45］何文. 社会医疗保险制度的健康绩效及其区域异质性［J］. 江西财经大学学报，2022（1）：87-97.